教育部–华为产学合作协同育人项目规划教材

Java程序设计教程

基于华为云 DevCloud

马瑞新 | 主编　徐博 田在铭 汪盛 | 副主编

人民邮电出版社
北京

图书在版编目（CIP）数据

Java程序设计教程 ：基于华为云DevCloud / 马瑞新主编. -- 北京 ：人民邮电出版社，2019.12（2021.9重印）
教育部—华为产学合作协同育人项目规划教材
ISBN 978-7-115-49898-4

Ⅰ. ①J… Ⅱ. ①马… Ⅲ. ①JAVA语言－程序设计－高等学校－教材 Ⅳ. ①TP312.8

中国版本图书馆CIP数据核字(2018)第244655号

内 容 提 要

本书采用“基础知识→核心应用→综合案例→企业实践”的结构和“由浅入深，由深到精”的学习模式进行编写。全书共 20 章，不仅介绍 Java 语言入门、面向对象编程、抽象类与接口、文件操作、泛型集合、多线程和注解等 Java 语言的基础知识，而且深入讲解 Java 的 JDBC 编程、分层架构等核心编程技术，详细探讨 Java 提供的各种软件开发技术和特性，并且每个部分配合一个综合案例进行演示，以便巩固学习效果。最后讲述软件开发云的企业一线生产环境的使用，把 Java 语言在软件开发云中的各种应用做了案例展示，全面展现了软件开发云这一新的开发技术在 Java 学习中的使用方法。

本书内容丰富、讲解深入，适用于初级、中级 Java 读者阅读，可以作为各类院校相关专业的教材，同时也是一本面向广大 Java 爱好者的实用参考书。

◆ 主　　编　马瑞新
副 主 编　徐 博　田在铭　汪 盛
责任编辑　邹文波
责任印制　陈 犇

◆ 人民邮电出版社出版发行　　北京市丰台区成寿寺路 11 号
邮编 100164　　电子邮件 315@ptpress.com.cn
网址 http://www.ptpress.com.cn
固安县铭成印刷有限公司印刷

◆ 开本：787×1092 1/16
印张：21.5　　2019 年 12 月第 1 版
字数：564 千字　　2021 年 9 月河北第 4 次印刷

定价：59.80 元

读者服务热线：(010) 81055256　印装质量热线：(010) 81055316
反盗版热线：(010) 81055315
广告经营许可证：京东市监广登字20170147号

前言

现代的程序语言如雨后春笋一样，不停在开发者面前出现。到底哪种语言更好，什么技术最强，这些问题也频繁出现在各大论坛。其实，每种程序语言都有其特点，每种技术都有它的优势，同时也有它的不足，任何一个人都不可能掌握其全部。在企业开发中，也不可能靠一种技术打遍天下。“授之以鱼不如授之以渔”，我们要掌握的是解决问题的方法，这就足矣。

曾经有一位朋友每天晚上都要看电视，他一只手（有时是两只手）拿着遥控器，过几分钟就换一个台（他总是相信另一个频道有更精彩的节目），一晚上总要将 40 多个频道轮换好几遍，结果每个电视剧都没有看完整。有人曾对我说，除去愚蠢，浮躁将是阻碍我们进步的最大障碍。当然学习不同于看电视，但是，如果你总能发现比自己正在学习的还要好的语言，那么我相信，你已经开始拿起遥控器。很早以前我就知道，如果选择的路线正确的话，只要坚持下来，就一定能到达目的地。如果你将 Java 作为你现在的选择，那么请你一定要坚持下去。

Java 是一个概念清晰、内涵丰富的语言，虽然融合了多种语言的特点，但是在学习 Java 之前，那些语言的知识都不是必需的。学习 Java 语言一定要集中精力将语言的各个基本特性学好，不但要理解其含义，知道其用法，还应多想想语言中为何要包括这个特性，并弄清楚它们与其他特性的关系。无论学习何种语言，开始的时候都应该只专注于语法本身，然后深入理解面向对象技术，最后，在各种应用中学习 Java 的类库并且逐渐去领会语言的本质。当我们在实际工作中使用得多了，自然就会慢慢理解一些更高级的知识，再进一步，就可以研究 Java 源码，自己动手为 Java 平台添砖加瓦。这个时候，在“江湖”上，你就已经是一位大师级的人物了。

有这样一个故事，说一个人能够在射箭时做到百步穿杨，别人恭维他，他自己也趾高气扬，但是有一天他看到卖油翁单手拿着一瓢油往一个很细的葫芦嘴里倒油，一滴都没洒，他顿时觉得这个人才是真正的高手，便上前请教，卖油翁说了句很经典的话，“无他，唯手熟尔”。同样，在软件编程中，只有通过大量的、反复的动手实践，才能具备熟练、规范的代码编写和调试能力，具备真正实用的技能，才有可能被称为应聘者中“有项目开发经验的人”，成为一个企业真正需要的“人才”，在日益激烈的职业竞争中拔得头筹。总之，以用为本，学以致用，学了就用，综合运用才是王者之道。仅仅把发动机的各项参数背熟也是不会修车的，而快速判断问题发生的原因，使用扳手、螺丝刀快速搞定问题才是正道。修车只能通过大量的实践、总结、再实践，才能达到快刀斩乱麻地解决问题的境界。同样，编程学习也要求你“动手、动手、再动手”，要敢于编码、乐于编码、大量编码，这样方可熟能生巧。

很多优秀的企业都有良好的生产环境，也有严格的生产流程。在软件工程领域中，先进的软件生产流程大多在企业，它们有严格的规范和流程，有先进的软件生产环境。本书将华为软件开发云的整体流程引入 Java 课程学习中，所有案例与教学材料均放置在软件开发云中。在本书中，所有 Java 的技能点和知识点都是以任务驱动的方式讲解的，学生在学习时不仅可以学会知识点，还能理解知识点怎么用、什么时候用。在教学时让学生感觉不仅“学了什么”，更关注“学会了什么”，学习的目标是能够实实在在解决问题，不是纸上谈兵。本书提供了大量的实战项目，大部分来自真实的企业案例。在学习中，通过大量的、反复的动手实践，学生将具备熟练、规范的编码和调试能力，真正掌握实用开发技术。在今后的学习中，要记住：“代码运行通过了不算代码写完了，代码规范了才算。”

由于编者水平有限，加之时间仓促，书中难免存在不足之处，敬请各位专家、读者不吝赐教，予以指正。

编　者

2019 年 8 月于大连

目 录

第 1 章 Java 概述……1

1.1 Java 的诞生和发展……1
1.2 Java 的工作原理……3
1.2.1 Java 的工作机制……3
1.2.2 Java 的体系结构……3
1.3 Java 语言的特点……4
1.4 Java 与 C 的比较……5
1.5 构建 Java 程序……6
1.5.1 开发 Java 程序的步骤……6
1.5.2 Java 程序的结构……8
1.5.3 Java 程序的注释……11
1.5.4 Java 编码规范……12
1.6 Java 程序开发软件——Eclipse 平台……12
1.6.1 Eclipse 运行步骤……12
1.6.2 Java 项目组织结构……15
1.6.3 常见错误……15
1.7 使用 Java API 帮助文档……17
课后习题……18

第 2 章 Java 编程基础……19

2.1 数据类型概述……19
2.1.1 数据类型的分类……19
2.1.2 基本数据类型概述……19
2.2 Java 语法基础……20
2.2.1 基本概念……20
2.2.2 常量……21
2.2.3 变量……22
2.3 运算符与表达式……24
2.3.1 算术运算符与算术表达式……25
2.3.2 关系运算符与关系表达式……26
2.3.3 逻辑运算符与逻辑表达式……27
2.3.4 位运算符……28
2.3.5 赋值运算符……29
2.3.6 条件运算符……30
2.3.7 运算符优先级……31
课后习题……31

第 3 章 Java 程序控制结构……32

3.1 顺序结构……32
3.2 选择结构……33
3.2.1 单分支选择结构……33
3.2.2 双分支选择结构……34
3.2.3 多分支选择结构……35
3.3 循环结构……38
3.3.1 while 语句……39
3.3.2 do-while 语句……40
3.3.3 for 语句……41
3.3.4 循环跳转语句……42
课后习题……44

第 4 章 数组……45

4.1 一维数组……45
4.1.1 理解数组……45
4.1.2 定义数组……46
4.1.3 数组元素的表示与赋值……46
4.1.4 数组的初始化……47
4.1.5 数组的遍历……47
4.1.6 数组的计算……48
4.1.7 数组的操作……49
4.1.8 常见问题……52
4.2 二维数组……52
4.2.1 二维数组的定义……52
4.2.2 二维数组的使用……53
4.3 Arrays 类……54
课后习题……58

第 5 章 综合练习 1：图书借阅系统……59

5.1 项目需求……59

5.2 项目环境准备 ……63
5.3 项目覆盖的技能点 ……63
5.4 难点分析 ……63
5.4.1 菜单切换 ……63
5.4.2 删除操作 ……63
5.5 项目实现思路 ……64
5.5.1 数据初始化 ……64
5.5.2 菜单切换的实现 ……65
5.5.3 图书信息查看的实现 ……66
5.5.4 图书信息新增的实现 ……66
5.5.5 图书信息删除的实现 ……67
5.5.6 图书借出的实现 ……68
5.5.7 图书归还的实现 ……68
课后习题 ……70

第 6 章 类和对象 ……71

6.1 对象 ……71
6.2 类 ……72
6.2.1 类和对象的关系 ……72
6.2.2 类是对象的类型 ……73
6.3 Java 是面向对象的语言 ……73
6.3.1 Java 的类模板 ……73
6.3.2 定义类 ……74
6.3.3 创建和使用对象 ……75
6.3.4 面向对象的优点 ……78
6.4 类的方法 ……78
6.4.1 类的方法概述 ……78
6.4.2 定义类的方法 ……79
6.4.3 方法调用 ……80
6.4.4 常见错误 ……81
6.5 变量的作用域 ……82
6.6 带参方法 ……84
6.6.1 定义带参方法 ……84
6.6.2 调用带参方法 ……85
6.6.3 带多个参数的方法 ……85
6.6.4 常见错误 ……86
6.7 深入理解带参方法 ……87
6.7.1 数组作为参数的方法 ……87
6.7.2 对象作为参数的方法 ……89
课后习题 ……90

第 7 章 继承和多态 ……92

7.1 继承 ……92
7.1.1 继承的基本概念 ……92
7.1.2 继承的应用 ……93
7.2 重写 ……93
7.2.1 使用继承和重写实现部门类及子类 ……93
7.2.2 方法重写 ……98
7.3 多态 ……100
7.3.1 多态的实现 ……100
7.3.2 多态的应用 ……103
课后习题 ……104

第 8 章 综合练习 2：汽车租赁系统 ……106

8.1 项目需求 ……106
8.2 项目环境准备 ……107
8.3 项目覆盖的技能点 ……107
8.4 难点分析 ……107
8.5 项目实现思路 ……107
8.5.1 发现类 ……107
8.5.2 发现类的属性 ……108
8.5.3 发现类的方法 ……109
8.5.4 类的优化设计 ……110
8.5.5 菜单切换的实现 ……111
8.6 需求扩展 1：计算总租金 ……112
8.6.1 需求说明 ……112
8.6.2 实现思路 ……112
8.7 需求扩展 2：增加卡车业务 ……113
8.7.1 需求说明 ……113
8.7.2 实现思路 ……114
课后习题 ……114

第 9 章 集合框架 ……115

9.1 集合框架概述 ……115
9.1.1 引入集合框架 ……115
9.1.2 Java 集合框架包含的内容 ……116
9.2 List 接口 ……117
9.2.1 ArrayList 集合类 ……117
9.2.2 LinkedList 集合类 ……119

9.3 Set 接口 ……121
9.3.1 Set 接口概述 ……121
9.3.2 使用 HashSet 类动态存储数据 ……121
9.4 Map 接口 ……122
9.5 迭代器 Iterator ……124
9.6 泛型集合 ……125
课后习题 ……127

第 10 章 异常 ……128
10.1 异常概述 ……128
10.1.1 生活中的异常 ……128
10.1.2 程序中的异常 ……128
10.1.3 异常的含义 ……130
10.2 异常处理 ……130
10.2.1 异常处理的含义 ……130
10.2.2 try-catch 语句块 ……131
10.2.3 try-catch-finally 语句块 ……133
10.2.4 多重 catch 语句块 ……135
10.2.5 声明异常——throws ……136
10.3 抛出异常 ……137
10.3.1 抛出异常——throw ……137
10.3.2 异常的分类 ……139
10.3.3 自定义异常 ……141
10.4 开源日志记录工具 log4j ……142
10.4.1 日志及分类 ……142
10.4.2 log4j 记录日志的使用 ……143
10.4.3 log4j 配置文件 ……145
课后习题 ……147

第 11 章 抽象类和接口 ……148
11.1 抽象类 ……148
11.1.1 初识抽象类和抽象方法 ……148
11.1.2 使用抽象类描述抽象的事物 ……149
11.1.3 抽象类和抽象方法的优势 ……150
11.1.4 抽象类的局限性 ……151
11.2 接口 ……151
11.2.1 接口基础知识 ……151
11.2.2 接口表示一种约定 ……154
11.2.3 接口表示一种能力 ……157
课后习题 ……159

第 12 章 综合练习 3：星云图书销售管理系统 ……161
12.1 项目需求 ……161
12.2 项目覆盖的技能点 ……165
12.3 难点分析 ……165
12.3.1 用户、角色和权限 ……165
12.3.2 购买附赠品 ……166
12.4 项目实现思路 ……168
12.4.1 图书类和图书业务类的功能实现 ……168
12.4.2 用户、角色、权限模式的实现 ……172
12.4.3 测试类的实现 ……178
课后习题 ……182

第 13 章 文件操作 ……183
13.1 操作文件或目录的属性 ……183
13.2 Java 流 ……186
13.3 读写文本文件 ……188
13.3.1 使用字节流读取文本文件 ……188
13.3.2 使用字节流写文本文件 ……190
13.3.3 使用字符流读取文本文件 ……192
13.3.4 使用字符流写文本文件 ……195
13.4 读写二进制文件 ……198
13.4.1 使用字节流类 DataInputStream 读二进制文件 ……198
13.4.2 使用字节流类 DataOutputStream 写二进制文件 ……199
13.5 序列化和反序列化 ……200
13.5.1 序列化概述 ……200
13.5.2 用序列化保存对象信息 ……200
13.5.3 使用反序列化获取对象信息 ……202
课后习题 ……203

第 14 章 注解与多线程 ……204
14.1 注解 ……204
14.1.1 认识注解 ……204
14.1.2 注解分类 ……205
14.1.3 读取注解信息 ……207
14.2 多线程 ……208
14.2.1 认识线程 ……208
14.2.2 编写线程类 ……209

14.2.3 线程的状态……212

14.2.4 线程调度……213

14.3 线程同步……217

14.3.1 线程同步的必要性……217

14.3.2 线程同步的实现……219

14.4 线程间通信……221

14.4.1 线程间通信的必要性……221

14.4.2 线程间通信的实现……221

课后习题……225

第 15 章 反射机制……226

15.1 认识反射……226

15.1.1 反射机制……226

15.1.2 Java 反射常用 API……227

15.2 反射的应用……227

15.2.1 获取类的信息……227

15.2.2 创建对象……230

15.2.3 访问类的属性……231

15.2.4 访问类的方法……232

15.2.5 使用 Array 类动态创建和访问数组……234

课后习题……234

第 16 章 综合练习 4：橙梦体育业务大厅……235

16.1 项目需求……235

16.2 项目环境准备……236

16.3 案例覆盖的技能点……236

16.4 难点分析……236

16.4.1 创建实体类和接口……236

16.4.2 创建工具类……239

16.4.3 创建业务类……240

16.5 项目实现思路……241

16.5.1 搭建整体框架……241

16.5.2 用户注册……242

16.5.3 本月账单查询……244

16.5.4 套餐余量查询……245

16.5.5 添加和打印消费清单……246

16.5.6 使用橙梦……248

16.5.7 办理退卡……251

16.5.8 套餐变更……252

16.5.9 费用充值……253

16.5.10 查看资费说明……253

课后习题……253

第 17 章 JDBC……254

17.1 JDBC 简介……254

17.1.1 为什么需要 JDBC……254

17.1.2 JDBC 的工作原理……254

17.1.3 JDBC API 介绍……255

17.1.4 JDBC 访问数据库的步骤……256

17.2 连接数据库……256

17.2.1 使用 JDBC-ODBC 桥连方式连接数据库……257

17.2.2 使用纯 Java 驱动方式连接数据库……259

17.3 Statement 接口和 ResultSet 接口……261

17.3.1 使用 Statement 添加鲜花……261

17.3.2 使用 Statement 更新鲜花……263

17.3.3 使用 Statement 和 ResultSet 查询所有鲜花……263

17.4 PreparedStatement 接口……265

17.4.1 为什么要使用 PreparedStatement 接口……266

17.4.2 使用 PreparedStatement 接口更新鲜花信息……267

课后习题……270

第 18 章 分层架构……271

18.1 三层架构……271

18.2 数据访问层……273

18.3 Properties 类……281

18.3.1 Properties 配置文件……282

18.3.2 读取配置文件……282

18.4 使用实体类传递数据……283

课后习题……284

第 19 章 综合练习 5：鲜花商店业务管理系统……285

19.1 案例分析……285

19.1.1 需求概述……285

19.1.2 开发环境 ……286
19.1.3 案例覆盖的技能点 ……286
19.1.4 问题分析 ……286
19.2 项目需求 ……289
19.2.1 用例 1：数据库设计及模型图绘制 ……289
19.2.2 用例 2：系统启动 ……290
19.2.3 用例 3：顾客登录 ……292
19.2.4 用例 4：顾客购买库存鲜花 ……293
19.2.5 用例 5：顾客购买新培育鲜花 ……295
19.2.6 用例 6：顾客卖出鲜花 ……296
课后习题 ……299
第 20 章 软件开发云基础知识和实战演练 ……300
20.1 软件开发云基础知识 ……300
20.2 软件开发云实战演练 ……303
20.2.1 基本要求 ……303
20.2.2 学习目标 ……303
20.2.3 实验内容 ……304
参考文献 ……334

第 1 章 Java 概述

本章学习目标：

- 会安装 JDK 及配置环境变量；
- 会使用记事本电脑开发 Java 程序；
- 理解 Java 编译原理；
- 会安装并配置 Eclipse 开发环境；
- 会使用 Eclipse 开发简单的 Java 程序。

1.1 Java 的诞生和发展

初识 Java

人类交流有自己的语言，同样，人与计算机的对话也要使用计算机语言。计算机语言有很多，它们都有自己的语法规则。但是不同的语言执行的情况也有着明显的区别。例如，在 PC 上，Windows 系统下编写的程序能够不做修改就直接拿到 UNIX 系统上运行吗？显然是不可以的，因为程序的执行最终必须转换成为计算机硬件的机器指令来执行，专门为某种计算机硬件和操作系统编写的程序是不能够直接放到另外的计算机硬件上执行的，至少要做移植工作。要想让程序能够在不同的计算机上运行，就要求程序设计语言是能够跨越各种软件和硬件平台的，而 Java 满足了这一需求。

1995 年，美国 Sun 公司（现已被 Oracle 公司收购）正式向 IT 业界推出了 Java 语言，该语言具有安全、跨平台、面向对象、简单、适用于网络等显著特点。当时以 Web 为主要形式的互联网正在迅猛发展，Java 语言的出现迅速引起所有程序员和软件公司的极大关注，程序员们纷纷尝试用 Java 语言编写网络应用程序，并利用网络把程序发布到世界各地进行运行。Sun 公司与 IBM、Oracle、微软、Netscape、Apple、SGI 等大公司签订合同，授权使用 Java 平台技术。微软公司总裁比尔·盖茨先生在经过研究后认为，"Java 语言是长时间以来最卓越的程序设计语言"。目前，Java 语言已经成为最流行的网络编程语言，许多大学纷纷开设 Java 课程，Java 正逐步成为世界上程序员使用最多的编程语言。

任何事物的产生既有必然的原因也有偶然的因素，Java 语言的出现也不例外。1991 年，美国 Sun 公司的某个研究小组为了能够在消费电子产品上开发应用程序，积极寻找合适的编程语言。消费电子产品种类繁多，包括 PDA、机顶盒、手机等，即使是同一类消费电子产品所采用的处理芯片和操作系统也可能不相同，也存在着跨平台的问题。当时最流行的编程语言是 C 和 C++语言，Sun 公司的研究人员就考虑是否可以采用 C++语言来编写消费电子产品的应用程序，但是研究表明，对于消费电子产品而言，C++语言过于复杂和庞大，并不适用，安全性也并不令人满意。于是，Bill Joy 先生领导的研究小组就着手设计和开发出一种语言，称之为 Oak。该语言采用了许多 C 语言的语法，提高了安全性，并且是面向对象的语言，但是 Oak 语言在商业上并未获得成功。到 1995 年，互联网在世界上蓬勃发展，Sun 公司发现 Oak 语言所具有的跨平台、面向对象、安全性高等特点非常符合互联网的需要，于是改进了该语言的设计，要达到如下几个目标。

（1）创建一种面向对象的程序设计语言，而不是面向过程的语言。

（2）提供一个解释执行的程序运行环境，使程序代码独立于平台。

（3）吸收 C 和 C++的优点，使程序员容易掌握。

（4）去掉 C 和 C++中影响程序健壮性的部分，使程序更安全，例如指针、内存申请和释放。

（5）实现多线程，使得程序能够同时执行多个任务。

（6）提供动态下载程序代码的机制。

（7）提供代码校验机制以保证安全性。

最终，Sun 公司给该语言取名为“Java”，造就了一代成功的编程语言。

1995 年，Java 语言诞生之后，其迅速成为一种流行的编程语言。

1996 年，Sun 公司推出了 Java 开发工具包，也就是 JDK 1.0，提供了强大的类库支持。

1998 年，JDK 1.2 被发布，它是 Java 里程碑式的版本。为了加以区别，Sun 公司将“Java”改名为“Java 2”，即第二代 Java，并且将 Java 分成 J2SE、J2ME 和 J2EE 这 3 个发展方向，全面进军桌面、嵌入式、企业级 3 个不同的开发领域。后来 Sun 公司又发布了 JDK 1.4、JDK 1.5、JDK 6.0（1.6.0）、JDK 7.0（1.7.0）、JDK 8.0（1.8.0）等版本。J2SE、J2ME 和 J2EE 包含如下内容。

- J2SE（Java 2 Platform Standard Edition）：包含构成 Java 语言核心的类，如数据连接、接口定义、输入/输出和网络编程等。
- J2ME（Java 2 Platform Micro Edition）：包括 J2SE 中的一部分类，用于消费类电子产品的软件开发，如智能卡、手机、PDA 和机顶盒等。
- J2EE（Java 2 Platform Enterprise Edition）：Enterprise Edition（企业版）包含 J2SE 中的所有类，并且包含用于开发企业级应用的类，如 EJB、Servlet、JSP、XML 和事务控制，也是现在 Java 应用的主要方向。

其中最核心的部分是 J2SE，而 J2ME 和 J2EE 是在 J2SE 的基础之上发展起来的。从 Java 5.0 开始，这 3 个发展方向分别更名为 Java SE、Java ME、Java EE，如图 1.1 所示。

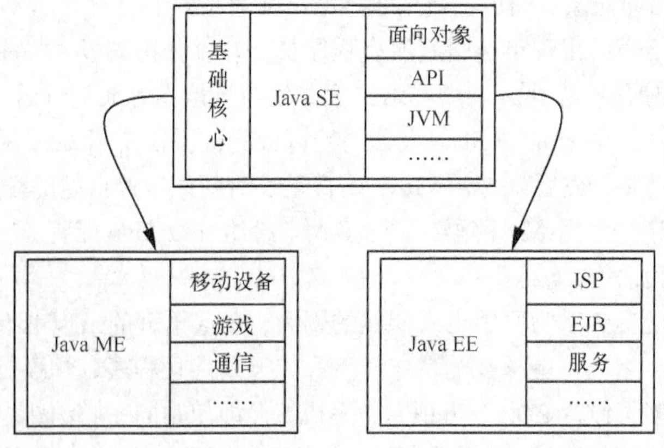

图 1.1　Java 发展方向

1.2 Java 的工作原理

1.2.1 Java 的工作机制

Java 程序的工作机制是这样的：Java 编程人员在编写完软件后，通过 Java 编译器将 Java 源程序编译为 JVM 的字节代码（Byte Code），如图 1.2 所示。任何一台计算机只要配备了 Java 解释器，就可以运行这个程序，而不管这种字节码是在何种平台上生成的。

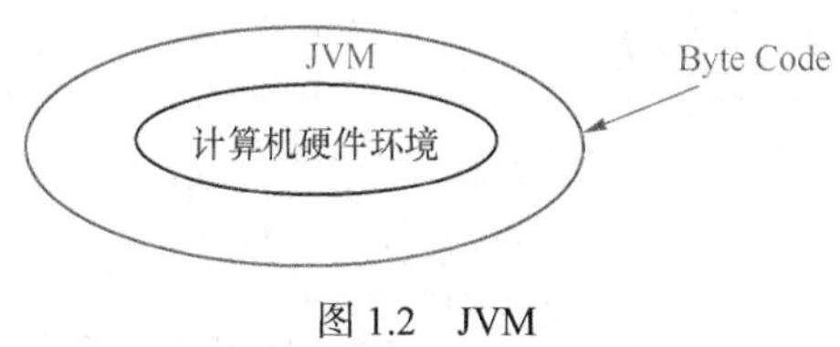

图 1.2 JVM

Java 的解释器又称为"Java 虚拟机（Java Virtual Machine, JVM）"，是驻留于计算机内存的虚拟计算机或逻辑计算机，实际上是一段负责解释执行 Java 字节码的程序。它定义了指令集、寄存器集、类文件结构栈、垃圾收集堆、内存区域等，提供了跨平台能力的基础框架。

JVM 能够从字节码流中读取指令并解释指令的含义，每条指令都含有一个特殊的操作码，JVM 能够识别并执行它。从这个意义上说，Java 可以被称为一种"解释型"的高级语言。高级语言的解释器（或称解释程序）对程序边解释边执行，执行效率较低。因此，运行 Java 程序比可直接在操作系统下运行的 C 或 C++等"编译型"语言程序速度慢得多，这是 Java 语言的一个不足。

传统语言与 Java 语言的运行机制如图 1.3 所示。

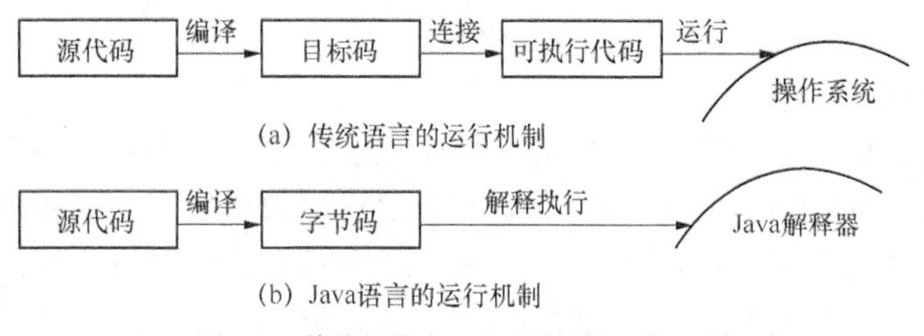

图 1.3 传统语言与 Java 语言的运行机制

1.2.2 Java 的体系结构

如果 Java 解释器是一个独立的应用程序，并可以在操作系统下直接启动，那么它解释执行的程序被称为"Java Application"（Java 应用程序）。

如果 Java 解释器包含在一个 WWW 的客户端浏览器内部，使得这个浏览器能够解释字节码程序，那么这种浏览器能够自动执行的 Java 程序被称为"Java Applet（Java 小程序）"。

这两种程序从程序结构到运行机理都不相同，Application 多在本地或服务器上运行，而 Applet 只能通过浏览器从服务器上下载后再运行，如图 1.4 所示。

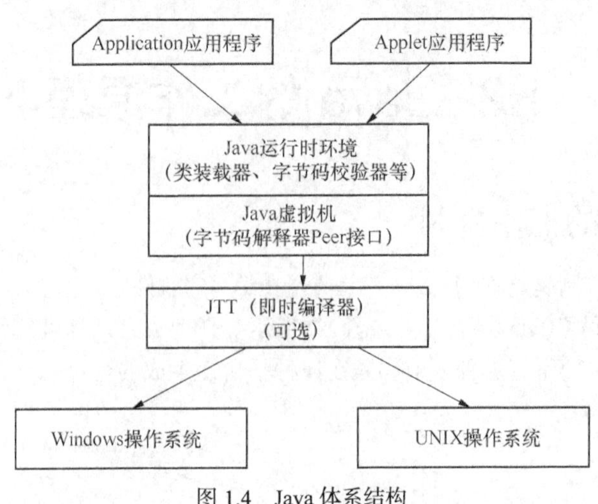

图 1.4　Java 体系结构

1.3　Java 语言的特点

1. 简单、面向对象和为人所熟悉

Java 的简单首先体现在精简的系统上，力图用最小的系统实现足够多的功能；对硬件的要求不高，在小型的计算机上便可以良好地运行。和所有的新一代的程序设计语言一样，Java 也采用了面向对象技术并更加彻底，所有的 Java 程序和 Applet 程序均是对象，封装性实现了模块化和信息隐藏，继承性实现了代码的复用，用户可以建立自己的类库。而且 Java 采用的是相对简单的面向对象技术，去掉了运算符重载、多继承的复杂概念，而采用了单一继承、类强制转换、多线程、引用（非指针）等方式。无用内存自动回收机制也使得程序员不必费心管理内存，使程序设计更加简单，同时大大减少了出错的可能。Java 语言采用了 C 语言中的大部分语法，熟悉 C 语言的程序员会发现 Java 语言在语法上与 C 语言极其相似。

2. 较强健壮性和安全性

Java 语言在编译及运行程序时，都要进行严格的检查。作为一种强制类型语言，Java 在编译和连接时都进行大量的类型检查，防止不匹配问题的发生。如果引用一个非法类型或执行一个非法类型操作，Java 将在解释时指出该错误。在 Java 程序中不能采用地址计算的方法，通过指针访问内存单元，大大减少了错误发生的可能性；而且 Java 的数组并非用指针实现，这样就可以在检查中避免数组越界的发生。无用内存自动回收机制也增加了 Java 的健壮性。

作为网络语言，Java 必须提供足够的安全保障，并且要防止病毒的侵袭。Java 在运行应用程序时，会严格检查其访问数据的权限，如不允许网络上的应用程序修改本地的数据。下载到用户计算机中的字节代码在其被执行前要经过一个核实工具，一旦字节代码被核实，便由 Java 解释器来执行，该解释器通过阻止对内存的直接访问来进一步提高 Java 的安全性。同时，Java 极高的健壮性也增强了 Java 的安全性。

3. 结构中立并且可以移植

网络上充满了不同类型的计算机和操作系统，为使 Java 程序能在网络的任何地方运行，Java 编译器编译生成了与体系结构无关的字节码结构文件格式。任何种类的计算机，只要在其处理器和操作系统上有 Java 运行时环境，字节码文件就可以在该计算机上运行。即使在单一系统的计算机上，结构中立也有非常大的作用。随着处理器结构的不断发展，程序员不得不编写各种版本的程序以在不同的处理器上运行，这使得开发出能够在所有平台上工作的软件集合是不可能的。而使用 Java 将使同一版本的应用程序可以运行在所有的平台上。

体系结构的中立也使得 Java 系统具有可移植性。Java 运行时系统可以移植到不同的处理器和操作系统上，Java 的编译器是由 Java 语言实现的，解释器是由 Java 语言和标准 C 语言实现的，因此可以较为方便地进行移植工作。

4. 高性能

虽然 Java 是解释执行的，但它仍然具有非常高的性能，在一些特定的 CPU 上，Java 字节码可以快速地转换成为机器码进行执行。而且 Java 字节码格式的设计就是针对机器码的转换，实际转换时相当简便，自动的寄存器分配与编译器对字节码的一些优化，可使之生成高质量的代码。随着 Java 虚拟机的改进和“即时（Just in time）编译”技术的出现，Java 的执行速度有了更大幅度的提高。

5. 解释执行、多线程并且是动态的

为易于实现跨平台性，Java 设计成为解释执行，字节码本身包含了许多编译时生成的信息，使连接过程更加简单。而多线程使应用程序可以同时进行不同的操作，处理不同的事件。在多线程机制中，不同的线程处理不同的任务，互不干涉，不会由于某一任务处于等待状态而影响了其他任务的执行，这样就可以轻松地实现网络上的实时交互操作。Java 在执行过程中，可以动态地加载各种类库，这一特点使之非常适合于网络运行，同时也非常有利于软件的开发，即使是更新类库，也不必重新编译使用这一类库的应用程序。

1.4　Java 与 C 的比较

下面把 C、C++和 Java 做个比较。

1. 全局变量

Java 程序不能定义程序的全局变量，而类中的公共、静态变量就相当于这个类的全局变量，这样就使全局变量封装在类中，保证了安全性。而在 C/C++语言中，不加封装的全局变量往往会由于使用不当而造成系统的崩溃。

2. 条件转移指令

C/C++语言中用 goto 语句实现无条件跳转，而 Java 语言没有 goto 语言，通过另外处理语句 try、catch、finally 来取代之，提高了程序的可读性，也增强了程序的健壮性。

3. 指针

指针是 C/C++语言中最灵活但也是最容易出错的数据类型。用指针进行内存操作往往造成不可预知的错误，而且，通过指针对内存地址进行显式类型转换后，可以访问一个 C++中的私有成员，破坏了安全性。在 Java 中，程序员不能进行任何指针操作，同时 Java 中的数组是通过类来实现的，很好地解决了数组越界这一 C/C++语言中不做检查的缺点。

4. 内存管理

在 C 语言中，程序员使用库函数 malloc()和 free()来分配和释放内存，C++语言中则使用运算符 new 和 delete。再次释放已经释放的内存块或者释放未被分配的内存块，会造成系统的崩溃，而忘记释放不再使用的内存块，也会逐渐耗尽系统资源。在 Java 中，所有的数据结构都是对象，

通过运算符 new 分配内存并得到对象的使用权。无用内存回收机制保证了系统资源的完整，避免了内存管理不周而引起的系统崩溃。

5. 数据类型的一致性

在 C/C++语言中，不同的平台上，编译器对简单的数据类型如 int、float 等分别分配不同的字节数。例如，int 在 IBM PC 上为 16 位，在 VAX-11 上就为 32 位，导致了代码数据的不可移植。在 Java 中，对数据类型的位数分配总是固定的，而不管是在哪个计算机平台上。这就保证了 Java 数据的平台无关性和可移植性。

6. 类型转换

在 C/C++语言中，可以通过指针进行任意的类型转换，不安全因素大大增加。而在 Java 语言中，系统要对对象的处理进行严格的相容性检查，防止不安全的转换。

7. 头文件

在 C/C++语言中，使用头文件声明类的原型、全局变量及库函数等，在大的系统中，维护这些头文件是非常困难的。Java 不支持头文件，类成员的类型和访问权限都封装在一个类中，运行时系统对访问进行控制，防止非法的访问。同时，Java 中用 import 语句与其他类进行通信，以便访问其他类的对象。

8. 结构和联合

C/C++语言中用结构和联合来表示一定的数据结构，但是由于其成员均为公有，安全性上存在问题。Java 不支持结构和联合，通过类把数据结构及对该数据的操作都封装在类里面。

9. 预处理

C/C++语言中有宏定义，而用宏定义实现的代码往往影响程序的可读性，Java 不支持宏定义。

1.5 构建 Java 程序

1.5.1 开发 Java 程序的步骤

在对 Java 有了初步的认识之后，下面来学习开发一个 Java 程序的步骤。

构建 Java 程序

1. 编写源程序

Java 语言是一门高级程序语言，在明确了要计算机做的事情之后，把要下达的指令逐条使用 Java 语言描述出来，就是编制程序。通常，人们称这个文件为源程序或者源代码，图 1.5 中的 MyProgram.java 就是一个 Java 源程序。就像 Word 文档使用.doc 作为扩展名一样，Java 源程序文件使用.java 作为扩展名。

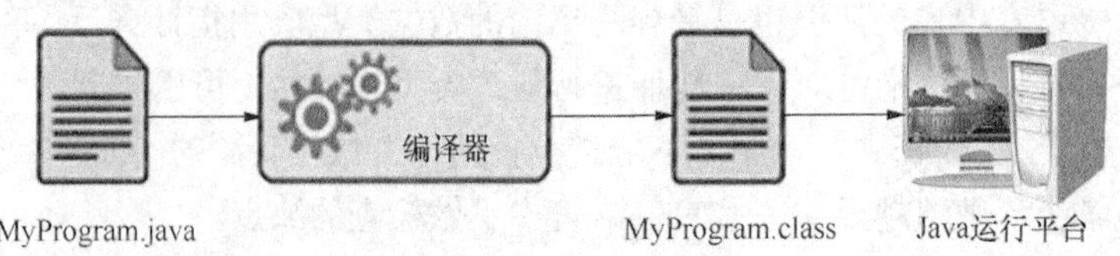

图 1.5 Java 程序开发过程

2. 编译

编译时要用到编译器。经过它的翻译，输出结果就是一个扩展名为.class 的文件，称为字节码文件，如图 1.5 中的 MyProgram.class 文件。

3. 运行

在 Java 平台上运行生成的字节码文件，便可看到运行结果。

那么，到底什么是编译器？在哪里能看到程序的运行结果呢？前 Sun 公司提供的 JDK（Java Development Kit，Java 开发工具包）就能够实现编译和运行的功能。

（1）安装 JDK

JDK 本身也在不断地被修改、完善，时常有新的版本出现，这里使用 JDK 1.8 来开发 Java 程序。JDK 中有多个目录和文件，如图 1.6 所示。

图 1.6　JDK 的目录和文件

下面讲解 JDK 中的重要目录或文件。

- bin 目录：存放编译、运行 Java 程序的可执行文件。
- jre 目录：存放 Java 运行环境文件。
- lib 目录：存放 Java 的类库文件。
- src.rar 文件：构成 Java 平台核心 API 的所有类的源文件。

（2）配置环境变量

由于 bin 目录中存放的是要使用的各种 Java 命令，因此，为了在任何路径下都能找到并执行这些常用的 Java 命令，需要配置系统的环境变量。下面是在 Windows 10 中，JDK 配置环境变量的具体步骤。

① 右击桌面上的“计算机”图标。

② 在弹出的快捷菜单中选择“属性”选项，在打开的“系统”窗口中单击“高级系统设置”超链接，在弹出的系统属性对话框中选择“高级”选项卡。

③ 单击“环境变量”按钮，弹出“环境变量”对话框。

④ 在“系统变量”选项组中，编辑 Path 变量。在 Path 变量开始位置增加 C:\Program Files\Java\jdk1.8.0_131\bin 和半角分号“;”，如图 1.7 所示。

图 1.7　配置环境变量

有了 JDK 的支持，使用记事本就可以编写 Java 源程序。使用记事本开发 Java 程序的步骤如下。

首先，创建记事本程序，并以.java 作为扩展名进行保存。例如，在“E:\DEMO”文件夹下创建“HelloWorld.Java”文件。

其次，打开 HelloWorld.java 文件，并在其中编写 Java 代码，如示例 1 所示。

示例 1

```
public class HelloWorld{
        public static void main(String[] args){
        System.out.println("Hello World!!!");
        }
}
```

再次在控制台使用 javac 命令对.java 文件进行编译。例如，编译 HelloWorld.java 文件后生成 HelloWorld.class 文件，结果如下。

```
C:\Users\ma>e:
E:\>cd Demo
E:\Demo>javac HelloWorld.java
E:\Demo>dir
驱动器 E 中的卷没有标签
卷的序列号是 0DD4-18D0
E:\Demo 的目录
2018-07-14 11:44    <DIR>          .
2018-07-14 11:44    <DIR>          ..
2018-08-14 11:45            428 HelloWorld.class
2018-08-14 11:41            428 HelloWorld.java
               2 个文档          533 字节
               2 个目录          169,175,932,928 可用字节
```

最后，在控制台使用 Java 命令运行编译后生成的.class 文件，就可以输出程序结果，结果如下。

```
E:\Demo>java HelloWorld
Hello World!!!
```

1.5.2 Java 程序的结构

示例 1 是一段简单的 Java 代码，作用是向控制台输出“Hello World!!!”信息。下面来分析程序的各个组成部分。通常，盖房子要先搭一个框架，然后才能添砖加瓦，Java 程序也有自己的“框架”。

1. 编写程序框架

```
public class HelloWorld{}
```

其中，HelloWorld 为类的名称，它要和程序文件的名称一模一样。至于“类”是什么，以后的章节中将深入讲解。类名前面要用 public（公共的）和 class（类）两个词修饰，它们的先后顺序不能改变，中间要用空格分隔。类名后面跟一对大括号，所有属于该类的代码都放在“{”和“}”中。

2. 编写 main()方法的框架

```
public static void main(String[] args){}
```

main()方法有什么作用呢？正如房子不管有多大、有多少个房间，我们都要从大门进入一样，程

序也要从一个固定的位置开始执行，在程序中把它称为“入口”。而 main()方法就是 Java 程序的入口，是所有 Java 应用程序的起始点，没有 main()方法，计算机就不知道该从哪里开始执行程序。

注意

一个程序只能有一个 main()方法。

在编写 main()方法时，要求按照上面的格式和内容进行书写。main()方法前面使用 public、static、void 修饰，它们都是必需的，而且顺序不能改变，中间用空格分隔。另外，main()方法后面的小括号和其中的内容“String[] args”必不可少。目前只要准确牢记 main()方法的框架就可以，在以后的章节中再慢慢理解它每个部分的含义。

main()方法后面也有一对大括号，把让计算机执行的指令都写在里面。从本章开始的相当长的一段篇幅中，都要在 main()方法中编写程序。

3. 编写代码

```
System.out.println("Hello World!!!");
```

这一行代码的作用是向控制台输出，即输出“Hello World!!!”。System.out.println()是 Java 语言自带的功能，使用它可以向控制台输出信息。print 的含义是“打印”，ln 可以看作 line（行）的缩写，println 可以理解为打印一行。要实现向控制台打印的功能，前面要加上 System.out。在程序中，只把需要输出的内容用英文引号引起来放在 println()中即可。另外，以下语句也可以实现打印输出。

```
System.out.print("Hello World!!!");
```

System.out.println()和 System.out.print()有什么区别呢？它们两个都是 Java 提供的用于向控制台打印输出信息的语句。不同的是，System.out.println()在打印完引号中的信息后会自动换行，System.out.print()在打印完引号中的信息后不会自动换行，举例如下。

代码片段 1

```
System.out.println("张三");
System.out.println("18");
```

代码片段 2

```
System.out.print("张三");
System.out.print("18\n");
```

代码片段 1 输出结果如下。

```
张三
18
```

代码片段 2 输出结果如下。

```
张三
18
```

System.out.println("");和 System.out.print("\n");可以达到同样的效果，引号中的"\n"指将光标移动到下一行的第一格，也就是换行。这里"\n"称为转义字符。另外一个比较常用的转义字符是"\t"，它的作用是将光标移动到下一个水平制表的位置（一个制表位等于 8 个空格）。

一个完整的 Java 源程序应该包括下列部分。

```
package 语句；  //该部分至多只有一句，必须放在源程序的第一句
import 语句；  /*该部分可以有若干 import 语句或者没有，必须放在所有的类定义之前*/
public classDefinition;  //公共类定义部分，至多只有一个公共类的定义
//Java 语言规定该 Java 源程序的文件名必须与该公共类名完全一致
classDefinition; //类定义部分，可以有 0 个或者多个类定义
interfaceDefinition; //接口定义部分，可以有 0 个或者多个接口定义
```

例如，一个 Java 源程序可以是如下结构，该源程序命名为 HelloWorldApp.java。

```
package Javawork.helloworld; /*把编译生成的所有.class 文件放到包 Javawork.helloworld 中*/
import Java.awt.*;  //告诉编译器本程序中用到系统的 AWT 包
import Javawork.newcentury; /*告诉编译器本程序中用到用户自定义的包 Javawork.newcentury*/
public class HelloWorldApp{......} /*公共类 HelloWorldApp 的定义，名字与文件名相同*/
class TheFirstClass{......} //第一个普通类 TheFirstClass 的定义
class TheSecondClass{......} //第二个普通类 TheSecondClass 的定义
...... //其他普通类的定义
interface TheFirstInterface{......} //第一个接口 TheFirstInterface 的定义
...... //其他接口定义
```

（1）package 语句：由于 Java 编译器为每个类生成一个字节码文件，且文件名与类名相同，因此同名的类有可能发生冲突。为了解决这一问题，Java 提供包来管理类名空间，包实际提供了一种命名机制和可见性限制机制。而在 Java 的系统类库中，功能相似的类被放到一个包 package 中，例如所有的图形界面的类都放在 Java.awt 这个包中，与网络功能有关的类都被放到 Java.net 这个包中。用户自己编写的类（指.class 文件）也应该按照功能放在由程序员自己命名的相应的包中，例如，上例中的 Javawork.helloworld 就是一个包。包在实际的实现过程中是与文件系统相对应的，例如，Javawork.helloworld 所对应的目录是 path\helloworld，而 path 是在编译该源程序时指定的。例如，在命令行中编译上述 HelloWorldApp.java 文件时，可以在命令行中输入“Javac -d e:\demo HelloWorld.java”，则编译生成的 HelloWorldApp.class 文件将放在 e:\demo\helloworld 目录下面，此时 e:\demo 相当于 path。但是如果在编译时不指定 path，则生成的.class 文件将放在编译时命令行所在的当前目录下面。例如，在命令行目录 e:\demo 下输入编译命令“Javac HelloWorld.Java”，则生成的 HelloWorld.class 文件将放在目录 e:\demo 下面，此时的 package 语句相当于没起作用。

但是，如果程序中包含了 package 语句，则在运行时就必须包含包名。例如，HelloWorld.java 程序的第一行语句是 package p1.p2;，编译的时候在命令行下输入“Javac -d path HelloWorld.Java”，则 HelloWorldApp.class 将放在目录 path\p1\p2 的下面，这时候运行该程序时有以下两种方式。

第一种：在命令行下的 path 目录下输入字符“Java p1.p2.HelloWorld”。

第二种：在环境变量 classpath 中加入目录 path，则运行时在任何目录下输入“Java p1.p2.HelloWorld”即可。

（2）import 语句：如果在源程序中用到了除 Java.lang 这个包以外的类，无论是系统的类还是自己定义的包中的类，都必须用 import 语句标识，以通知编译器在编译时找到相应的类文件。例如，上例中的 Java.awt 是系统的包，而 Javawork.newcentury 是用户自定义的包。若程序中用到了类 Button，而 Button 是属于包 Java.awt 的，则在编译时，编译器将从目录 classpath\Java\awt 中寻找类 Button。classpath 是事先设定的环境变量，如可以设为“classpath=.; d:\jdk1.3\lib\”。classpath 也可以称为类路径，需要注意的是，在 classpath 中往往包含多个路径，需要用分号隔开。例如，“classpath=.; d:\jdk1.8\lib\”中的第一个分号之前的路径是一个点，表示当前目录，分号后面的路径是 d:\jdk1.8\lib\，

表示系统的标准类库目录。在编译过程中寻找类时，系统先从环境变量 classpath 的第一个目录开始往下找，如先从当前目录往下找 Java.awt 中的类 Button 时，编译器找不着，然后从环境变量 classpath 的第二个目录开始往下找，就是从系统的标准类库目录 d:\jdk1.8\lib 开始往下找 Java.awt 的 Button 这个类，最后就找到了。若要从一个包中引入多个类，则在包名后加上“.*”表示。

1.5.3　Java 程序的注释

看书时，我们在重要或精彩的地方都会做一些标记，或者在书的空白处做一些笔记，目的是在下次看书的时候有一个提示。通过书上的笔记，我们就能知道这部分讲了什么内容，上次是怎么理解的。在程序中，也需要这样一种方法，让人们能够在程序中做一些标记来帮助理解代码。想象一下，当奋斗了几个月写出成千上万行代码后，再看几个月前写的代码，如果没有注释，有谁能记得当时是怎么理解的呢？此外，当一个人把已经写好的一个程序交给另一个人时，如果没有注释，后者是不是要花很多时间才能读懂这段程序的功能？

为了方便程序的阅读，Java 语言允许在程序中注明一些说明性的文字，这就是代码的注释。编译器并不处理这些注释，所以不用担心添加了注释会增加程序的负担。

在 Java 中，常用的注释有两种，即单行注释和多行注释。

1. 单行注释

如果说明性的文字较少，就可以放在一行中，即可以使用单行注释。单行注释使用“//”开头，每一行中“//”后面的文字都被认为是注释。单行注释通常用在代码行之间，或者一行代码的后面，用来说明某一块代码的作用。在示例 1 的代码中添加一个单行注释，用来说明 System.out.println()行的作用，如示例 2 所示。这样，当别人看到这个文件的时候，就可知道注释下面那行代码的作用是输出信息到控制台。

示例 2

```
public class HelloWorld{
    public static void main(String[] args){
        //输出信息到控制台
        System.out.println("Hello World!!!");
    }
}
```

2. 多行注释

多行注释以“/*”开头，以“*/”结尾，“/*”和“*/”之间的内容都被看作注释。当要说明的文字较多，需要占用多行时，可使用多行注释。例如，在一个源文件开始之前，编写注释对整个文件做一些说明，包括文件的名称、功能、作者、创建日期等。现在在示例 1 程序的基础上添加两行代码并添加多行注释，如示例 3 所示。

示例 3

```
/*
* HelloWorld.java
* 2018-4-23
* 第一个 Java 程序
*/
public class HelloWorld{
    public static void main(String[] args){
        System.out.println("Hello World!!!");
        /*
```

```
         * System.out.println("Hello World!!!");
         */
    }
}
```

为了美观，程序员一般喜欢在多行注释的每一行都写一个*，如示例 3 所示。有时，程序员也会在多行注释的开始行和结束行输入一串*，它们的作用只是为了美观，对注释本身不会有影响。

1.5.4 Java 编码规范

在日常生活中，我们都要学习普通话，这样，不同地区的人之间更加容易沟通。编码规范就是程序世界中的“普通话”。编码规范对于程序员来说非常重要。为什么这样说呢？因为一个软件在开发和使用过程中，80%的时间是花费在维护上的，而且软件的维护工作通常不是由最初的开发人员来完成的。编码规范可以增加代码的可读性，使软件开发和维护更加方便。

我们要特别注意编码规范，这些规范是一个程序员应该遵守的基本规则，是行业内人们都墨守的做法。

现在把示例 2 的代码做一些修改，去掉 class 前面的 public（如示例 4），再次运行程序，仍然能够得到想要的结果。这说明程序没有错误，那么为什么还要使用 public 呢？这就是一种编码规范。

示例 4

```
class HelloWorld{
    public static void main(String[]) args){
        //输出信息到控制台
        System.out.println("Hello World!!!");
    }
}
```

可见，不遵守编码规范的代码并不是错误的代码，但是一段好的代码不仅能够完成某项功能，还应该遵守相应的编码规范。从开始就注意按照编码规范编写代码，这是成为一名优秀程序员的基本条件。在本章中，请对照上面的代码记住以下编码规范。

规范

- 类名必须使用 public 修饰。
- 一行只写一条语句。
- 用{}括起来的部分通常表示程序的某一层次结构。“{”一般放在这一结构开始行的最末，“}”与该结构的第一个字母对齐，并单独占一行。
- 低一层次的语句或注释应该比高一层次的语句或注释缩进若干个空格后再书写，使程序更加清晰，增加程序的可读性。

1.6 Java 程序开发软件——Eclipse 平台

1.6.1 Eclipse 运行步骤

在前面的介绍中，用记事本已经可以编写 Java 应用程序。但是，用记事本编写 Java 源程序不仅很不方便，而且不能在友好的图形界面下进行编译和运行，因此这种方法费时费力，还容易出错。我们可以利用一类软件来编写 Java 程序，那就是集成开发环境（IDE）。IDE 是一类软件，它将程序开发环境和程序调试环境集合在一起，帮助程序员开发软件。通常，IDE 包括编辑器、编译器和调试器等多种工具，与大家用 QQ 软件聊天一样，程序员们则用各种 IDE 来完成开发工作。在 IDE 下进行程序开发，编程容易得多，它的强大功能可以帮我们做很多事情。

用于开发 Java 程序的 IDE 软件很多，我们选用 Eclipse 工具，由于 Eclipse 默认支持 JDK 1.6，因此在 Eclipse 中编写 Java 代码之前，需要导入 JDK 1.8，其操作步骤如下。

（1）在 Eclipse 中，选择“Windows”→“Preferences”选项，打开“Preferences”窗口，展开“Preferences”窗口左侧的“Java”节点，选择其下的“Installed JREs”子节点，在右侧窗口中单击 Add 按钮，进入“Add JRE”窗口。在“浏览文件夹”对话框中，选择 JDK 1.8 安装目录，单击“确定”按钮。成功导入 JDK 1.8 后，“Installed JREs”窗口如图 1.8 所示。

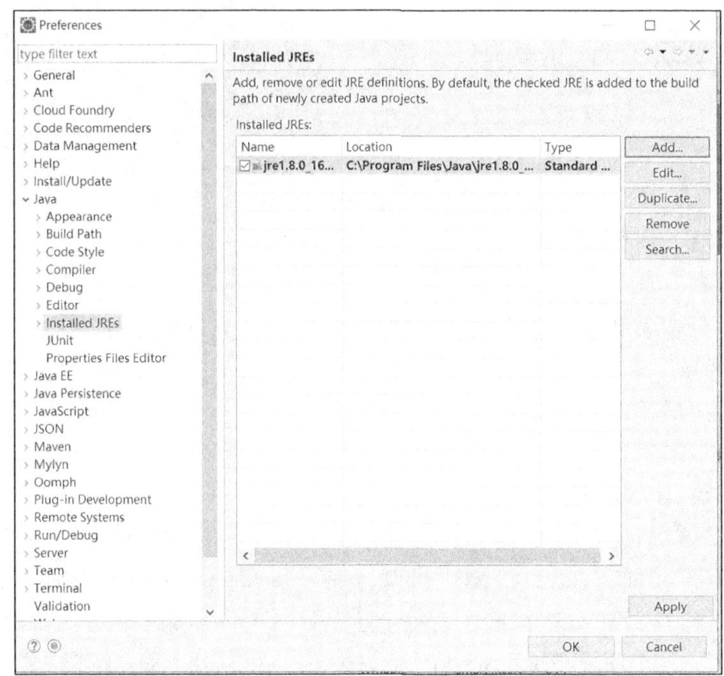

图 1.8　成功导入 JDK 1.8 的“Installed JREs”窗口

（2）选中 JDK 1.8 前的复选框，设置为默认使用版本，单击窗口下方的“OK”按钮，返回“Preferences”窗口。

（3）展开“Preferences”窗口左侧的“Java”节点的“Compiler”子节点，在窗口右侧“Compiler compliance level”下拉列表框中选择 JDK 1.8 的版本，如图 1.9 所示，最后单击“OK”按钮。

至此，Eclipse 开发环境配置完成，下面进入 Java 程序开发环节。

事实上，在 Eclipse 中开发 Java 程序也是遵循创建项目→编写源程序→编译程序→运行程序这条主线，共分为以下四步。

1. 创建一个 Java 项目

使用 Eclipse 创建一个 Java 项目。创建项目是为了方便管理，就像我们在计算机中建立文件夹管理文件一样，编写 Java 程序时也会有很多文件。Eclipse 能够把共同完成一项需求的程序文件都放在一个项目中进行统一管理。

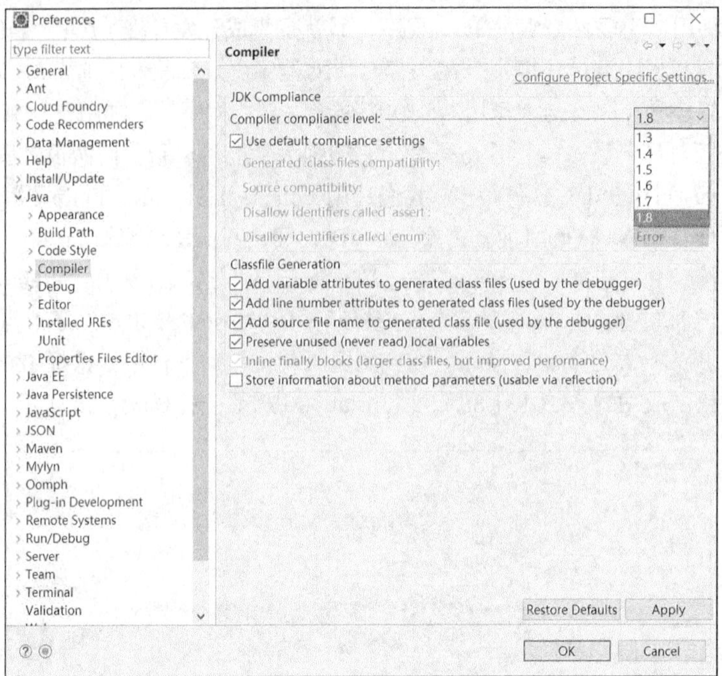

图 1.9　编译版本

在 Eclipse 中创建项目时，选择“File”→“New”→“Java Project”选项（或者单击工具栏中的下拉按钮，选择“Java Project”选项），打开“New Java Project”窗口，在“Project name”文本框中输入项目的名称，这里将其命名为“MyProgram”　。单击“Finish”按钮，就完成了项目的创建。

2. 创建并编写 Java 源程序

在 Eclipse 中，选中并右击新创建的项目“MyProgram”，在弹出的快捷菜单中选择“New”→“Class”选项，打开“New Java Class”窗口，在“Package”文本框中输入包名，这里使用“cn.ssdut.output”作为包名。如果不输入包名，将使用“default（默认包）”。另外，在“Name”文本框中输入类名，这里使用“Helloworld”作为类名，单击“Finish”按钮，就完成了 Java 文件的创建。

Eclipse 自动生成一个 HelloWorld.java 文件，并创建基本的程序框架。Eclipse 代码编辑区中显示已创建的 Java 文件的内容。只要在类框架的基础上编写必要的 Java 代码，就可以实现需求。

在 HelloWorld.java 文件中输入示例 5 的内容。

示例 5

```
package cn.ssdut.output;
public class HelloWorld{
    public static void main(string[]) args){
        /*手工输入的代码*/
        System.out.println("我的第一个 Eclipse 小程序！");
    }
}
```

3. 编译 Java 源程序

这一步不用手工操作，Eclipse 可以自动实现编译。如果有错误，会给出相应的提示，后面会专门研究常见的错误。

4. 运行 Java 程序

选中 HelloWorld.java 文件，选择“Run”→“Run As”→“Java Application”选项（或者单击工具栏中的下拉按钮，选择“Run As”→“Java Application”选项）。如果看到类似图 1.10 所示的输出结果，就表示 Java 程序编写成功了。

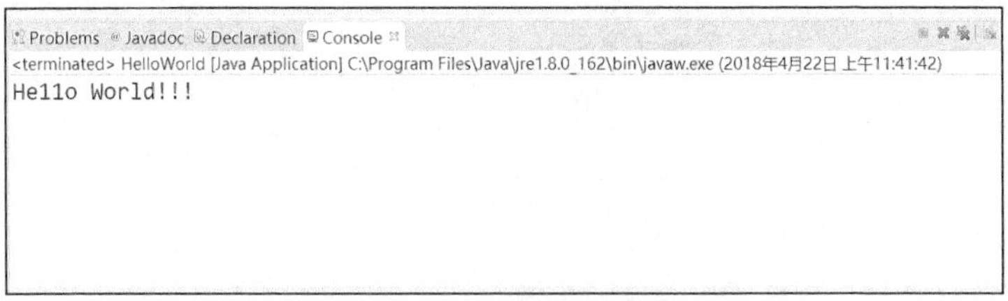

Problems　Javadoc　Declaration　Console
<terminated> HelloWorld [Java Application] C:\Program Files\Java\jre1.8.0_162\bin\javaw.exe (2018年4月22日 上午11:41:42)
Hello World!!!

图 1.10　示例 5 的运行结果

Eclipse 平台是一个非常强大的 IDE，使用它可以大大提高 Java 程序的开发效率。

1.6.2　Java 项目组织结构

运行完 Java 程序，我们来看在 Eclipse 中，Java 项目的组织结构。

包资源管理器：什么是包？我们可以把它理解为文件夹。在文件系统中，我们会利用文件夹分类管理文件，在 Java 中使用包来组织 Java 源文件。我们可以在 Eclipse 界面的左侧看到包资源管理器（Package Explorer）视图，如图 1.11 所示。

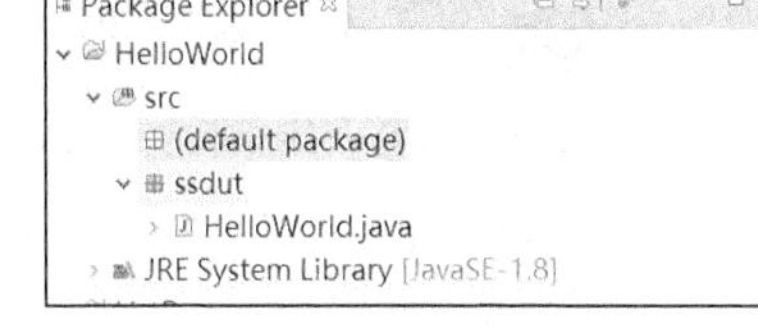

图 1.11　包资源管理器视图

通过包资源管理器视图，我们能够查看 Java 源文件的组织结构。

1.6.3　常见错误

程序开发存在一条定律，即“一定会出错”。有时候我们会不经意犯一些错误，还可能为了测试代码故意制造一些错误来做试验。无论怎样，我们都要认识并排除常见的错误。

下面就来进行破坏性的工作，对刚才运行正确的程序做一些修改，看看常见的错误有什么，以及 Eclipse 会给我们什么样的帮助。

1. 类不可以随便命名

在前面介绍 Java 程序框架时提到过，HelloWorld 是类名，是程序开发人员自由命名的，那么类是不是可以随便命名呢？例如，在 HelloWorld.java 文件中，把类名改为 helloWorld，修改后的代码如下。

常见错误 1

```
public class helloWorld{  //将类名修改为 helloWorld
    public static void main(String[] args){
    /*手工输入的代码*/
        System.out.println("我的第一个 Eclipse 小程序!");
    }
}
```

修改后保存，将看到 Eclipse 进行了自动编译，在修改的那一行代码的左侧出现了一个带红色叉号的灯泡标记，将鼠标指针移到灯泡标记上会给出提示信息，如图 1.12 所示。

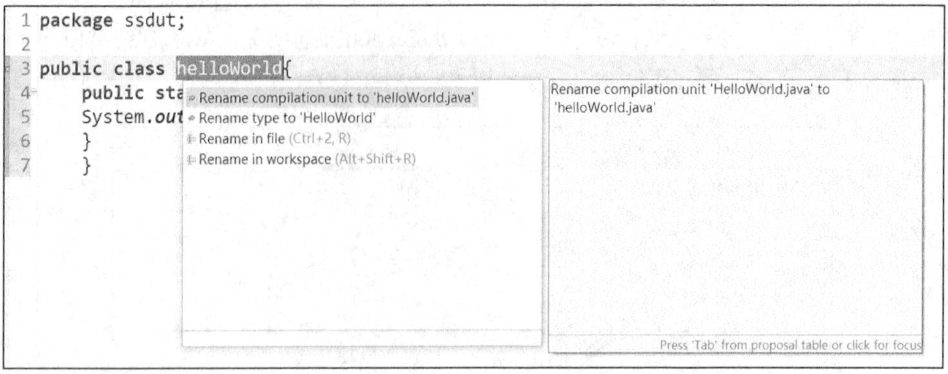

```
package ssdut;

public class helloWorld{
    public sta
    System.out
    }
    }
```

Rename compilation unit to 'helloWorld.java'
Rename type to 'HelloWorld'
Rename in file (Ctrl+2, R)
Rename in workspace (Alt+Shift+R)

Rename compilation unit 'HelloWorld.java' to 'helloWorld.java'

Press 'Tab' from proposal table or click for focus

图 1.12　更改类名后的错误提示信息

仔细观察这个页面，会发现 Eclipse 在编辑视图、包资源管理器视图、问题视图中都给出了错误提示，因此可以快速定位程序出错的位置，这使得程序开发非常方便。

那么这个提示信息是什么意思呢？这是 Java 语言自身的一个规定，因此，我们得出第一个结论。

结论一：public 修饰的类的名称必须与 Java 文件同名。

2. void 不可少

在 main()方法的框架中，void 告知编译器 main()方法没有返回值。既然没有，那可不可以去掉 void 呢？去掉 void 后的代码如下所示。

常见错误 2

```
public class HelloWorld{
    /*手工输入的代码*/
    public static main (string[] args){  //去掉了 void
        System.out.println("我的第一个 Eclipse 小程序!");
    }
}
```

保存后，可以看到 Eclipse 给出了提示信息 “Return type for the method is missing（缺少方法的返回类型）”。

那么这个提示信息是什么意思呢？这是 Java 语言自身的又一个规定，因此得出第二个结论。

结论二：main()方法中的 void 不可少。

3. Java 对英文字母大小写敏感

我们知道，英文字母有大小写之分，那么在 Java 语言中，是否可以随意使用字母大小写呢？把用来输出信息的 System 的首字母改为小写，修改后的代码如下。

常见错误 3

```
public class HelloWorld{
    /*手工输入的代码*/
    public static void main (string[] args){
        system.out.println( " 我的第一个 Eclipse 小程序! " );
    }
}
```

将修改后的代码保存，可以看到 Eclipse 给出了提示信息“system cannot resolved（无法解析 system）”。这说明 Eclipse 不认识 system，因此得出第三个结论。

结论三：Java 对英文字母大小写敏感。

4. “;”是必需的

仍然修改输出消息的那一行代码，将句末的“;”去掉，修改后的代码如下。

常见错误 4

```
public class HelloWorld{
    /*手工输入的代码*/
    public static main (string[] args){
        System.out.println("我的第一个 Eclipse 小程序!")//去掉句末的“;”
    }
}
```

将修改后的代码保存，可以看到 Eclipse 给出了提示信息“Syntax error, Insert“; ”to complete Statement（语法错误，请插入“; ”以结束语句）”，因此得出第四个结论。

结论四：在 Java 中，一个完整的语句都要以“; ”结束。

5. “""”是必需的

另一个常犯的错误就是编程人员常常会不小心漏掉一些东西，如一对括号只写了一个，一对引号只写了一个，如下代码就丢掉了一个引号。

常见错误 5

```
public class HelloWorld{
    /*手工输入的代码*/
    public static main (string[] args){
        System.out.println("我的第一个 Eclipse 小程序!); //丢掉了“"”
    }
}
```

保存这段代码，Eclipse 会报错，给出提示信息“String literal is not properly closed by a double-quote（字符串文字未用双引号正确地引起来）”。

在后面的学习中会专门来探讨字符串是什么，现在得出第五个结论。

结论五：输出的字符串必须用引号引起来，而且必须是英文的引号。

到此为止，我们认识了五个常犯的错误，并且知道了应该怎样修改，可能有的错误信息现在还不能够完全理解，但是没有关系，现在的任务是避免出现这些错误，一旦出现了此类错误，能够找到错在哪里、知道怎样修改即可。

1.7 使用 Java API 帮助文档

在开发过程中，如果遇到疑难问题，除了可以在网络中寻找答案，也可以在 Java API 帮助文档（以下简称“JDK 文档”）中查找答案。JDK 文档是 Oracle 公司提供的一整套文档资料，其中包括 Java 各种技术的详细资料及 JDK 中提供的各种类的帮助说明。它是 Java 开发人员必备的、权威的参考资料，就像字典一样。在开发过程中要养成查阅 JDK 文档的习惯，到 JDK 文档中去寻找答案和解决方案。JDK 文档分为包列表区、类列表区、查询帮助结果区。图 1.13 所示为 JDK 文档。

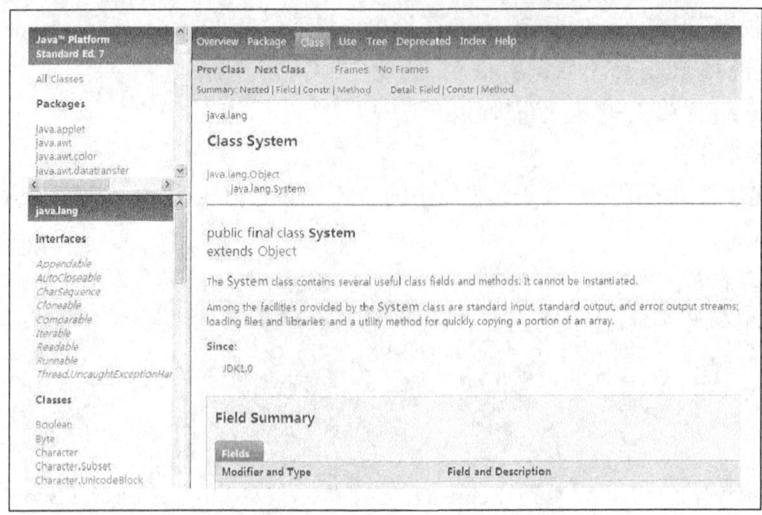

图 1.13　JDK 文档

查询某类帮助信息的方法如下。

方法一：类列表区中显示了 JDK 中所定义的全部类，在其中按 Ctrl+F 组合键，在查询框中输入要查询的类名，该关键字将在类列表区以黄色背景显示，从中选择该类即可。

方法二：如已知该类所在的包，可先从包列表区中选中该包，类列表区中显示的内容即为指定包中所有类，再选择要查询的类。

在查询帮助结果区可以查询该类的所有内容，包括类中定义的方法、构造等。

课后习题

1. 在记事本中编写 Hello.java 程序，输出“Hello, world!”。
2. 在 Eclipse 中编写项目 Task，输出你本周的学习任务。

第 2 章 Java 编程基础

本章学习目标：

- 掌握 Java 语言的数据类型；
- 掌握基本运算方法；
- 掌握 Java 语言的表达式和运算符。

2.1 数据类型概述

2.1.1 数据类型的分类

基本数据类型 1

Java 语言数据类型包含基本数据类型和复合数据类型，基本数据类型分为数值型、字符型和布尔型，复合数据类型又分为类类型和接口类型，如图 2.1 所示。

Java 语言对不同的数据类型规定了不同的组织形式和运算方法，对不同类型的数据在内存中分配不同长度的存储空间。本章只介绍基本数据类型，其他数据类型将在后面的有关章节中介绍。

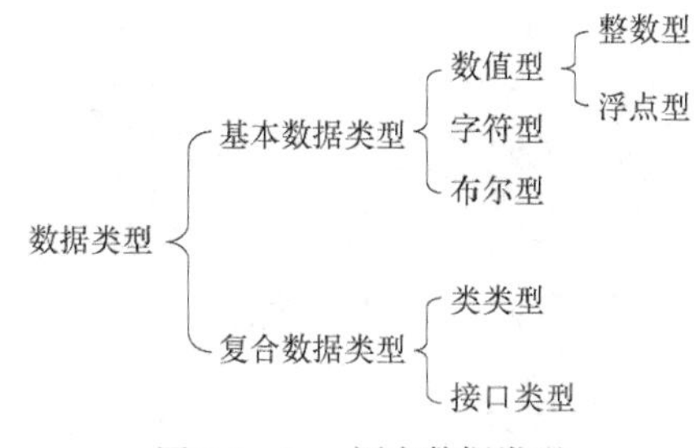

图 2.1　Java 语言数据类型

2.1.2 基本数据类型概述

数值型可以分为整数型和浮点型。整型数是不带小数点的数。浮点数就是数学中的实数，主要用它处理带小数点的数。

1. 整数型

Java 把整型数细分为字节型、短整型、整型、长整型。它们的类型标识符、默认值、取值范围和长度如表 2.1 所示。

表 2.1　整型数分类

名称	类型标识符	默认值	取值范围	长度
字节型	byte	0	−128～127	1 字节
短整型	short	0	−32768～32767	2 字节
整型	int	0	-2^{31}～$2^{31}-1$	4 字节
长整型	long	0	-2^{63}～$2^{63}-1$	8 字节

Java 中所有整数都是有符号的，没有无符号的整数。

2. 浮点型

浮点型数据是带小数的数。Java 提供了两种浮点型——单精度和双精度。它们的类型标识符、默认值、取值范围和长度如表 2.2 所示。

表 2.2　浮点型数据分类

名称	类型标识符	默认值	取值范围	长度
单精度	float	0.0f	-2^{31}～$2^{31}-1$	4 字节
双精度	double	0.0d	-2^{63}～$2^{63}-1$	8 字节

3. 字符型

字符型数据中每个字符占两个字节，它使用的是 Unicode 字符集。字符型可以与 int 类型转换。它的类型标识符、默认值、取值范围和长度如表 2.3 所示。

4. 布尔型

布尔型有两种取值——true 和 false，在内存中占 1 字节，Java 中的布尔值和数字是不能转换的，即 true 和 false 不对应于 1 和 0 数值。它的类型标识符、默认值、取值范围和长度如表 2.3 所示。

表 2.3　字符型和布尔型数据

名称	类型标识符	默认值	取值范围	长度
字符型	char	0 或'\u00000'	0～65535 或'\u0000'～'\uffff'	2 字节
布尔型	boolean	false	true, false	1 字节

2.2 Java 语法基础

2.2.1 基本概念

1. 常量

常量是指直接放入程序中保持不变的量。常量的数据类型与上面介绍的基本数据相同。例如，12、−12、0 是整型常量，−2.3f、3.134 是浮点型常量，'a'是字符常量。

基本数据类型 2

2. 变量

变量是用来存取某种类型值的存储单元，其中存储的值可以在程序执行过程中被改变。每个变量都有一个变量名，变量名的命名法则与标识法则相同。

3. 标识符

标识符是能被编译器识别而提供的在程序中唯一的名字。在 Java 语言中用标识符对变量、类、方法等进行命名。对标识符的定义需要遵守以下规则。

（1）标识符由字母、_、$和数字组成。

（2）标识符以字母、_、$开头。

（3）标识符不能与关键字同名。

（4）标识符区分大小写。如 sum 和 Sum 是不同的标识符。

例如，nes_id、$fail、_ese 为合法标识符；nes-id、stud*、class 为不合法标识符。

4. 关键字

关键字是 Java 语言本身提供的一种特殊的标识符，又称 Java 保留字。Java 语言的关键字有 40 多个，如表 2.4 所示。

表 2.4　Java 语言的关键字

abstract	boolean	break	byte	case	catch
char	class	const	continue	default	do
double	else	extens	false	final	finally
float	for	if	implements	import	instanceof
int	interface	long	native	new	package
private	protected	public	return	short	static
super	switch	synchronized	this	throw	throws
transient	true	try	void	volatile	while

5. 注释

合理的注释不仅可以提高程序的可读性而且对程序的调试和维护也有很大的帮助。在 Java 语言中可以使用下面的 3 种形式进行注释。

（1）//注释内容：注释一行。表示从//起到行尾是注释的内容。

（2）/*注释内容*/：注释一行或多行。/*和*/之间的为注释内容。这种形式的注释可以扩展到多行，但不能嵌套。

（3）/**注释内容*/：文档注释。表示在/**和*/之间的内容，将自动包含在用 javadoc 命令生成的 HTML 格式的文档中。

2.2.2　常量

Java 语言中的常量有整型常量、浮点型常量、字符型常量、布尔型常量、字符串常量和程序中定义的常量。

1. 整型常量

Java 把整型常量分为 3 种形式：十进制整数、八进制整数、十六进制整数。

（1）十进制整数是不以数字 0 开头并由 0～9 组成的数字。如 0、64、87。

（2）八进制整数是以数字 0 开头并由 0～7 组成的数字。如 00、034、0234。

（3）十六进制整数是以数字 0 与字母 x 或 X 开头并由 0～9 及字母 A～F 组成的数据。如 0x0、0X7F、0x53。

整型常量的取值范围是有限的，它的大小取决于其整型数据的类型，与所使用的进制无关，默认的是 int 类型，当说明一个整型常量为长整型时，则在整数的后面加 L 或 l。如 0XfffL 即为长整型。

2. 浮点型常量

浮点型常量是带小数的十进制数，默认的类型为双精度型，表示形式分为小数形式和指数形式。

（1）小数形式：由数字和小数点组成。如 0.34、.34、35.0、35.都是浮点型常量的小数形式。

（2）指数形式：类似于数学中的科学记数法。如 1.25×10^7 可表示为 1.25E7 或 1.25e7。

3. 字符型常量

字符型常量是用单引号括起来的一个字符。例如，'a'、'5'、'#'等都是字符型常量。其中单引号是字符常量的定界符，不是字符的一部分。另外，Java 区分大小写，所以'a'和'A'不是同一字符。

除了以上形式的字符型常量外，Java 语言还允许使用一种以“\”开头的字符，我们称其为转义字符，用来表示一些不可显示的或有特殊意义的字符。常见的转义字符如表 2.5 所示。

表 2.5　　转义字符表

符号	功能	符号	功能
\n	换行（将光标移到下一行开头）	\"	双引号
\f	换页（将光标移到下页开始处）	\\	反斜杠
\b	退格（将光标移到前一列）	\ddd	八进制模式
\t	水平制表符（将光标移到下一个 Tab 位置）	\udddd	十六进制模式
\'	单引号		

4. 布尔型常量

布尔型常量只有两个值——“true”和“false”，表示“真”和“假”，均为关键字。

5. 字符串常量

字符串（String）不是基本数据类型，是复合数据类型，但在 Java 语言中，字符串类型非常常用，所以在此简单介绍一下字符串常量。

字符串常量是用双引号括起来的 0 个或多个字符组成的。如“abc”，“”都是字符串。

6. 程序中定义的常量（符号常量）

在 Java 程序中定义常量通过 final 关键字实现，常量通常用大写字母表示。常量声明赋值后，在程序中就不能再修改，否则将会产生编译错误。定义语句格式为

```
final 类型标识符 常量名 常量值;
```

例如：

```
final float PI 3.14159;   //定义符号常量 PI，其值为 3.14159
```

2.2.3　变量

1. 变量的定义

基本数据类型 3

Java 语言规定，程序中的变量必须先定义、后使用，即程序中的每个变量都要在使用前被定义数据类型。

定义变量语句的一般格式为

```
数据类型　变量列表;
```

语句说明如下。

（1）“数据类型”与表 2.1～表 2.3 中的变量标识符相同。

（2）“变量列表”由一个或多个变量名组成。若“变量列表”中包含多个变量，则中间用逗号隔开。

示例 1　定义变量的语句举例。

```
int    a;              //定义 a 为整型变量
int    x,y;            //定义 x、y 为整型变量
long   sum1,sum2;      //定义 sum1、sum2 为长整型变量
float  n1,n2;          //定义 n1、n2 为单精度变量
char   c1,c2;          //定义 c1、c2 为字符型变量
```

2. 变量的赋值

定义了变量后，才能给变量赋值。给变量赋值的操作由赋值运算符“=”来完成。给变量赋值语句的一般形式为

```
变量名=表达式
```

示例 2 给变量赋值的演示。

```
public class j202
{
    public static void main(String arg[])     {
        int a,b;                    //定义变量 a、b 为整型变量
        a=1;                        //给变量 a 赋初值
        System.out.println("a="+a);
        a=a+1;
        System.out.println("a="+a);
        b=a+1;
        System.out.println("b="+b);
        a=b+2;
        System.out.println("a="+a);
    }
}
```

运行程序时，屏幕显示的结果如下。

```
a=1
a=2
b=3
a=5
```

3. 变量的初始化

Java 语言在定义变量的同时对变量进行赋值，称为变量的初始化。

示例 3 变量初始化的演示。

```
public class j203
{
    public static void main(String arg[])     {
        byte a=0x78;                //定义十六进制字节型变量
        int b=3;                    //定义变量 b 为整型变量
        float c=1.23f;              //定义变量 c 为单精度变量
        double d=3.23;              //定义变量 d 为双精度变量
        boolean e=false;            //定义变量 e 为布尔型变量
        char f='A';                 //定义变量 f 为字符型变量
        System.out.println("转换成十进制的 a="+a);
        System.out.println("b="+b);
        System.out.println("c="+c);
        System.out.println("d="+d);
        System.out.println("e="+e);
        System.out.println("f="+f);
    }
}
```

程序执行结果如下。

```
转换成十进制的 a=120
b=3
c=1.23
```

```
d=3.23
e=false
f=A
```

浮点型的默认类型是 double 类型，所以 float 类型的数据后面必须加 f 或 F。

4. 变量的作用域

变量的作用域指变量作用的范围。变量按作用域可以分为局部变量、类变量、方法参数、异常处理器参数。

（1）局部变量：在一个方法或一对{ }代码块内定义的变量称为局部变量。局部变量的作用域是整个方法或某个代码块。

（2）类变量：在类中声明且不在任何方法体中的变量称为类变量。类变量的作用域是整个类。

（3）方法参数：方法参数定义了方法调用时传递的参数，其作用域就是所在的方法。

（4）异常处理器参数：异常处理器参数是 catch 语句块的入口参数。这种参数的作用域是 catch 语句后由{}表示的语句块。

示例 4 变量的作用域演示。

```
public class j204{
     static int x=5;                              //定义变量 x 为类变量
     public static void main(String arg[])
      {
         int y=23;                                //定义变量 y 为局部变量
         System.out.println("x="+x);
         System.out.println("y="+y);
         m(6);                                    //调用方法 m()
      }
     static void m(int z)                         //定义变量 z 为方法参数
     {
         System.out.println("z="+z);
         System.out.println("x="+x);
     }
}
```

运行结果如下。

```
x=5
y=23
z=6
x=5
```

在示例 4 中，x 为类变量，其作用域在程序类体内；y 为局部变量，其作用域在 main()方法体内；z 为方法参数，其作用域在 z 方法体内。

2.3 运算符与表达式

Java 语言运算符是一种特殊字符，指明用户对操作数进行的某种操作。表达式是由常量、变量、方法调用及一个或多个运算符按一定规则的组合，用于计算或对变量进行赋值。

2.3.1 算术运算符与算术表达式

1. 算术运算符

算术运算符分为单目运算符（只有一个操作数）和双目运算符（有两个操作数）。算术运算符的操作数可以是整型或浮点型。Java 语言中的算术运算符如表 2.6 所示。

表 2.6 算术运算符

类型	运算符	功能	用法举例
单目运算符	–	负值	–a
	++	自增	a++、++a
	——	自减	a—、—a
双目运算符	+	加	a+b
	–	减	a–b
	*	乘	a*b
	/	除	a/b
	%	求余	a%b

Java 语言中的算术运算符与数学中的算术运算符有许多不同的地方，下面对它们做一个简单的说明。

（1）“+”运算符可以用来连接字符串。例如：

```
String salutation="Dr.";
String name="Jack";
String title=salutation+name;
```

则 title 值为“Dr.Jack”。

（2）“/”运算符。两个整数相除的结果是整数，如果有一个操作数为小数则结果为小数。例如 5/2=2，5.0/2=2.5。

（3）“%”运算符。Java 中的取模运算符与 C 和 C++不同，它的操作数可以是浮点数。例如 −3.5%3=−0.5，3.5%−3=0.5。

（4）++（—）运算符的操作数必须是变量，不能是常量和表达式。它们可以放在变量前，也可以放在变量后，功能都是对变量增（减）1。但从表达式的角度看，表达式的值是不同的，例如：

k=a++; 等价于 k=a; a=a+1;，如 a=5，则 k=5、a=6。

k=++a; 等价于 a=a+1; k=a;，如 a=5，则 k=6、a=6。

下面给出一个算术表达式的例子。

示例 5 算术运算。

```
public class j205
{
    public static void main(String arg[])
    {
        int a=3,b=5,c=5;
        System.out.println("初值 a=3, b=5, c=5");
        System.out.println("b/a="+b/a);
        System.out.println("c%a="+c%a);
        System.out.println("-a="+(-a));
```

```
            System.out.println("b++="+(b++)+", "+"b="+b);
            System.out.println("++c="+(++c)+", "+"c="+c);
        }
}
```

运行结果如下。

```
初值 a=3,b=5,c=5
b/a=1
c%a=2
-a=-3
b++=5,b=6
++c=6,c=6
```

2. 算术表达式中的类型转换

类型转换分为自动类型转换和强制类型转换。

（1）自动类型转换

整型、浮点型、字符型数据可以进行混合运算，在运算中为了保证数据精度，自动把数据从低级转换向高级。

类型从低级到高级的顺序为

byte→short→char→int→long→float→double

（2）强制类型转换

高精度数据要转换成低精度数据就需要使用强制转换。其格式为

```
(数据类型)表达式;
```

例如：

```
(double)a;       //将 a 转换成 double 类型
(int) (x+y);     //将 x+y 的值转换成 int 类型
(int)x+y ;       //将 x 的值转换成 int 类型
```

强制类型转换不是改变变量的数据类型，只是产生一个临时变量去存放改变后的数据。所以在一个程序中一个变量只能有一个类型。

2.3.2 关系运算符与关系表达式

基本数据类型 4

1. 关系运算符的组成

Java 语言提供了 6 种关系运算符，如表 2.7 所示。

表 2.7 关系运算符及其意义

关系运算符	意义	关系运算符	意义
>	大于	>=	大于等于
<	小于	<=	小于等于
==	等于	!=	不等于

2. 关系表达式的值

关系表达式的运行结果是一个布尔类型值，即 true 和 false。若关系成立，则表达式的值为 true；

若关系不成立，则表达式的值为 false。例如，10>7 的值为 true，10！=10 的值为 false。

2.3.3　逻辑运算符与逻辑表达式

逻辑运算与关系运算的关系十分密切，关系运算的运算结果是布尔型的运算，而逻辑运算的操作数和运算结果都是布尔型的运算。

逻辑运算符有 6 种，分别为!（非）、&（非简洁与）、|（非简洁或）、^（异或）、&&（简洁与）、||（简洁或），其中！是单目运算符。逻辑运算规则如表 2.8 所示。

表 2.8　逻辑运算规则

op1	op2	!op1	op1&(&&)op2	op1|(||)op2	op1^op2
false	false	true	false	false	false
false	true	true	false	true	true
true	false	false	false	true	true
true	true	false	true	true	false

Java 语言提供两种与和或的运算符——&、|和&&、||。这两种运算符的区别如下。

（1）&&、||：逻辑表达式求值过程中，对于或运算，先求左边表达式的值，如果为 true，则整个逻辑表达式的结果就是 true，从而不再对右边的表达式进行运算；同样对于与运算，如果左面表达式的值为 false，则整个逻辑表达式的结果就是 false，右面的表达式就不再进行运算了。

（2）&、|：利用&、|做运算时，运算符两边的表达式都要被判断，即不管第一个表达式的结果能否推测出整个逻辑表达式的结果，都要对第二个表达式进行运算。

示例 6　逻辑运算。

```
public class j206
{
    public static void main(String arg[])
     {
         int x=1,y=2;
         int num1=5,num2=5,num3=5,num4=5;
         boolean r1,r2,r3,r4;
         r1=x>y & num1++==5;          //两边表达式都运算
         r2=x>y && num2++==5;         //只运算左边表达式
         r3=x<y | num3++==5;          //两边表达式都运算
         r4=x<y || num4++==5;         //只运算左边表达式
         System.out.println("逻辑值：r1="+r1+", "+"num1="+num1);
         System.out.println("逻辑值：r2="+r2+", "+"num2="+num2);
         System.out.println("逻辑值：r3="+r3+", "+"num3="+num3);
         System.out.println("逻辑值：r4="+r4+","+"num4="+num4);
       }
}
```

运行结果如下。

```
逻辑值：r1=false,num1=6
逻辑值：r2=false,num2=5
逻辑值：r3=true,num3=6
逻辑值：r4=true,num4=5
```

2.3.4 位运算符

位运算符用来对整型数据的二进制位进行测试、置位或移位处理。位运算符按功能划分为位逻辑运算符和位移位运算符。

1. 位逻辑运算符

位逻辑运算是对操作数的每位上进行相应的逻辑运算。位逻辑运算符共 4 种，其中一种即~（非）为单目运算符，其余 3 种&（与）、|（或）、^（异或）为双目运算符，其逻辑运算规则同逻辑运算符。表 2.9 列出了 Java 语言的位逻辑运算符。表 2.10 列出了位逻辑运算符的运算规则。

表 2.9　　位逻辑运算符

运算符	位运算表达式	功能
~	~op1	按位取反
&	op1&op2	按位与
|	op1|op2	按位或
^	op1^op2	按位异或

表 2.10　　位逻辑运算符运算规则

op1	op2	~op1	op1&op2	op1|op2	op1^op2
0	0	1	0	0	0
0	1	1	0	1	1
1	0	0	0	1	1
1	1	0	1	1	0

上述每一种位逻辑运算符根据其运算规则都有一定的用途。

（1）逻辑与用途是清零：如果将一个存储单元清零，即使其全部二进制位为 0，可以找一个新数，原数为 1 的位，新数中相应位为 0，原数中为 0 的位，新数相应位可以为 0 或 1。再对两者进行&运算，就可以将其清零。例如：

原数：　11011010
新数：& 00100001
　　　　00000000

（2）逻辑或的用途是置 1：如果将一个存储单元置 1，即使其全部二进制位为 1，可以找一个新数，原数为 0 的位，新数中相应位为 1，原来数中为 1 的位，新数相应位可以为 0 或 1。再对两者进行|运算，就可以将其置 1。例如：

原数：　11011010
新数：｜00100101
　　　　11111111

（3）逻辑异或的用途有两种：一种是使特定位翻转；即将欲翻转的位与 1 进行异或运算；另一种是使特定位保留原值，即将欲翻转的位与 0 进行异或运算。例如：

原数：11011010
新数：^00001111
　　　11010101

2. 位移位运算符

位移位运算是针对整型数的二进制进行的运算。这里的二进制并不是该数本身的二进制码，而是要进行编码。常用的编码有原码、反码、补码。

（1）原码：最高位为符号位，最高位为 0 表示正数，最高位为 1 表示负数，其余各位用该数的二进制码表示。如：

+8 的原码为 00001000；

−8 的原码为 10001000。

（2）反码：正数的反码与原码相同，负数的反码将其原码按位取反（不包括符号位）。如：

+8 的反码为 00001000；

−8 的反码为 11110111。

（3）补码：正数的补码与原码相同，负数的补码将其反码加 1。如：

+8 的补码为 00001000；

−8 的补码为 11111000。

位移位运算是把操作数的第一位向左或向右移动一定的位数。Java 中的位移位运算符如表 2.11 所示。

表 2.11　位移位运算符

运算符	位运算表达式	功能
<<	op1<<n	op1 左移 *n* 位
>>	op2>>n	op1 右移 *n* 位
>>>	op2>>>n	op2 无符号右移 *n* 位

对于位移位运算符，要进行如下说明。

（1）左移运算中左移一位相当于乘以 2，右移一位相当于除以 2。用移位运算实现乘除比算术中的乘除法快。例如：

64<<2 结果是 $64*2^2=256$。

−256>>4 结果是 $-256/2^4=-16$。

（2）>>称为带符号位右移，进行右移运算时，最高位为 0，则左边补 0，最高位为 1，则左边补 1，即符号位不变。假设操作数按字节类型存储。例如：

−64>>2 等价于 11000000>>2，即 11110000。

64>>2 等价于 01000000>>2，即 00010000。

（3）>>>称为无符号位右移，进行右移运算时，左端出现的空位用 0 补。假设操作数按字节存储。例如：

−64>>>2 等价于 11000000>>>2，即 00110000。

64>>>2 等价于 11000000>>>2，即 00110000。

注意　位运算中的操作数必须是二进制数，而逻辑运算中的操作数必须是 true 和 false。

2.3.5 赋值运算符

赋值运算符的作用是将运算符“=”右侧表达式的值赋给左侧的变量。另外，“=”和其他运算符组合产生了扩展赋值运算符。赋值运算符如表 2.12 所示。

表 2.12　赋值运算符

运算符	使用方法	等价表达式
=	op1=op2	
+=	op1+=op2	op1=op1+op2
-=	op1-=op2	op1=op1-op2
*=	op1*=op2	op1=op1*op2
/=	op1/=op2	op1=op1/op2
%=	op1%=op2	op1=op1%op2
&=	op1&=op2	op1=op1&op2
|=	op1|=op2	op1=op1|op2
^=	op1^=op2	op1=op1^op2
>>=	op1>>=op2	op1=op1>>op2
<<=	op1<<=op2	op1=op1<<op2
>>>=	op1>>>=op2	op1=op1>>>op2

在使用赋值运算符时，应尽量使运算符右侧的表达式与左侧变量的类型一致。若不一致，要先将表达式的值转换成变量的数据类型，再进行赋值。

2.3.6 条件运算符

条件运算符是三目运算符，其格式为

```
表达式?语句 1:语句 2;
```

其中，表达式的值是布尔型，当表达式的值为 true 时执行语句 1，否则执行语句 2。要求语句 1 和语句 2 返回的数据类型必须相同，并且不能无返回值。

示例 7　比较 3 个数的大小，求出其中的最大值和最小值。

设计思路：求 3 个数中的最大值，先让两个数比较，求出其中的较大值，再让这个较大值与第三个数比较，这次比较出的较大值就是这 3 个数中的最大值。求最小值方法同上。

```
public class j207
{
    public static void main(String arg[])
    {
        int a=12,b=-23,c=34;
        int max,min,t;
        //求 3 个数中的最大值
        t=a>b?a:b;
        max=t>c?t:c;
       //求 3 个数中的最小值
        t=a<b?a:b;
        min=t<c?t:c;
        //显示结果
        System.out.println("max="+max);
        System.out.println("min="+min);
    }
}
```

运行结果如下。

```
max=34
min=-23
Press any key to continue. . .
```

2.3.7　运算符优先级

具有两个或两个以上运算符的复合表达式在运行时，按运算符的优先级顺序从高到低进行。同级的运算符按结合性进行，单目运算符的结合按自右向左的顺序，双目运算符或多目运算符按自右向左结合的顺序。表 2.13 列出了 Java 语言运算符的优先级和结合性。

表 2.13　　Java 语言运算符的优先级和结合性

优先级	运算符名称	运算符	结合性
1	限制符	( )、[]	
2	自增、自减	++、--	自右向左
3	按位取反、逻辑非、负号	~、！、-	自右向左
4	强制转换、内存分配	（类型）表达式、new	自右向左
5	算术乘、除、取模	*、/、%	自左向右
6	算术加、减	+、-	自左向右
7	移位运算	<<、>>、>>>	自左向右
8	关系运算	<、<=、>、>=	自左向右
9	相等性判断运算	！=、==	自左向右
10	按位与、非简洁与	&	自左向右
11	按位异或、逻辑异或	^	自左向右
12	按位或、非简洁或	|	自左向右
13	逻辑与（简洁与）	&&	自左向右
14	逻辑或（简洁或）	||	自左向右
15	条件运算	?　:	自左向右
16	赋值运算	=、+=、-=*=	自左向右

课 后 习 题

1. 编写一个程序，从控制台随机输入 3 个数，实现从小到大的排列输出。

2. 某银行提供了整存整取定期储蓄业务，存期分别为一年、两年、三年、五年。存期为一年，年利率为 2.26%；存期为两年，年利率为 2.7%；存期为三年，年利率为 3.3%；存期为五年，年利率为 3.6%。编写一个程序，输入存入的本金，计算并输出存一年、两年、三年、五年，到期取款时，银行应支付的本金和利息。

3. 公司为员工提供了基本工资、房租津贴和餐补。其中，房租津贴为基本工资的 20%，餐补为基本工资的 30%。要求从控制台输入基本工资后，计算并输出实领工资。

第3章 Java 程序控制结构

本章学习目标：

- 会使用选择结构；
- 会使用循环结构；
- 会使用多分支语句；
- 会使用多重循环语句；
- 会使用跳转语句。

3.1 顺序结构

顺序结构是一种按从上到下的顺序逐步执行程序的结构，中间没有判断和跳转语句，是最简单的程序结构。为了加深读者对顺序结构程序的认识，下面我们演示一个程序。

示例 1 输入一个数，求其平方根。

设计思路：完成这个任务需要以下 3 个操作步骤：输入数据；计算其平方根；输出结果。

```
import java.io
public class J301 {
  public static void main(String arg[]) throws IOException {
        int  x;
        double y;
        String str;                                     //声明字符串类
        BufferedReader buf;                             //声明缓冲数据流类
        System.out.print("请输入一个数: ");
        buf=new BufferedReader(new InputStreamReader(System.in));
        str=buf.readLine();
        x=Integer.parseInt(str);
        y=Math.sqrt(x);                                 //求平方根
        System.out.println(x+"的平方根为"+y)            //输出结果
    }
}
```

运行结果如下。

```
请输入一个数: 36
36 的平方根为 6.0
```

程序的第 1 行是 import 语句，引入 java.io 包中的所有类，Java 语言中处理输入/输出的类都是在该包中。由于程序中是使用缓冲字符输入流类（BufferedReader）和字符输入流类（InputStreamReader），因此必须使用 import 语句引入它们。

程序中声明和创建了缓冲字符输入流类的具体对象 buf。创建类对象实例化通过以下方式实现：

```
类名 对象名=new 构造函数(参数);
BufferedReader buf=new BufferedReader(new InputStreamReader(System.in));
```

缓冲字符输入流类的构造函数的参数是定义字符输入流类的一个具体对象 System.in，System.in 表示从键盘输入。通过这种方式把键盘输入的字符串读入到缓冲区。

程序中调用 BufferedReader 类中的方法 readLine()读取缓冲区中的一行字符串，读取的字符串赋给字符串变量 str。

程序中 Integer.parseInt(str)的作用是把数字字符串转换成整型数据，因为 Java 把从命令行输入的数据都当作字符串，必须把它转换成整型数据后才能赋值给整型变量。

程序中 Math.sqrt(x)用的是数学类的求平方根方法 sqrt，其返回的类型为 double 类型，所以 y 定义为 double 类型。

3.2 选 择 结 构

设计程序时，经常需要根据条件表达式或变量的不同状态选择不同的路径，解决这一类问题通常使用选择结构。常见的选择结构有 3 种，即单分支选择结构、双分支选择结构和多分支选择结构。

3.2.1 单分支选择结构

单分支选择结构可以根据指定表达式的当前值，选择是否执行指定的操作。单分支语句由简单的 if 语句（见图 3.1）组成，该语句的一般形式为

```
if(表达式)
   子句;
```

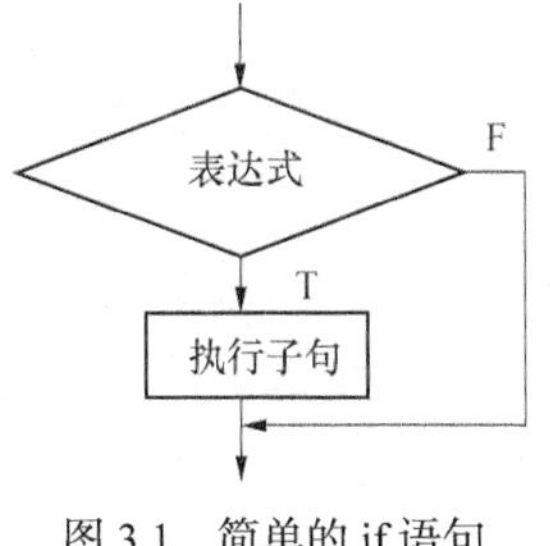

图 3.1　简单的 if 语句

选择结构 1

语句说明如下。

（1）if 是 Java 语言的关键字，表示 if 语句的开始。

（2）if 后边表达式必须为合法的逻辑表达式，即表达式的值必须是一个布尔值，不能用数值代替。

（3）在表达式为真时执行子句的操作。子句可由一条或多条语句组成，如果子句由一条以上的语句组成，必须用花括号把这一组语句括起来。

示例 2　输入一个数，求其平方根。

设计思路：示例 1 已经初步解决了这个问题，本题只需在示例 1 算法的基础上，增加一个简单的分支结构，实现对输入非负数进行求平方根的操作。

```
public class J302{
    public static void main(String arg[]) throws IOException {
        int  x;
        double y;
        String str;
        BufferedReader buf;
        System.out.print("请输入一个数: ");
        buf=new BufferedReader(new InputStreamReader(System.in));
        str=buf.readLine();
        x=Integer.parseInt(str);
        if (x>=0)    {
            y=Math.sqrt(x);
            System.out.println(x+"的平方根为"+y);
        }
    }
}
```

运行结果如下。

```
请输入一个数: -36
```

在程序中，if 后面的花括号不能省，如果没有花括号，系统默认 if 后面的第一条语句是 if 的内部语句。例如，在有花括号时，如输入负数则没有结果显示，去掉 if 语句中的花括号，程序也能运行并有结果输出，但输出的结果不正确。

3.2.2 双分支选择结构

双分支选择结构可以根据指定表达式的当前值选择执行两个程序分支中的一个分支。包含 else 的 if 语句可以组成双分支选择结构（见图 3.2），该语句的一般形式为

```
if (表达式)
  子句 1;
else
  子句 2;
```

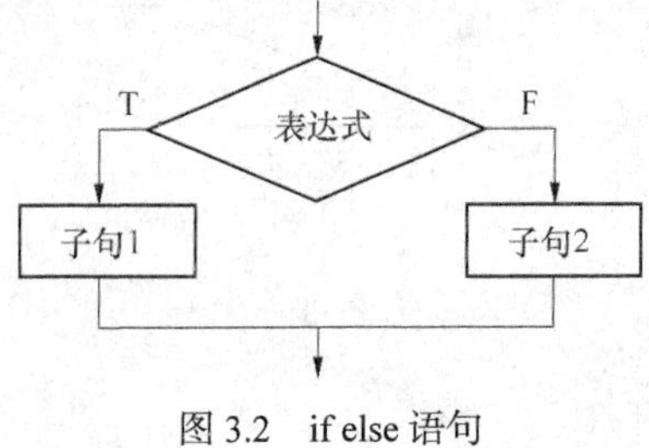

图 3.2　if else 语句

语句说明如下。

（1）表达式的值为真时，执行子句 1；表达式的值为假时，执行子句 2。

（2）如果 if 与 else 之间的子句 1 包含多于一条语句的内部语句，必须用花括号把内部语句括起来，失去了花括号，编译程序时系统将报错；如果 else 后面的子句 2 包含多于一条语句的内部语句，也必须用花括号把这些内部语句括起来，丢了花括号，系统默认 else 后面的第一条语句是 else

的内部语句，运行程序时也将出现错误。

示例 3　输入一个数，求其平方根。

设计思路：本题在示例 2 的基础上将单分支选择结构换成双分支选择结构，对输入非负数的情况，求其平方根；对负数的情况，给出一个错误信息。

```
public class J303 {
    public static void main(String arg[]) throws IOException {
        int  x;
        double y;
        String str;
        BufferedReader buf;
        System.out.print("请输入一个数：");
        buf=new BufferedReader(new InputStreamReader(System.in));
        str=buf.readLine();
        x=Integer.parseInt(str);
        if (x>=0)   {
           y=Math.sqrt(x);
           System.out.println(x+"的平方根为"+y);
        }
       else
           System.out.println("输入错误！");
    }
}
```

程序运行结果如下。

```
请输入一个数：-36
输入错误！
```

3.2.3　多分支选择结构

在应用程序中，不仅会遇到单分支或双分支选择的问题，还会遇到多分支选择的问题。例如，输入一个成绩，判断它的等级是优、良、中、及格、不及格。对于这样的问题，就可以用多分支选择结构解决。在 Java 语言中，使用嵌套的 if 语句或 switch 语句实现多分支选择结构的功能。

选择结构 2

1. 嵌套的 if 语句

在 if 或 else 语句中，包含一个或多个 if 语句称为 if 语句的嵌套，形式如下。

（1）在 if 子句、else 子句中嵌套 if 语句

```
if(表达式 1)
  if(表达式 2)子句 1;
  else 子句 2;
else
   if(表达式 3)子句 3;
   else 子句 4;
```

执行过程：如果表达式 1 为真，则判断表达式 2，如果表达式 2 为真，则执行子句 1，否则执行语句 2；如果表达式 1 为假，接着判断表达式 3，如果表达式 3 为真，执行语句 3，否则执行语句 4。

（2）if-else if 形式

if-else if 是一种特殊的 if 嵌套形式，它使程序层次清晰，易于理解，在多分支结构的程序中

经常使用这种形式，形式如下。

```
if(表达式 1)
    子句 1;
else if(表达式 2)
    子句 2;
…
else
    子句 n;
```

执行过程：语句从上向下执行，当 if 语句表达式 1 为真时，只执行子句 1；如果表达式 1 为假，则跳过子句 1，再判断表达式 2 的值，并根据表达式 2 的值选择是否执行子句 2。即从上到下逐一判断 if 后面表达式的值，当某一表达式的值为真时，就执行与该语句相关的子句，其他子句就不执行；如果所有表达式的值都为假，则执行最后 else 后面的子句，如没有 else，则直接执行 if 嵌套后面的语句。

示例 4　编写程序，输入一个成绩，输出成绩的等级。等级划分标准：85 分以上为优，75～84 分为良，60～74 分为中，60 分以下为不及格。

设计思路：首先需要输入学生的成绩，其次根据学生的成绩判断等级。由于等级的分界点是 85 分、75 分、60 分，我们先用 if 处理 85 分以上的和 85 分以下的两种情况；当程序流入 85 分以下分支时，再用 if 语句处理 75 分以上和 75 分以下的两种情况；依次类推，直到 60 分以下。

```
public class  J304{
public static void main(String arg[]) throws IOException {
        int x;
        String str;
        BufferedReader buf;
        System.out.print("请输入学生成绩（0～100）：");
        buf=new BufferedReader(new InputStreamReader(System.in));
        str=buf.readLine();
        x=Integer.parseInt(str);
        if(x>=85)
            System.out.println("成绩优秀！");
        else if(x>=75)
            System.out.println("成绩良好！");
        else if(x>60)
            System.out.println("成绩及格！");
        else
            System.out.println("成绩不及格！");
    }
}
```

程序中应用多层嵌套 if-else if 语句，该语句可以根据输入的成绩，选择执行 4 种等级之一。输入 75，运行结果如下。

```
请输入学生成绩（0～100）：75
成绩良好!
```

2. if 与 else 的匹配

在使用嵌套的 if 语句时，要特别注意 if 与 else 的匹配问题。如果程序中有多个 if 和 else，当没有花括号指定匹配关系时，系统默认 else 与它前面最近的且没有与其他 else 配对的 if 配对。例如下面这种有嵌套的 if 语句中，else 与第二个 if 配对。

```
if (表达式 1)
  if (表达式 2)
      子句 1;
  else
      子句 2;
```

如果在有嵌套的 if 语句中加了花括号，由于花括号限定了嵌套的 if 语句是处于外层 if 语句的内部语句，因此 else 与第一个 if 配对，例如：

```
if (表达式 1)    {
      if (表达式 2)
          子句 1;
   }
else
      子句 2;
```

3. switch 语句

上面介绍的 if 语句是判定语句，是从两个语句块中选择一块语句执行，只能出现两个分支，对于多分支情况，其只能用嵌套的 if 语句处理。而 switch 语句是多分支选择语句，在某些情况下，用 switch 语句代替嵌套的 if 语句处理多分支问题，可以简化程序，使程序结构更加清晰明了。switch 语句的一般形式如下。

```
switch (表达式)  {
    case 值 1:子句 1;break;
    case 值 2:子句 2;break;
    …
    case 值 n:子句 n;break;
   default:子句 m;
}
```

选择结构 3

语句说明如下。

（1）switch 是关键字，表示 switch 语句的开始。

（2）switch 语句中的表达式的值只能是整型或字符型。

（3）case 后面的值 1、值 2……值 *n* 必须是整型或字符型常量，各个 case 后面的常量值不能相同。

（4）switch 语句的功能是把表达式返回的值与每个 case 子句中的值比较，如果匹配成功，则执行该 case 后面的子句。

（5）case 后面的子句和 if 后面的子句相似，可以是一条语句，也可以是多条语句。不同的是当子句为多条语句时，不用花括号。

（6）break 语句的作用是执行完一个 case 分支后，使程序跳出 switch 语句，即终止 switch 语句的执行。如果某个子句后不使用 break 语句，则继续执行下一个 case 语句，直到遇到 break 语句，或遇到标志 switch 语句结束的花括号。

（7）最后的 default 语句的作用是当表达式的值与任何一个 case 语句中的值都不匹配时执行 default；如省略 default，则直接退出 switch 语句。

示例 5　输入成绩的英文等级 A、B、C、D，输出对应的中文等级，即优秀、良好、及格、不及格。

设计思路：首先需要输入学生的成绩的英文等级，其次根据输入的字符，选择显示不同的中文等级。根据题意，程序分支应该有 5 个，分别显示优秀、良好、及格、不及格和输入错误。根据以上程序分析，代码如下。

```
import java.io.*;
public class J305
{
    public static void main(String arg[]) throws IOException {
        char ch;
        System.out.print("请输入英文等级（A, B, C, D）: ");
        //接受从键盘输入的一个数据并把它转换成一个字符
        ch=(char)System.in.read();
        switch(ch)          {
            case 'A':
            case 'a': System.out.println("成绩优秀！"); break;
            case 'B':
            case 'b': System.out.println("成绩良好！");break;
            case 'C':
            case 'c': System.out.println("成绩及格！");break;
            case 'D':
            case 'd': System.out.println("成绩不及格！");break;
            default:System.out.println("输入错误！");
        }
    }
}
```

运行结果如下。

```
请输入英文等级（A, B, C, D）: A
成绩优秀!
```

程序中应用 switch 分支语句，在分支语句中都是两个 case 标号对应一个子句，意味着输入小写 a、b、c、d 与大写 A、B、C、D 的运行结果等效。

4. if 语句与 switch 语句

if 语句与 switch 语句都可以用于处理选择结构的程序，但它们的使用环境不同：单分支选择结构一般使用 if 语句，双分支选择结构一般使用 if-else 语句，多分支选择结构一般使用嵌套的 if 语句和 switch 语句。需要计算多个表达式的值，并根据计算结果执行某个操作时，一般用 if-else if 语句；只需要计算一个表达式的值，并根据这个表达式的结果选择执行某个操作时，一般用 switch 语句。

if 语句的表达式必须是逻辑表达式，其值是布尔类型；switch 语句的表达式必须是整型或字符型，其值是整型或字符型。

3.3 循环结构

设计程序时，有时需要重复执行程序中一个或多个语句，这时就需要用循环结构。循环结构是由循环语句来实现的。Java 语句的循环结构共有 3 种，即 while 语句、do-while 语句和 for 语句。

它们的执行流程如图 3.3 所示。

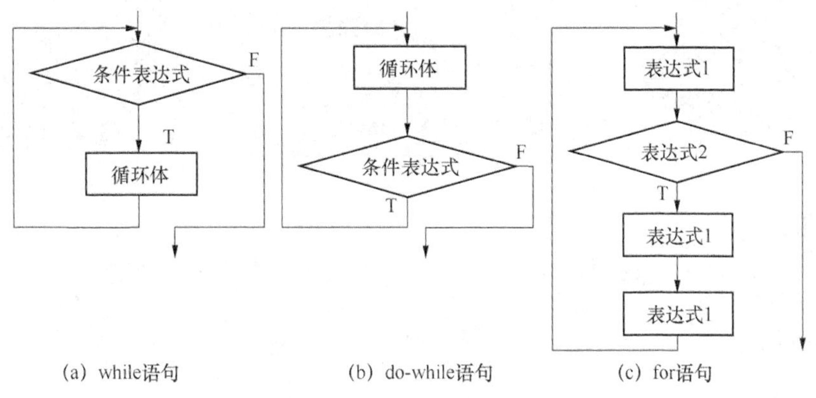

图 3.3 3 种循环结构语句的执行流程

3.3.1 while 语句

while 语句的一般格式为

循环结构 1

```
while(条件表达式)
    循环体;
```

语句说明如下。

（1）while 是 Java 语言的关键字，表示 while 语句的开始。

（2）while 语句的执行：每次先判断条件表达式的值为真或为假，若为真则执行循环体，若为假则跳过循环体。

（3）条件表达式指定循环的条件，所以表达式的值必须是布尔型。

（4）循环体可以是一条语句，也可以是多条语句。为多条语句时，需用花括号括起。

（5）while 语句是先判定条件，再执行循环体。

示例 6 用户从键盘输入字符，直到输入“#”时程序结束。要求：输入字符后显示输入字符的 ASCII 值并最终统计出输入字符的个数。

设计思路：本例题要求输入多个字符，很显然要用到循环，在循环体内需要解决 3 个问题：一是如何输入字符；二是如何将输入的字符转换成对应的 ASCII 值；三是如何统计字符的个数。对于第一个问题，我们在示例 5 中介绍过接受从键盘输入数据的语句，即系统提供的 in 对象的 read 方法；对于第二个问题，只需把输入的字符转换成整型，并把转换后的值输出；对于第三个问题，我们需要设置一个整型变量 count，使 count 的初值是 0，每循环一次，count 加 1，当循环结束时，count 就可以统计出字符的个数。

```
public class J306{
    public static void main(String arg[]) throws IOException {
        char ch;
        int count=0;                        //对 count 初始化
        System.out.println("请输入一个字符，以“#”结束输入：");
        ch=(char)System.in.read();          //对 ch 赋值，接受第一个字符
        while(ch!='#')   {                  //判断输入的字符是否为'#'
                //输出字符对应的 ASCII 值
```

```
            System.out.println("字符"+ch+"的 ASCII 值为"+(int)ch);
            System.in.skip(2);          //跳过回车键
            count=count+1;              //字符个数增加 1
            ch=(char)System.in.read();
        }
        System.out.println("输入的字符共"+count);
    }
}
```

运行结果如下。

```
请输入一个字符，以"#"结束输入：
#
输入的字符共 0
```

3.3.2 do-while 语句

do-while 语句的一般格式为

循环结构 2

```
    do
        循环体
    while(条件表达式);
```

语句说明如下。

（1）do-while 语句的执行：先执行循环体，再判断循环条件，若为真则重复执行循环体，若为假则退出循环。

（2）do-while 语句的循环体如果包含一条语句以上，那么必须用花括号括起来。

（3）do-while 语句的循环体至少执行一次。

示例 7 对示例 6 进行改编，用 do-while 语句实现。

设计思路：本题的解决方法在示例 6 进行了说明。注意两个程序的区别。

```
public class J307 {
    public static void main(String arg[]) throws IOException {
        char ch;
        int count=0;
        System.out.println("请输入字符，以"#"结束输入：");
        do      {
            ch=(char)System.in.read();
            System.out.println("字符"+ch+"的 ASCII 值为"+(int)ch);
            System.in.skip(2);
            count=count+1;
        } while(ch!='#') ;
        System.out.println("输入的字符共"+count);
        }
}
```

示例 6 与示例 7 程序的区别：当输入"#"时，示例 6 中的 while 语句是先判断条件，再执行循环体，所以字符"#"输入的时候，循环体内的语句不再执行，计数器不累加；示例 7 中的 do-while 语句是先执行循环体，再判定条件，所以能显示#的 ASCII 值，并把计数器的值累加为 1。运行结果如下。

```
请输入字符，以"#"结束输入：
```

```
#
字符#的 ASCII 值为 35
输入的字符共 1
```

3.3.3　for 语句

1. for 语句的一般格式

```
for(表达式 1;表达式 2;表达式 3)
    循环体
```

循环结构 3

语句说明如下。

（1）表达式 1：for 循环的初始化部分，用来设置循环变量的初值，在整个循环过程中只执行一次。表达式 2：其值类型必须为布尔型，作为判断循环执行的条件。表达式 3：控制循环变量的变化。

（2）执行过程。

① 计算表达式 1 的值；

② 判断表达式 2 的值是否为真，为真则执行步骤③，为假则执行步骤⑤；

③ 执行循环体；

④ 计算表达式 3 的值，并转去执行步骤②；

⑤ 结束循环。

（3）表达式之间用分号分隔。

（4）循环体可以是一条语句，也可以多条语句，为多条语句时，用花括号括起来。

（5）上述 3 个表达式每个都允许并列多个表达式，之间用逗号隔开。也允许省略上述的 3 个表达式，但分号不能省略。

示例 8　计算 1+2+3+…+100 的值。

设计思路：完成这个任务需要解决两个问题：一是如何提供所需的加数，二是如何累加求和。加数从 1 到 100，所以只需在循环结构中定义一个整型变量 *i*，初值为 1，每循环一次使 *i* 加 1，当 *i* 到 100 时结束循环。求和需要定义一个整型变量，且初值为 0。循环每执行一次，sum 的值加 *i*，直到 *i* 的值到 100 结束，代码如下。

```
public class J308{
    public static void main(String arg[])    {
        int i,sum;                  //定义变量
    /**方法 1*/
        sum=0;                      //给存放累加和的变量赋初值 0
        for (i=1;i<=100;i++)        //求累加和的循环开始
            sum=sum+i;              //求累加和
        System.out.println("1+2+3+...+100="+sum);
    /**方法 2*/
        for (sum=0,i=1;i<=100;sum=sum+i,i++);    //循环语句
        System.out.println("1+2+3+...+100="+sum);
    /**方法 3*/
        i=1;sum=0;                  //赋初值
        for (;;)    {
            sum=sum+i;              //求累加和
            if (i>=100)    break; //退出循环条件
```

```
            i++;                          //加数自加
        }
        System.out.println("1+2+3+...+100="+sum);
    }
}
```

在方法 2 中，for 语句中的表达式 1、表达式 3 都是由两个简单表达式组合起来的逗号表达式。逗号表达式按从左到右的顺序对每个简单表达式求解，其中最右边的表达式的值是整个表达式的值。另外程序第 10 行 for 括号外紧跟一个分号，表示 for 语句的循环体是一个空语句，如果遗漏了这个分号，系统默认下一行语句为 for 语句的循环体。

方法 3 是对 for 语句中表达式进行省略的例子，但在编程时一般不省略表达式。运行结果如下所示。

```
1+2+3+...+100=5050
1+2+3+...+100=5050
1+2+3+...+100=5050
```

2. 循环嵌套

如果要完成一件工作，有时需要进行重复的操作，并且某些操作本身又需要进行重复的操作，就需要在循环语句中嵌套循环语句来解决。

示例 9 求 1～1000 的所有完全数。

设计思路：完全数是等于其所有因子和的数。因子包括 1 但不包括其本身，如 6=1*2*3，则 1、2、3 都为 6 的因子，并且 6=1+2+3，所以 6 就是完全数。

首先设定数据 i 是给定数据区间内的任意数，即 i 从 1 取到 1000；其次让 i 被 1 到小于 i 中的所有数除，若 i 能被 j（设变量 j 为从 1 取到 $i-1$）整除，则让变量 sum（因子和，设定初值为 0）加 j，并让 $j=j+1$；若不能，则让 $j=j+1$；直到判定 j 等于 i 时，i 不再被 j 整除，表示此时的 sum 是变量 i 的所有因子的和。然后判定 sum 的值是否等于 i 的值，如相等，则 i 是完全数。所以例题需要两层循环，外层循环判定一个数 i 是不是完全数，内层循环用来求出数 i 的因子和，代码如下。

```
public class J309 {
public static void main(String arg[])     {
        int i,j,sum;                      //定义变量
        for(i=1;i<1000;i++)    {
            sum=0;
            for(j=1;j<i;j++)      {
                if(i%j==0) sum=sum+j;  //因子累加
            }
            if(sum==i)                    //判定是否为完全数
            System.out.print(i+"\t");
        }
       System.out.println();
}
}
```

运行结果如下。

```
6    28    496
```

3.3.4 循环跳转语句

循环结构 4

Java 中可以使用 break 和 continue 两个循环跳转语句进一步控制循环。这两个语句的一般格式如下。

break [label];用来从 switch 语句、循环语句中跳出。

continue [lable];用来跳过循环体的剩余语句，开始执行下一次循环。

这两个语句既可以带标签，也可以不带标签，标签是出现在一条语句之前的标识符，标签后面要跟上一个冒号（:），定义格式为

```
label:statement;
```

下面分别对这两种语句进行介绍。

1. break 语句

break 语句有两种形式——不带标签形式和带标签形式。在 switch 语句中，我们使用的是不带标签的 break 语句，那时它的作用是跳出 switch 语句。在循环语句中不带标签的 break 语句的作用是最内层的循环语句，而带标签的 break 语句的作用是从标签指定的语句块中跳出。

示例 10 在一维数组中找出指定的数。

设计思路：首先设置一个数组如 array 和要查找的指定数据 search，并设置数组中的元素和指定数据的值；然后用循环访问数组中的元素，如数组中的元素与指定的数据相同，则结束循环。

```
public class J310 {
public static void main(String arg[]) {
    int[] array={10,78,57,89,37,64,5,23,45,76};//定义一维数组
    int find=5;                              //指定数据初始化
    int i=0;                                 //数组下标初始化
    boolean flag=false;                      //搜索标记初始化
    for(;i<array.length;i++)   {             //查找数组中的所有元素
        if (array[i]==find)  {               //如果找到数据
            flag=true;
            break;                           //终止循环
        }
    }
    if (flag==true)
         System.out.println("Found "+find+" at index:"+i);
    else
         System.out.println("not found! ");
}
}
```

运行结果如下。

```
Found 5 at index:6
```

2. continue 语句

continue 语句必须用于循环结构中，它也有两种形式，即不带标签形式和带标签形式。不带标签的 continue 语句的作用是结束最内层所执行的当前循环，并开始执行最内层的下一次循环；带标签的 continue 语句的作用是结束当前循环，并去执行标签所处的循环。

示例 11 找出 2～100 的所有素数。

设计思路：首先设置一个变量 *i*（2～100 的任意数据），再让 *i* 被 *j*（*j* 为 2～*i*-1 的任意值）除，若 *i* 能被 *j* 之中的任何一个数整除，则提前改变 *i* 的值并进入下一次循环。

```
public class J311{
    public static void main(String arg[])    {
        int i,j;
```

```
        loop:
        for(i=2;i<=100;i++)        {
            for(j=2;j<i;j++)
               if((i%j)==0) continue loop;
            if(j>=i)
               System.out.print(i+"\t");

        }
    }
}
```

运行结果如下。

```
2      3      5      7      11      13      17      19      23
29     31     37     41     43      47      53      59      61
67     71     73     79     83      89      97
```

课后习题

1. 输入一批整数，输出所有整数之和，输入数字 0 时结束循环。

2. 输入一个数，求其平方根。

3. 编写一个程序，从键盘输入一位整数，当输入 1～7 时，显示对应的英文星期名称的缩写。1 表示 MON，2 表示 TUE，3 表示 WED，4 表示 THU，5 表示 FRI，6 表示 SAT，7 表示 SUN，输入其他数字时，提示用户重新输入，输入数字 0 时程序结束。

第 4 章 数组

本章学习目标：

- 掌握数组的定义；
- 掌握数组的初始化；
- 掌握数组的遍历；
- 掌握 Arrays 类的常用方法；
- 掌握二维数组及其使用。

4.1 一维数组

4.1.1 理解数组

前面的章节已经介绍了诸如整型、字符型和浮点型等数据类型，这些数据类型操作的往往是单个数据，如示例 1 所示。

数组 1

示例 1 存储 50 位（名）学生某门课程的成绩并求 50 人的平均分。

采用之前学习的知识点实现，可以定义 50 个变量，分别存放 50 位（名）学生的成绩。

关键代码如下。

```
int score1=95;
int score2=89;
int score3=79;
int score4=64;
int score5=76;
int score6=88;
//此处省略 41 个赋值语句
int score48=70;
int score49=88;
int score50=65;
average = (score1+score2+score3+score4+…+score50)/50;
```

示例 1 的代码缺陷很明显：一是定义的变量的个数太多，如果存储 10000 位（名）学生的成绩，难道真要定义 10000 个变量吗？二是不利于数据处理，如要求计算所有成绩之和或者最高分，要输出所有成绩，就需要把所有的变量名都写出来。这显然不是一种好的实现方法。

Java 针对此类问题提供了有效的存储方式——数组。在 Java 中，数组是用来存储一组相同类型数据的数据结构。当数组初始化完毕后，Java 为数组在内存中分配一段连续的空间，其在内存中开辟的空间也将随之固定，此时数组的长度就不能再发生改变。即使数组中没有保存任何数据，数组所占据的空间也依然存在。

4.1.2 定义数组

在 Java 中，定义数组的语法有如下两种。

```
数据类型[] 数组名=new 数据类型[数组长度];
```

或者

```
数据类型 数组名[] = new 数据类型[数组长度];
```

语句说明如下。

（1）定义数组时一定要指定数组名和数组类型。

（2）必须书写“[]”，表示定义了一个数组，而不是一个普通的变量。

（3）“[数组长度]”决定连续分配的空间的个数，通过数组的 length 属性可获取此长度。

（4）数组的数据类型用于确定分配的每个空间的大小。

示例 2 使用两种语法分别定义整型数组 scores 与字符串数组 cities，scores 的长度是 5，cities 的长度是 6。

关键代码如下。

```
int[] scores=new int[5];
String cities[] =new String[6];
```

示例 2 为数组 scores 分配了 5 个连续空间，每个空间存储整型的数据，即占用 4 字节空间，每个空间的值是 0。示例 2 也为数组 cities 分配了 6 个连续空间，用来存储字符串类型的数据，每个空间的值是 null，数组元素分配的初始值如表 4.1 所示。

表 4.1 数组元素分配的初始值

数组元素类型	默认初始值
byte、short、int、long	0
float、double	0.0
char	'\u0000'
boolean	false
引用数据类型	null

4.1.3 数组元素的表示与赋值

由于定义数组时内存分配的是连续的空间，所以数组元素在数组里顺序排列编号，该编号即元素下标，它标明了元素在数组中的位置。首元素的编号规定为 0，因此，数组的下标依次为 0、1、2、3……依次递增，每次的增长数是 1，数组中的每个元素都可以通过下标来访问。例如，数组 scores 的第一个元素表示为 scores[0]。

获得数组元素的语法格式如下。

```
数组名[下标值]
```

例如，下面两行代码分别为 scores 数组的第一个元素和第二个元素赋值。

```
scores[0]=65;     //表示为 scores 数组中的第一个元素赋值 65
scores[1]=87;     //表示为 scores 数组中的第二个元素赋值 87
```

4.1.4　数组的初始化

数组初始化就是在定义数组的同时一并完成赋值操作。

数组初始化的语法格式为

```
数据类型[] 数组名={值 1,值 2,值 3,…,值 n};
```

或者

```
数据类型[] 数组名= new 数据类型[]{值 1,值 2,值 3,…,值 n};
```

下面两个语句都是定义数组并初始化数组。

```
int scores[]=(75,67,90,100,0);        //创建一个长度为 5 的数组 scores
```

或者

```
int scores[]=new int[](75,67,90,100,0);
```

4.1.5　数组的遍历

在编写程序时，数组和循环往往结合在一起使用，以大大简化代码，提高程序编写效率。通常使用 for 循环遍历数组。

示例 3　创建整型数组，从控制台接收键盘输入的整型数，并对数组进行循环赋值。

实现步骤如下。

（1）创建整型数组。

（2）创建 Scanner 对象。

（3）以循环变量 *i* 为数组下标，循环接收键盘输入，并为数组元素赋值。

关键代码如下。

```
public static void main(String[] args) {
        int scores[]=new int[5];                //创建长度为 5 的整型数组
        Scanner input=new Scanner(System.in);
        for(int i=0;i<scores.length;i++){    //scores.length 等于数组长度 5
            scores[i]=input.nextInt();       //从控制台接收键盘输入，进行循环赋值
        }
    }
```

示例 3 中使用 for 循环为数组元素赋值，下面再使用 for 循环输出数组元素。

示例 4　创建整型数组，并循环输出。

实现步骤如下。

（1）初始化整型数组。

（2）以循环变量 *i* 为下标，循环输出数组元素。

关键代码如下。

```
public static void main(String[] args) {
        int scores[]={75,67,90,100,0};       //创建长度为 5 的整型数组
        for(int i=0;i<scores.length;i++){
            //每次循环 i 的值相当于数组下标
```

```
                System.out.println(scores[i]);
            }
    }
```

JDK 1.5 之后提供了增强 for 循环语句，用来实现对数组和集合中数据的访问，增强 for 循环的语法格式为

```
for(元素类型 变量名:要循环的数组或集合名){…}
```

元素类型是数组或集合中元素的类型，变量名在循环时用来保存每个元素的值，冒号后面是要循环的数组或集合名。示例 5 使用增强 for 循环实现逐一输出数组元素的功能。

示例 5　创建整型数组，使用增强 for 循环输出数组元素。

该例题依次取出数组 scores 中各个元素的值并赋给整型变量 *i*，同时输出其值。

实现步骤如下。

（1）初始化整型数组。

（2）使用增强 for 循环。

关键代码如下。

```
public static void main(String[] args) {
        int scores[]={75,67,90,100,0};      //创建长度为 5 的整型数组
        for(int i:scores){
                System.out.println("数组元素依次是"+scores[i]);
        }
}
```

输出结果如图 4.1 所示。

```
Console ☒
<terminated> Test (1) [Java Application] D
数组元素依次是75
数组元素依次是67
数组元素依次是90
数组元素依次是100
数组元素依次是0
```

图 4.1　输出结果

4.1.6　数组的计算

示例 6　使用数组计算 5 名学生的平均分、最高分和最低分，实现步骤如下。

（1）定义一个长度为 5 的整型数组。

（2）定义两个 float 类型变量，用于保存总成绩和平均分，初始值均为 0。

（3）定义两个 int 类型变量，用于保存最高分和最低分，初始值均为 0。

（4）从控制台接收 5 名学生的成绩。

（5）通过循环使数组的 5 个元素相加得到总成绩。

（6）通过循环遍历数组并比较元素大小，得到最高分及最低分。

关键代码如下。

```
public static void main(String[] args) {
        int scores[]=new int[5];  //长度为 5 的整型数组
        float total=0;            //总成绩
```

```
        float avg=0;            //平均分
        int max=0;              //最高分
        int min=0;              //最低分
        Scanner input=new Scanner(System.in);
        System.out.println("请输入 5 名学生的笔试成绩：  ");          //提示信息
        for(int i=0;i<scores.length;i++){
             scores[i]=input.nextInt();
        }
        //计算总成绩、最高分和最低分
        max=scores[0];          //初始化最高分
        min=scores[0];          //初始化最低分
        for(int j=0;j<scores.length;j++){
             total+=scores[j];
             if(scores[j]>max){         //如果分数大于当前最高分
                    max=scores[j];
             }
              if(scores[j]<min){        //如果分数小于当前最高分
                    min=scores[j];
             }
        }

        //计算平均成绩
        avg=total/scores.length;
        //输出 5 名学生的总成绩、最高分、最低分和平均分
        System.out.println("总成绩"+total);
        System.out.println("最高分"+max);
        System.out.println("最低分"+min);
        System.out.println("平均分"+avg);
}
```

输出结果如图 4.2 所示。

```
Console ⊠
<terminated> Test (1) [Java Application] D:\Program Files\Java\jdk1.8.0_101\bin\javaw.exe
请输入5名学生的笔试成绩：
66
77
88
99
89
总成绩419.0
最高分99
最低分66
平均分83.8
```

图 4.2　输出结果

4.1.7　数组的操作

在日常使用数组的开发中，除定义、赋值和遍历操作之外，还有很多其他操作。例如，对数组进行添加、修改、删除操作。

1. 数组添加

示例 7　当已经存在一个数组 "phones" 时，如何往数组的“null”位置插入数据呢？大致思路

是首先查找位置，然后进行添加。

关键代码如下。

```
public class SuppleMent{
public static void main(String[] args) {
        //数组添加
        int index=-1;
        String[] phones={"iPhone4","iPhone4s","iPhone5",null};
        for(int i=0;i<phones.length;i++){
             if(phones[i]==null){
                  index=i;
                  break;
             }
        }
        if(index!=-1){
             phones[index]="iPhone5s";
             for(int i=0;i<phones.length;i++){
                   System.out.println(phones[i]);
             }
        }else{
             System.out.println("数组已满");
        }
    }}
```

分析：index 变量相当于一个“监视器”。赋初始值“−1”是为了和数组下标的 0、1、2 等区别开来。遍历数组中的元素，如果发现了 null 就会把 *i* 赋值给 index，相当于找到 null 的下标，此时使用 break 跳出循环。

随后进入下一个 if 语句，首先判断 index 的值是否发生了变化，如果有变化（不等于−1 时），说明发现了 null 的元素，“phones[index]="iPhone5s" ;”因为 index 在上一个 if 语句中已经重新赋值为 null 的下标值,这时直接找到那个空的位置赋值为"iPhone5s"即可。

输出结果如图 4.3 所示。

```
Console
<terminated> Test2 [Java Application] D:\Pro
iPhone4
iPhone4s
iPhone5
iPhone5s
```

图 4.3　输出结果

2. 数组修改

示例 8　当已经存在一个数组 phones 时，如何修改“iPhone5”的值呢，大致思路是先查找位置，然后进行修改。

关键代码如下。

```
public class SuppleMent {
     public static void main(String[] args) {
          //数组修改
          int indexNew=-1;
          String[] phones={"iPhone3GS 经典","iPhone4 革新","iPhone4s 变化不大","iPhone5"};
          for(int i=0;i<phones.length;i++){
               if(phones[i].equals("iPhone5")){   //equals()方法用来比较值是否相等
                    indexNew=i;
                    break;
               }
          }
          if(indexNew!=-1){
                phones[indexNew]="iPhone5 掉漆";
                for(int i=0;i<phones.length;i++){
```

```
                System.out.println(phones[i]);
            }
        }else{
            System.out.print("不存在 iPhone5");
        }
    }
}
```

分析：第一个 if 语句的作用与数据添加类似，第二个 if 语句的作用是找到修改的位置，对该位置重新赋值，输出结果如图 4.4 所示。

```
Console
<terminated> SuppleMent [Java Application
iPhone3GS经典
iPhone4革新
iPhone4s变化不大
iPhone5掉漆
```

图 4.4　数组修改

3. 数组删除

示例 9　当已经存在一个数组 phones 时，如何删除“iPhone3GS 经典”的值呢？大致思路是先找到删除的位置，删除后把后面的数据依次前移，将最后一位设置为 null。

关键代码如下。

```
public class SuppleMent{
    public static void main(String[] args) {
        // TODO Auto-generated method stub
        //数组删除
        String[] phones={"iPhone3GS 经典","iPhone4 革新","iPhone4s 变化不大","iPhone5 掉漆"};
        int index=-1;
        for(int i=0;i<phones.length;i++){
            if(phones[i].equals("iPhone3GS 经典")){
                index=i;
                break;
            }
        }
        if(index!=-1){
            for(int i=index;i<phones.length-1;i++){
                phones[i]=phones[i+1];
            }
            phones[phones.length-1]=null;

        }else{
            System.out.println("没有您要删除的内容");
        }
        for(int k=0;k<phones.length;k++){
            System.out.println(phones[k]);
        }
    }
}
```

phones[i]=phones[i+1]表示此程序从 0 位置开始把 1 位置的值向前移一位，使 phones.length-1 等于 3，当 *i* 的值等于 3 的时候，停止 for 循环，这时把最后一位赋值为 null，此时数组中的"iPhone3GS"被删除，后面的数据也完成了移位。

输出结果如图 4.5 所示。

```
Console
<terminated> Test3 [Java Application] D:\Program Files\Ja
iPhone4革新
iPhone4s变化不大
iPhone5掉漆
null
```

图 4.5　数组删除

4.1.8 常见问题

数组是编程中常用的存储数据的结构，但在使用过程中常出现一些错误，在此做一个归纳，希望能够引起重视。

示例 10 请指出以下代码中出错的位置。

```
public class ArrayTest4 {
     public static void main(String[] args) {
          // TODO Auto-generated method stub
          int a[]=new int[] {1,2,3,4,5};
          System.out.println(a[5]);
     }
}
```

输出结果如图 4.6 所示。

```
Console
<terminated> ArrayTest4 [Java Application] D:\Program Files\Java\jdk1.8.0_101\bin\javaw.exe (2018年8月7日 下午3:56:10)
Exception in thread "main" java.lang.ArrayIndexOutOfBoundsException: 5
        at 模拟题.ArrayTest4.main(ArrayTest4.java:8)
```

图 4.6 输出结果

系统提示出现数组下标越界异常，并指出了错误语句的位置，发生异常的原因是 a 的数组下标最大值是 4，不存在 5 的下标。

数组下标从 0 开始，而不是 1。

示例 11 请指出以下代码中的错误。

```
public class ArrayTest5 {

     public static void main(String[] args) {
          int arr1[4];
          arr1={1,2,3,4};
          int[] arr2=new int[4]{1,2,3,4};
     }
}
```

分析：示例 11 的代码存在两处错误，均是初始化数据格式的错误。

正确初始化格式如下。

```
int arr1[]={1,2,3,4};
int[] arr2=new int[]{1,2,3,4};
```

4.2 二维数组

4.2.1 二维数组的定义

数组 2

Java 中定义和操作多级数组的语法与一维数组类似。在实际应用中，三维及以上的数组很少使用，主要使用二维数组。下面主要以二维数组为例进行讲解。

定义二维数组的语法格式为

```
数据类型[][] 数组名;
```

或者

```
数据类型 数组名[][];
```

语句说明如下。

（1）数据类型为数组元素的类型。

（2）“[][]”用于表明定义了一个二维数组，通过多个下标进行数据访问。

示例 12　定义一个整型二维数组。

关键代码如下。

```
int[][] scores;             //定义二维数组
scores=new int[5][50];      //分配内存空间
```

或者

```
int[][] scores=new int[5][50];
```

需要强调的是，虽然从语法上看 Java 支持多维数组，但从内存分配原理的角度看，Java 中只有一维数组，没有多维数组。或者说，表面上是多维数组，实质上都是一维数组。

示例 13　定义一个整型二维数组，并为其分配内存空间。

关键代码如下。

```
int[][] s=new int[3][5];
```

示例 13 中的语句表面看来是定义了一个二维数组，但是从内存分配原理的角度，实际上是定义了一个一维数组，数组名是 s，包括 3 个元素，分别为 s[0]、s[1]、s[2]，每个元素是整型数组类型，即一维数组类型。而 s[0]又是一个数组的名称，包括 5 个元素，分别为 s[0][0]、s[0][1]、s[0][2]、s[0][3]、s[0][4]，每个元素都是整数类型。s[1]、s[2]与 s[0]的情况相同，其存储方式如图 4.7 所示。

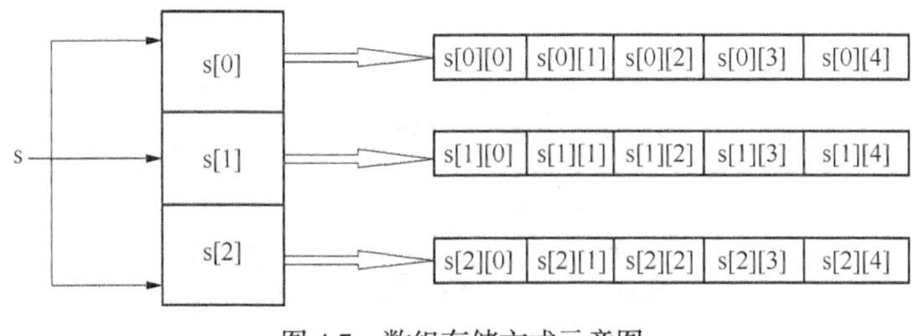

图 4.7　数组存储方式示意图

这个二维数组实际上是一个一维数组，它的每个元素又是一个一维数组。

4.2.2　二维数组的使用

1. 初始化二维数组

二维数组也可以进行初始化操作，与一维数组类似，同样可采用两种方式。但请注意大括号的结构及书写顺序。

示例 14　定义二维数组并初始化数组元素的两种方法。

关键代码如下。

```
int[][] scores=new int[][]{{90,85,92,78,75},{76,63,80},{87}};
```

或者

```
int scores[][]={{90,85,92,78,75},{76,63,80},{87}};
```

2. 遍历二维数组

示例 15　分别计算每个班级的学生总成绩。

实现步骤如下。

（1）初始化整型二维数组。

（2）定义保存总成绩的变量。

（3）使用 for 循环遍历二维数组。

关键代码如下。

```
public static void main(String[] args) {
        int[][]array=new int[][]{{80,66},{70,54,98},{77,59}};//定义二维数组并赋值
        int total;              //保存总成绩
        for(int i=0;i<array.length;i++){
              String str=(i+1)+"班";
              total=0;              //每次循环到此都将其归 0
              for(int j=0;j<array[i].length;j++){
                  total+=array[i][j];    //成绩累加
              }
              System.out.println(str+"总成绩:"+total);
        }
    }
```

输出结果如图 4.8 所示。

```
Problems @ Javadoc Declaration Console
<terminated> Homework [Java Application] D:\jdk\jdk1.8.0_60\bin\javav
1班总成绩:146
2班总成绩:222
3班总成绩:136
```

图 4.8　计算每个班级的学生总成绩

4.3　Arrays 类

JDK 中提供了一个专门用于操作数组的工具类，即 Arrays 类，位于 java.util 包中。该类提供了一系列方法来操作数组，如排序、复制、比较、填充等，用户可直接调用这些方法，不需要自己编码实现。这大大降低了开发难度。Arrays 类的常用方法如表 4.2 所示。

表 4.2　Array 类的常用方法

方法名称	返回类型	说明
equals(array1,array2)	boolean	比较两个数组是否相等
sort(array)	void	对 array 的元素升序排列

续表

方法名称	返回类型	说明
toString(array)	String	将一个数组 array 转换成字符串
fill(array,val)	void	把数组所有元素都赋值成 val
copyOf(array,length)	与 array 类型一致	把数组 array 复制成一个长度为 length 的新数组
binarySearch(array,val)	int	查询元素值 val 在数组 array 中的下标

下面介绍 Arrays 类的应用。

1. 比较两个数组是否相等

Arrays 类的 equals()方法用于比较两个数组是否相等，只有两个数组长度相等，对应位置的元素也一一对应，该方法才返回 true，否则返回 false。

示例 16　初始化 3 个整形一维数组，使用 Arrays 类的 equals()方法判断是否两两相等，并输出比较结果。

实现步骤如下。

（1）初始化 3 个一维数组。

（2）使用 Arrays 的 equals()方法判断是否两两相等。

```
public static void main(String[] args) {
            int []arr1={10,50,40,30};
            int []arr2={10,50,40,30};
            int []arr3={60,50,85};
            System.out.println(Arrays.equals(arr1, arr2));//判断arr1和arr2的长度及元素是否相等
            System.out.println(Arrays.equals(arr1, arr3));//判断arr1和arr3的长度及元素是否相等
    }
```

输出结果如下。

```
true
false
```

2. 对数组元素进行升序排序

Arrays 类的 sort()方法对数组元素进行升序排序，即从小到大排序。

示例 17　分别对 1 班、2 班、3 班的学生成绩进行升序排序。

实现步骤如下。

（1）初始化一个整形二维数组。

（2）使用 for 循环遍历二维数组。

（3）使用 Arrays 类的 sort()方法对二维数组的元素进行升序排序。

（4）使用 for 循环遍历二维数组的元素并输出。

关键代码如下。

```
public static void main(String[] args) {
     int[][]array=new int[][]{{80,66},{70,54,98},{77,59}};
     for(int i=0;i<array.length;i++){
          String str=(i+1)+"班";
          Arrays.sort(array[i]);
          System.out.println(str+"成绩排序后：");
          for(int j=0;j<array[i].length;j++){
               System.out.println(array[i][j]);
```

```
            }
        }
    }
```

输出结果如图 4.9 所示。

3. 将数组转换成字符串

Arrays 类提供了专门输出数组内容的方法——toString()方法。该方法用于将一个数组转换成字符串。它按顺序将多个数组元素连在一起，多个数组元素之间使用英文逗号和空格隔开，利用这种方法可以很清楚地看到各个数组元素的值。

```
Problems @ Javadoc Declaration Console
<terminated> Homework [Java Application] D:\jdk\jdk1.8.0_60\
1班成绩排序后:
66
80
2班成绩排序后:
54
70
98
3班成绩排序后:
59
77
```

图 4.9　按升序排列每个班级的学生成绩

示例 18　初始化一个整型一维数组，使用 Arrays 类的 toString()方法将数组转换成字符串输出。

实现步骤如下。

（1）初始化一个一维整型数组。

（2）使用 Arrays 类的 toString()方法将数组转换成字符串。

关键代码如下。

```
public static void main(String[] args) {
        int []arr={10,50,40,30};
        Arrays.sort(arr);//将数组升序排序
        System.out.println(Arrays.toString(arr));//将数组 arr 转换成字符串输出
}
```

输出结果如下。

```
[10, 30, 40, 50]
```

4. 将数组所有元素赋值为相同的值

Arrays 类的 fill(array,val)方法用于将数组所有元素都赋值成 val。

示例 19　初始化一个整型一维数组，使用 Arrays 类的 fill()方法替换数组的所有元素为相同的元素。

实现步骤如下。

（1）初始化一个整型一维数组。

（2）使用 Arrays 类的 fill()方法替换数组的所有元素。

关键代码如下。

```
public static void main(String[] args) {
        int []arr={10,50,40,30};
        Arrays.fill(arr,40);//替换数组元素
        System.out.println(Arrays.toString(arr));//将数组 arr 转换成字符串输出
}
```

输出结果如下。

```
[40, 40, 40, 40]
```

5. 将数组复制成一个长度为设定值的新数组

示例 20　初始化一个一维数组，使用 Arrays 类的 copyOf()方法把数组复制成一个长度为设定值的新数组。

实现步骤如下。

（1）初始化一个长度为 4 的整型一维数组。

（2）使用 Arrays 类的 copyOf()方法复制成一个长度为 3 的新数组，并输出新数组的元素。

（3）使用 Arrays 类的 copyOf()方法复制成一个长度为 4 的新数组，并输出新数组的元素。

（4）使用 Arrays 类的 copyOf()方法复制成一个长度为 6 的新数组，并输出新数组的元素。

关键代码如下。

```
public static void main(String[] args) {
        int []arr1={10,50,40,30};
        int []arr2=Arrays.copyOf(arr1, 3);//将 arr1 复制成长度为 3 的新数组 arr2
        System.out.println(Arrays.toString(arr2));
        int []arr3=Arrays.copyOf(arr1, 4);//将 arr1 复制成长度为 4 的新数组 arr3
        System.out.println(Arrays.toString(arr3));
        int []arr4=Arrays.copyOf(arr1, 6);//将 arr1 复制成长度为 6 的新数组 arr4
        System.out.println(Arrays.toString(arr4));
}
```

输出结果为

```
[10, 50, 40]
[10, 50, 40, 30]
[10, 50, 40, 30, 0, 0]
```

Arrays 类的 copyOf(array,length)方法可以进行数组复制，把原数组复制成一个新数组，其中 length 是新数组的长度，如果 length 小于新数组的长度，则新数组是原数组前面 length 个元素；如果 length 大于原数组的长度，则新数组的前面元素就是原数组的所有元素，后面元素是按数组类型补充的默认的初始值，整型时补充 0，浮点型时补充 0.0。

6. 查询元素在数组中的下标

Arrays 类的 binarySearch()方法用于查询元素在数组中的下标，调用该方法的要求是数组中元素已经按升序排列，这样才能得到正确的结果。

示例 21　初始化一个整型数组，使用 Arrays 类的 binarySearch()方法查询元素在数组中的下标。

实现步骤如下。

（1）初始化一个整形数组。

（2）使用 Arrays 类的 sort()方法按升序排列。

（3）使用 Arrays 类的 binarySearch()方法查询某个元素在数组中的下标，并输出。

关键代码如下。

```
public static void main(String[] args) {
    int []arr={10,50,40,30};
    Arrays.sort(arr);                              //按升序排序
    int index=Arrays.binarySearch(arr, 30); //查找 30 的下标
    System.out.println(index);
    index=Arrays.binarySearch(arr, 50);       //查找 50 的下标
    System.out.println(index);
}
```

输出结果如下。

```
1
3
```

课 后 习 题

1. 编写程序，允许用户通过键盘依次输入 5 句话后；将它们逆序输出，输出结果如图 4.10 所示。

```
Problems  @ Javadoc  Declaration  Console
<terminated> Homework [Java Application] D:\jdk\jdk1.8.0_60\bin\javaw.exe
输入5句话:
第1句话:
青
第2句话:
春
第3句话:
课
第4句话:
工
第5句话:
场
逆序输出5句话:
场
工
课
春
青
```

图 4.10　逆序输出

2. 假设有一个长度为 5 的数组，如下所示。

```
int [] array=new int[]{1,3,-1,5,-2};
```

现要创建一个新数组 new Array[]，要求新数组中的元素是对原数组中的元素升序排序后所得。编程输出新数组中的元素，输出结果如图 4.11 所示。

3. 用键盘输入 10 个数，合法数字是 1、2 或 3，不是这 3 个数则为非法，编程统计每个合法数字和非法数字的个数，输出结果如图 4.12 所示。

```
Problems  @ Javadoc  Declaration  Console
<terminated> Homework [Java Application] D:\jdk\jdk1.8.0_6
原数组
[1,3,-1,5,-2]
排序后的数组:
[-2,-1,1,3,5]
```

图 4.11　数组排序

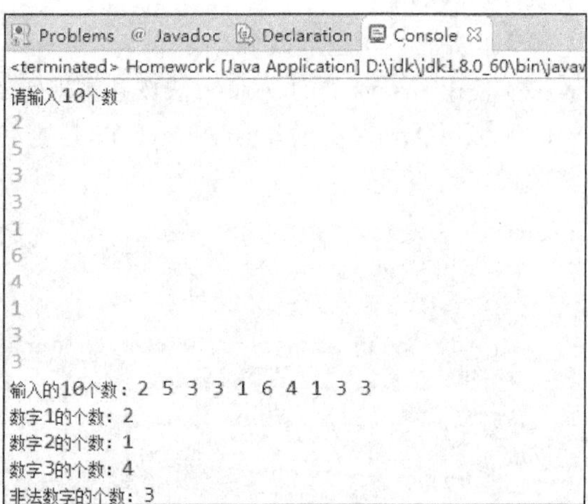

图 4.12　统计数字个数

第 5 章 综合练习 1：图书借阅系统

本章学习目标：

- 实现图书的管理；
- 会使用顺序、分支、循环、跳转语句编写程序；
- 会使用数组操作字符串。

5.1 项目需求

本项目是为图书阅览室开发一个图书借阅系统，系统最多可存 50 本图书，实现图书的借阅管理。图书借阅系统具备以下主要功能。

图书借阅系统

1. 查看图书信息

菜单选择查看功能，展示当前所有图书的相关信息，效果如下。

```
欢迎使用图书借阅系统
-------------------------------------
0. 借出排行榜
1. 新增图书
2. 查看图书
3. 删除图书
4. 借出图书
5. 归还图书
6. 退出
--------------------------------------
请选择： 2
---> 查看图书

序号        状 态     名称            借出日期
1          已借出    《数据结构》      2018-7-1
2          可借      《数据库》
3          可借      《离散数学》
*************************
输入 0 返回：
```

2. 新增图书信息

菜单选择新增功能，根据提示输入新增图书的信息，添加到库存；效果如下。如果图书货架已满，即达到 50 本图书，则提示增加失败的信息。

```
欢迎使用图书借阅系统
-------------------------------------
0. 借出排行榜
1. 新增图书
2. 查看图书
3. 删除图书
4. 借出图书
5. 归还图书
6. 退出
--------------------------------------
请选择： 1
---> 新增图书

请输入图书名称： 编译原理
新增《编译原理》成功!
**************************
输入 0 返回：0
欢迎使用图书借阅系统
-------------------------------------
0. 借出排行榜
1. 新增图书
2. 查看图书
3. 删除图书
4. 借出图书
5. 归还图书
6. 退出
--------------------------------------
请选择： 2
---> 查看图书

序号        状 态    名称            借出日期
1           已借出   《数据结构》    2018-7-1
2           可借     《数据库》
3           可借     《离散数学》
4           可借     《编译原理》
**************************
输入 0 返回：
```

3. 删除图书信息

执行“删除”命令，输入要删除的图书名称后进行删除，效果如下。如果图书为借出状态，不允许删除。如果没有在图书列表中找到该图书信息，则提示：“没有找到匹配信息！”。

```
欢迎使用图书借阅系统
-------------------------------------
0. 借出排行榜
1. 新增图书
2. 查看图书
```

```
3. 删除图书
4. 借出图书
5. 归还图书
6. 退出
---------------------------------------
请选择： 3
---> 删除图书

请输入图书名称：数据库
删除《数据库》成功！
**************************
输入 0 返回：0
欢迎使用图书借阅系统
---------------------------------------
0. 借出排行榜
1. 新增图书
2. 查看图书
3. 删除图书
4. 借出图书
5. 归还图书
6. 退出
---------------------------------------
请选择： 2
---> 查看图书

序号        状 态     名称           借出日期
1           已借出    《数据结构》    2018-7-1
2           可 借     《离散数学》
3           可 借     《编译原理》
**************************
输入 0 返回：
```

4. 借出图书

执行“借出”命令，实现图书的借出，效果如下。如果该图书已被借出，则系统提示“XXX 已被借出”。如果没有找到该图书信息，则系统提示：“没有找到匹配信息！”借出日期是以（年-月-日）的格式进行输入的。

```
欢迎使用图书借阅系统
---------------------------------------
0. 借出排行榜
1. 新增图书
2. 查看图书
3. 删除图书
4. 借出图书
5. 归还图书
6. 退出
---------------------------------------
请选择： 4
---> 借出图书
```

```
请输入图书名称：离散数学
请输入借出日期（年-月-日）：2018-8-4
借出《离散数学》成功！
**************************
输入 0 返回：0

欢迎使用图书借阅系统
-------------------------------------
0. 借出排行榜
1. 新增图书
2. 查看图书
3. 删除图书
4. 借出图书
5. 归还图书
6. 退出
--------------------------------------
请选择：2
---> 查看图书

序号        状 态      名称              借出日期
1           已借出     《数据结构》      2018-7-1
2           已借出     《离散数学》      2018-8-4
3           可 借      《编译原理》
**************************
输入 0 返回：
```

5. 归还图书

执行“归还”命令，实现归还图书，并计算租金（1 元/天），效果如下。如果归还的图书未被借出，则系统提示：“该图书没有被借出！无法进行归还操作。”如果归还的图书与列表中的图书不匹配，则系统提示：“没有找到匹配信息！”

```
欢迎使用图书借阅系统
-------------------------------------
0. 借出排行榜
1. 新增图书
2. 查看图书
3. 删除图书
4. 借出图书
5. 归还图书
6. 退出
--------------------------------------
请选择： 5
---> 归还图书

请输入图书名称： 离散数学
请输入归还日期（年-月-日）：2018-8-7

归还《离散数学》成功！
```

```
借出日期：2018-8-4
归还日期：2018-8-7
应付租金（元）：3
***************************
输入 0 返回：
```

6. 退出

当用户执行“退出”命令时，结束本程序。

5.2　项目环境准备

完成“图书借阅系统”，开发环境的要求为开发工具 Eclipse，开发语言为 Java。

5.3　项目覆盖的技能点

（1）会使用程序基本语法结构，包括变量、数据类型。
（2）会使用顺序、分支、循环、跳转语句控制程序逻辑。
（3）会使用数组操作字符串。

5.4　难 点 分 析

5.4.1　菜单切换

在本练习中，对图书的增加、删除、借出、归还等所有操作，都需要菜单选择控制。菜单的切换在本练习中是难点，菜单切换的逻辑可以采用多重循环嵌套实现，参考代码结构如下。

```
do{
    …
    Switch(choice){
        case : (增加功能)
        break;
        case : …
        break;
        …
        default: (非法操作)
        …
    }
    …
}while(用户选择还是退出);
```

5.4.2　删除操作

实现删除图书的操作时，首先要找到需要删除的图书，可以使用循环遍历数组，找到该名称的图书进行删除。删除之后，还需要把该图书之后的每一个图书依次前移一位。例如，需要删除第三本图书的信息，移动后面的图书需要实现的步骤如下。

（1）判断 name[3]也就是第 4 个元素是否为空，如果为空，则直接删除第 3 个元素即可。

（2）如果不为空，则执行 name[2]=name[3]，此操作直接把第 4 个元素覆盖到了第 3 个元素。

（3）判断第 5 个元素是否为空，如果不为空，则覆盖到第 4 个元素中，依次类推。所以可以采用循环的方式执行 name[i]=name[i+1]。

（4）直到遍历到最后一个元素为空时，再把倒数第 2 个元素置空即可。

5.5 项目实现思路

5.5.1 数据初始化

预存 3 本图书信息，使用数组保存图书信息。根据需求分析可知，每本图书的信息都包括名称、是否可借的状态、借出的日期和借出次数，由此分析可以使用 4 个数组来保存信息。数组中第 *i*+1 本图书信息采用如下方式访问。

名称：name[i]。

状态：state[i]。

借出日期：date[i]。

借出次数：count[i]。

创建项目图书，创建 main()函数，添加 4 个数组：图书名称 name、图书租借状态 state、图书借出时间 date、图书借出次数 count。最多可以容纳 50 本图书，之后为数组赋值初始化 3 本图书信息。

数据初始化的代码如下。

（1）main()函数。

```
public static void main(String[] args) {
        BookMgr dm=new BookMgr();
        dm.initial();
        dm.startMenu();
}
```

（2）BookSet 类中定义 4 个数组。

```
public class BookSet {
    String[] name = new String[50];    //数组 1 存储图书名称
    int[] state = new int[50];         //数组 2 存储图书借出状态：0 为已借出，1 为可借
    String[] date=new String[50];      //数组 3 存储图书借出日期
    int[] count=new int[50];           //数组 4 存储借出次数
}
```

（3）预存 3 本图书。

```
public void initial() {

      book.name[0] = "数据结构";
      book.state[0] = 0;
```

```
        book.date[0]="2018-7-1";
        book.count[0]=15;

        book.name[1] = "数据库";
        book.state[1] = 1;
        book.count[1]=12;

        book.name[2] = "离散数学";
        book.state[2] = 1;
        book.count[2]=30;
    }
```

5.5.2 菜单切换的实现

实现思路如下。

（1）利用 do-while 循环实现“返回”操作。

（2）利用 switch 分支结构实现菜单的选择及退出，每个 case 对应一种操作（增加、查看、删除、借出、归还、退出）。

菜单切换的代码如下。

```
public void startMenu(){
    System.out.println("欢迎使用图书借阅系统");
    System.out.println("------------------------------------");
    System.out.println("0. 借出排行榜");
    System.out.println("1. 新增图书");
    System.out.println("2. 查看图书");
    System.out.println("3. 删除图书");
    System.out.println("4. 借出图书");
    System.out.println("5. 归还图书");
    System.out.println("6. 退出");

    System.out.print("------------------------------------\n");

    System.out.print("请选择：  ");
    Scanner input = new Scanner(System.in);
    int choice = input.nextInt();
    switch(choice){
        case 0:   //借出排行榜
            list();
            break;
        case 1:   //新增图书
            add();
            break;
        case 2:   //查看图书
            search();
            break;
        case 3:   //删除图书
            delete();
            break;
        case 4:   //借出图书
            lend();
```

```
                    break;
            case 5:   //归还图书
                    returnbook();
                    break;
            case 6:   //退出
                    System.out.println("\n 谢谢使用! ");
                    break;
        }
    }
```

5.5.3 图书信息查看的实现

使用 for 循环，遍历每个数组元素信息，并进行显示。

（1）使用循环遍历名称数组、状态数组、借出日期数组和借出次数数组。

（2）使用“数组名[i]”表示第 i+1 个图书信息，并进行输出。

查看图书信息的代码如下。

```
public void search(){
     System.out.println("---> 查看图书\n");
     System.out.println("序号\t 状态\t 名称\t\t 借出日期");
     for(int i = 0 ; i < book.name.length; i++){
           if(book.name[i]==null){
                break;
           }else if(book.state[i] == 0){
                System.out.println((i+1)+"\t 已借出\t"+"<<"+ book.name[i]+ ">>\t" +
book.date[i]);
           }else if(book.state[i] == 1){
                System.out.println((i+1)+"\t 可借\t"+"<<"+book.name[i]+">>");
           }
     }
     System.out.println("***************************");
     returnMain();
}
```

5.5.4 图书信息新增的实现

新增图书只要将信息加入每个数组首个为空的位置即可。

（1）需要用户输入新增的图书的名称，并把状态置于可借，借出次数置为 0。

（2）向每个数组增加一条图书信息，实现新增图书信息，下次查看就可以查看到新增的图书。

（3）在为数组赋值前用 if 条件判断，如果 name 数组已满，则提示用户。

新增图书信息的代码如下。

```
public void add(){
      Scanner input = new Scanner(System.in);
      System.out.println("---> 新增图书\n");
      System.out.print("请输入图书名称:  ");
      String name = input.next();
      for(int i = 0; i < book.name.length; i++){
            if(book.name[i] == null){     //查询最后一个空位置插入
                  book.name[i]=name;
                  book.state[i]=1;//更改新增的图书可借状态
```

```
                System.out.println("新增《"+name+"》成功！");
                break;
            }
        }
        System.out.println("***************************");
        returnMain();
    }
```

5.5.5　图书信息删除的实现

删除图书，首先需要查找到该图书，然后利用数组移位进行删除操作，即该图书后面的每一位元素前移一位，末尾清空。

（1）用 for 循环遍历名称数组。

（2）用 if-else 语句判断用户输入的名称在 name 数组中是否存在。注意，字符串的比较使用 equals()方法，而不是“==”。

（3）用 if 语句判断当前图书的状态（即状态数组），如果为借出，则不删除元素。

（4）把每个数组中该图书位置的元素删除后，后面的元素依次前移一位，即后一位的数据覆盖前一位的数据。

（5）把最后一个不为空的元素置空。因此，在建立数组时每个数组的范围要比实际存放的图书数量的最大值多一个，在 name[i]=name[i+1]时防止数组越界。

删除图书信息的代码如下。

```
    public void delete(){
        Scanner input = new Scanner(System.in);
        boolean flag=false;//标识删除成功与否
        System.out.println("---> 删除图书\n");
        System.out.print("请输入图书名称：");
        String name = input.next();
        //遍历数组，查找匹配信息
        for(int i = 0 ; i < book.name.length; i++){
            //查找到，每个元素前移一位
        if(book.name[i]!=null &&book.name[i].equalsIgnoreCase(name)&&book.state[i]==1){
                int j=i;
                while(book.name[j+1]!=null){
                    book.name[j]=book.name[j+1];
                    book.state[j]=book.state[j+1];
                    book.date[j]=book.date[j+1];
                    j++;
                }
                //最后一个不为空的元素置空
                book.name[j]=null;
                book.date[j]=null;
                System.out.println("删除《"+name+"》成功！");
                flag=true;//置位，表示删除成功
                break;
            }
    else if(book.name[i]!=null &&book.name[i].equalsIgnoreCase(name)&&book.state[i]==0){
                System.out.println("《"+name+"》为借出状态，不能删除！");
                flag=true;//置位
```

```
                break;
            }
        }
        if(!flag){
            System.out.println("没有找到匹配信息！");
        }
        System.out.println("*************************");
        returnMain();
    }
```

5.5.6 图书借出的实现

找到该图书对应的数组位置，在状态数组相应位置置“0”，修改借出时间，并把借出次数增加 1。

（1）遍历名称数组，用 if-else 语句判断用户输入的名称在名称数组中是否存在，如果不存在，则提示用户错误。

（2）选中某个图书，把该图书的状态置为已借出（0 为已借出，1 为可借）。

（3）用 if 条件判断如果该用户选中的图书状态是“已被借出”，则提示用户。

借出图书的代码如下。

```
    public void lend(){
        System.out.println("---> 借出图书\n");
        Scanner input = new Scanner(System.in);
        System.out.print("请输入图书名称： ");
        String want = input.next();  //要借出的图书名称
        for(int i = 0; i < book.name.length; i++){
            if(book.name[i] == null){     //无匹配
                System.out.println("没有找到匹配信息！");
                break;
            }else if(book.name[i].equals(want)&& book.state[i]==1){   //找到匹配，可借
                book.state[i] = 0;
                System.out.print("请输入借出日期（年-月-日）：");
                book.date[i]=input.next();
                System.out.println("借出《"+want+"》成功！");
                book.count[i]++;
                break;
            }else if(book.name[i].equals(want)&& book.state[i]==0){//找到匹配，已被借出
                System.out.println("《"+want+"》已被借出！");
                break;
            }
        }
        System.out.println("*************************");
        returnMain();
    }
```

5.5.7 图书归还的实现

找到该图书对应的数组位置，在状态数组相应位置置“0”，清空借出时间。

（1）遍历名称数组，用 if-else 语句判断用户输入的名称在名称数组中是否存在，如果不存在，则提示用户错误。

（2）本例中借出日期采用字符串数组存储。形式为“年-月-日”，如“2018-1-1”。

（3）调用 charge()方法计算日期差。

（4）如果归还成功，则把状态数组的该图书位置的状态改为“可借”。

（5）清空借出时间。

归还图书的代码如下。

```
public void returnbook(){
        System.out.println("---> 归还图书\n");
        Scanner input = new Scanner(System.in);
        long loan=0;//租金
        System.out.print("请输入图书名称： ");
        String want = input.next();
        for(int i = 0; i < book.name.length; i++){
            if(book.name[i] == null){      //无匹配
                System.out.println("没有找到匹配信息！");
                break;
            }else if(book.name[i].equals(want) && book.state[i]==0){  //找到匹配
                book.state[i] = 1;
                System.out.print("请输入归还日期（年-月-日）：");
                String redate=input.next();
                //计算租金
                loan=charge(book.date[i],redate);
                System.out.println("\n归还《"+want+"》成功！");
                System.out.println("借出日期: "+book.date[i]);
                System.out.println("归还日期: "+redate);
                System.out.println("应付租金（元）："+loan);
                break;
            }
            else if(book.name[i].equals(want) && book.state[i]==1){ //找到匹配但没有借出
                System.out.println("该图书没有被借出！无法进行归还操作。");
                break;
            }
        }
        System.out.println("*************************");
        returnMain();
}
```

charge()方法代码如下。

```
public long charge(String dstr1,String dstr2){
      long charge=0;
      SimpleDateFormat sd=new SimpleDateFormat("yyyy-MM-dd");
      try {
           Date d1=sd.parse(dstr1);
           Date d2=sd.parse(dstr2);
           charge=(d2.getTime()-d1.getTime())/(24*60*60*1000);
      } catch (ParseException e) {
           e.printStackTrace();
      }
      return charge;
}
```

课后习题

1. 修改案例，增加借阅人管理。
2. 修改案例，让图书可借阅数量变成可变数值。

第 6 章 类和对象

本章学习目标：

- 掌握类和对象的特征；
- 理解封装；
- 会创建和使用对象。

在前几章中，我们学习了程序设计的基本知识和流程控制语句，能够用 Java 语言进行简单的程序设计，但这些程序的规模都很小，一般只有几十行代码。现实的企业应用中通常要编程解决一个很大的问题，需要写几万行代码。如果按照以前的做法，将这些代码都放在一个 Java 文件中，可以想象这个文件会非常冗长，而且很难维护。

因此，我们来学习 Java 程序设计的另一道风景——面向对象程序设计。面向对象程序设计是程序设计历史上的一个里程碑，Java 之父詹姆斯 · 高斯林结合 Internet 背景设计了完全面向对象的 Java 语言。本章将带领读者进入面向对象的世界，介绍什么是对象和类，以及如何创建和使用类的对象。

6.1 对　　象

类和对象

世界是由什么组成的，不同的人会有不同的回答。化学家可能会说“世界是由分子、原子、离子等这些化学物质组成的”，物理学家会说“世界是由物质组成的”，画家可能会说“世界是由不同的颜色组成的”，但如果你是一个分类学家，你会说：“这个世界是由不同类别的事物组成的。”

其实，这个问题本身就比较抽象。物以类聚，所以可以说世界是由不同类别的事物构成的，世界由动物、植物、物品、人和名胜等组成。动物可以分为脊椎动物和无脊椎动物。脊椎动物又可以分为哺乳类、鱼类、爬行类、鸟类和两栖类。爬行类又可以分为有足类和无足类，可以就这样继续分下去。当提到某个分类时，就可以找到属于该分类的一个具体的事物。例如，乌龟就属于爬行类中的有足类，眼镜蛇就属于爬行类中的无足类。当我们提到这些具体动物时，脑海中将浮现出它们的形象。这些现实世界中客观存在的事物就称为对象。在 Java 的世界中，“万物皆对象”。

学习面向对象编程，我们要站在分类学家的角度去思考问题，根据要解决的问题，对事物进行分类。分类是人们认识世界的一个很自然的过程，人们在日常生活中会不自觉地进行分类。例如，我们可以将垃圾分为可回收的和不可回收的，将交通工具分为车、船、飞机等，分类就是以事物的性质、特点、用途等作为区分的标准，将符合同一标准的事物归为一类，不同的则分开。例如，上文对动物的分类中，根据动物有无脊椎可分为脊椎动物和无脊椎动物；如果根据动物是水生还是陆生，又可分为水生动物和陆生动物。因此，在实际应用中，我们要根据待解决问题的需要，选择合适的标准或角度对问题中出现的事物进行分类。

现实世界中客观存在的任何事物都可以被看作对象，对象可以是有形的，如一辆汽车，也可以是无形的，如一项计划。所以，对象无处不在。Java 是一种面向对象的编程语言（Object Oriented Programming Language, OOPL），因此我们要学会用面向对象的思想考虑问题和编写程序。在面向对象的方法中，对象是用来描述客观事物的一个实体。用面向对象的方法解决问题时，首先要对现实世界中的对象进行分析与归纳，找出哪些对象与要解决的问题是相关的。

在面向对象的编程思想中，把对象的静态特征和动态特征分别称为对象的属性和方法，它们是构成对象的两个主要因素。其中属性是用来描述对象静态特征的一个数据项，该数据项的值即属性值。在编程中，对象的属性被存储在一些变量里，如可以将“姓名”存储在一个字符串类型的变量中，将“员工号”存储在一个整型变量中。对象的行为则通过定义方法来实现，如“收款”“打印账单”都可以定义为一个方法。

可以说，对象是用来描述客观事物的一个实体，由一组属性和方法构成。

封装（Encapsulation）就是把一个事物包装起来，并尽可能隐藏内部细节。

例如，一辆汽车在组装前是一堆零散的部件，如发动机、方向盘、轮胎等，仅靠这些部件是不能让汽车行驶的。当把这些部件组装完成后，它才具有行驶的功能。显然，这辆车是一个对象，而零部件就是该对象的属性，发动、加速、刹车等行为就是该对象所具有的方法。通过上面的分析可以看到，对象的属性和方法是相辅相成、不可分割的，它们共同组成了实体对象。因此，对象具有封装性。

6.2 类

“法拉利跑车”是一个对象，但现实世界中还有奔驰、保时捷、凯迪拉克等品牌的汽车，因此这辆“法拉利跑车”只是车这一类别中的一个实例。不论哪种车，都有一些共同的属性，如品牌、颜色等，也有一些共同的行为，如发动、加速、刹车等，在这里将这些共同的属性和行为组织到一个单元中，就得到了类。

类的方法 1

类定义了对象将会拥有的特征（属性）和行为（方法）。

类的属性：对象所拥有的静态特征在类中表示时称为类的属性。例如，所有顾客都有姓名，因此姓名可以称为“顾客类”的属性，只是不同对象的这一属性值不同，如顾客张三和顾客李四的姓名不同。

类的方法：对象执行的操作称为类的方法。例如，所有顾客都有购物行为，因此购物就是“顾客类”的一个方法。

6.2.1 类和对象的关系

了解了类和对象的概念，你会发现它们之间既有区别又有联系。例如，图 6.1 所示为制作球状冰激凌过程用的模具。

制作球状冰激凌的模具是类，它定义了信息（属性）——冰激凌球的形状及口味。

使用这个模具做出来的形状各异和口味不同的冰激凌是对象。在 Java 面向对象编程中就用这个类创建出类的一个实例，即创建类的一个对象。

因此，类与对象的关系就如同模具和用这个模具制作出的物品之间的关系。一个类为它的全部对象给出了一个统一的定义，而它的每个对象则是符合这种定义的一个实体。因此类和对象的关系就是抽象和具体的关系。类是多个对象进行综合抽象的结果，是实体对象的概念模型，而一个对象是一个类的实例。在现实世界中，有一个个具体的“实体”，以超市为例，在超市中有很多顾客，如张三、李四、王五等，而“顾客”这个角色就是在我们大脑的“概念世界”中形成的“抽象概念”。当需要把顾客这一“抽象概念”定义到计算机中时，就形成了“计算机世界”中的类，即上面所讲的类。而用类创建的一个实例就是“对象”，它和“现实世界”中的实体是一一对应的。

图 6.1　制作球状冰激凌的模具

6.2.2　类是对象的类型

到目前为止，我们已经学习了很多数据类型，如整型（int）、双精度浮点型（double）、字符型（char）等。这些都是 Java 语言已经定义好的类型，编程时只需要用这些类型声明变量即可。

那么，如果想描述顾客“张浩”，他的数据类型是什么呢？是字符型还是字符串型？其实都不是，“张浩”的类型就是“顾客”，也就是说，类就是对象的类型。

事实上，定义类就是抽取同类实体的共性自定义的一种数据类型，如“顾客”类、“人”类、“动物”类等。

6.3　Java 是面向对象的语言

在面向对象程序设计中，类是程序的基本单元。Java 是完全面向对象的编程语言，所有程序都是以类为组织单元的。回想自己写过的每一个程序，基本框架是不是都如示例 1 所示的结构。

类的方法 2

示例 1

```
public class HelloWorld {
    public static void main(String[] args) {
         System.out.println("Hello World! ");
    }
}
```

6.3.1　Java 的类模板

学习了类、对象的相关知识，那么如何在 Java 中描述它们呢？

Java 中的类将现实世界中的概念模拟到计算机中，因此需要在类中描述类所具有的属性和方法，Java 的类模板如下。

```
public class<类名>{
    //定义属性部分
    属性 1 的类型 属性 1;
    属性 2 的类型 属性 2;
    …
```

```
    属性 n 的类型 属性 n;
    //定义方法部分
    方法 1;
    方法 2;
    …
    方法 n;
}
```

在 Java 中要创建一个类，需要使用一个 class、一个类名和一对大括号。

其中，class 是创建类的关键字。在 class 前有一个 public，表示“公有”。编写程序时，要注意编码规范，不要漏写 public，在 class 关键字的后面要给定义的类命名，然后写上一对大括号（{}），类的主体部分就写在{}中。类似于给变量命名，类的命名也要遵循一定的规则。

规则

- 不能使用 Java 中的关键字。
- 不能包含任何嵌入的空格或点号“.”，以及除下画线“_”、字符“$”外的特殊字符。
- 不能以数字开头。

规范

- 类名通常由多个单词组成，每个单词的首字母大写。
- 类名应该简洁而有意义，尽量使用完整单词，避免使用缩写词，除非该缩写词已被广泛使用，如 HTML、HTTP、IP 等。

6.3.2 定义类

类定义了对象将会拥有的属性和方法，定义一个类的步骤如下。

1. 定义类名

通过定义类名，得到程序最外层的框架。

定义类名的语法如下。

```
public class 类名{
}
```

2. 编写类的属性

通过在类的主体中定义变量来描述类所具有的静态特征（属性），这些变量为类的成员变量。

3. 编写类的方法

通过在类中定义方法来描述类所具有的行为，这些方法称为类的成员方法。

示例 2

```
public class School {
    String schoolName;            //学校名称
    int classNumber;              //教师数目
    int labNumber;                //机房数目
    //定义学校的方法
    public void showCenter(){
        System.out.println(schoolName + "学校\n"+ "配
        备: "+classNumber + "个教师"+ labNumber + "个机房");
    }
}
```

示例 2 定义了一个 School 类，并且定义了 3 个成员变量——schoolName、classNumber、labNumber。另外，它定义了一个类的方法，方法名 showCenter()。这个方法的作用是显示学校的信息，即学校名称、教室和机房的配置情况。

编写 showCenter( )方法时，只需要在“方法体”部分写出自己要实现的功能即可，showCenter 是方法名。在 Java 中，一个简单方法的框架如下。

```
访问修饰符 返回值类型 方法名() {
        //方法体
}
```

访问修饰符（如 public，以及其他的访问修饰符）限制了访问该方法的范围。返回值类型是方法执行后返回结果的类型，这个类型可以是基本类型，或者是引用类型，也可以没有返回值，此时必须使用 void 来描述。方法名一般使用一个有意义的名字描述该方法的作用，其命名应符合标识符的命名规则。

说明

这里介绍一下骆驼（Camel）命名法和帕斯卡（Pascal）命名法。

- 骆驼命名法：方法或变量名的第一个单词的字母小写，后面每个单词的首字母大写，如 showCenter、userName 等。
- 帕斯卡命名法：每一个单词的首字母都大写，如类名 School 等。

在 Java 中，定义类的属性和方法使用骆驼命名法，定义类使用帕斯卡命法。

6.3.3　创建和使用对象

定义好了 School 类，下面就可以根据定义的模板创建对象了。类的作用就是创建对象。由类生成对象，称为类的实例化过程。一个实例也就是一个对象，一个类可以生成多个对象。创建对象的语法如下。

```
类名 对象名 = new 类名();
```

在创建类的对象时，需要使用 Java 的 new 关键字。例如，创建 School 类的一个对象。

```
School center = new School();
```

center 对象的类型就是 School 类型。使用 new 创建对象时，我们并没有给它的数据成员赋一个特定的值。考虑到每个对象的属性值可能是不一样的，所以在创建对象后再给它的数据成员赋值。

在 Java 中，要引用对象的属性和方法，需要使用“.”操作符。其中，对象名在圆点的左边，属性和方法名在圆点的右边。

```
对象名.属性            //引用对象的属性
对象名.方法名()        //引用对象的方法
```

例如，创建 School 类的对象 center 后，就可以给对象的属性赋值或调用方法，代码如下。

```
center.name="北京大学";      //给 name 属性赋值
center.showCenter();         //调用 showCenter()方法
```

掌握了如何创建类的对象，下面就来解决上节中的问题。

示例 3

```
public class InitialSchool {
    public static void main (String[] args){
        School center = new School();
```

```
        System.out.println("***初始化成员变量前***");
        center.showCenter();
        center.schoolName ="北京大学";      //给 schoolName 属性赋值
        center.classNumber = 10;           //给 classNumber 属性赋值
        center.labNumber = 10;             //给 labNumber 属性赋值
        system.out.println("\n***初始化成员变量后***");
        center.showCenter();
    }
}
```

下面分析示例 3 的代码。这里新创建了 InitialSchool 类，用它来测试 School 类。我们知道，执行程序需要一个入口。因此，像以前编写过的程序一样，在 main( )方法中编写代码来使用 School 类。

main()方法是程序的入口，可以出现在任何一个类中，但要保证一个 Java 类中只有一个 main()方法。因此，我们可以将 main()方法放在 School 类中，但这里我们将 main()方法放在了 InitialSchool 类中，目的是使不同的类实现不同的功能。

在示例 3 的 main()方法中，有以下 3 点需要注意。

- 使用关键字 new 创建类的对象“center”。

```
School center = new School();
```

- 使用“.”操作符访问类的属性。

```
center.schoolName ="北京大学";         //引用 schoolName 属性
center.classNumber = 10;              //引用 classNumber 属性
center.labNumber = 10;                //引用 labNumber 属性
```

- 使用“.”操作符访问类的方法。

```
center.showCenter();
```

下面分析运行结果。showCenter()方法返回一个字符串，在没有初始化成员变量时，String 类型的 schoolName 变量的值为 null（空），而两个整型变量 classNumber 和 labNumber 的值是 0。为什么呢？这是因为在定义类时，如果没有给属性赋初始值，Java 会给它一个默认值，如表 6.1 所示。

表 6.1　Java 数据类型的默认值

类型	默认值
int	0
double	0.0
char	'\u0000'
boolean	false
String	null

下面通过一个例子，巩固类的使用。

一个景区根据游人的年龄收取不同价格的门票，其中大于 60 岁或小于 18 岁的免费，18～60 岁的 20 元。请编写游人（Visitor）类，根据年龄段决定能够购买的门票价格并输出。用户输入“n”则退出程序。

首先找出与要解决问题有关的对象并抽象出类。很明显，根据要解决的问题，可以得到游人类，该类可以有姓名和年龄两个属性。让用户输入年龄，利用选择结构解决，如示例 4 所示。

示例 4

游人类：

```
import java.util.Scanner;
public class Visitor{
    String name;                  //姓名
    int age;                      //年龄
//显示信息方法
public void show(){
    Scanner input = new Scanner(System.in);
while(!"n".equals(name)){
   if(age>=18&&age<=60){    //判断年龄
      System.out.println(name+"的年龄为"+age+",门票价格为 20
      元\n");
    }else{
      System.out.print(name+"的年龄为"+age+",门票免费\n");
    }
     System.out.print("请输入姓名：");
     name=input.next();                        //给 name 属性赋值
     if(!"n".equals(name)){
       System.out.print("请输入年龄：");
       age = input.nextInt();                  //给 age 属性赋值
     }
   }
   System.out.print("退出程序");
 }
}
```

输出门票信息：

```
import java.util.Scanner;
public class InitialVisitor{
    public static void main(String[] args){
        Scanner input = new Scanner(System.in);
        Visitor v = new Visitor( );                //创建对象
        System.out.print("请输入姓名：");
        v.name = input.next();                     //给 name 属性赋值
        System.out.print("请输入年龄：")
        v.age = input.nextInt();                   //给 age 属性赋值
        v.show();                                  //调用显示信息方法
    }
```

输出结果如图 6.2 所示。

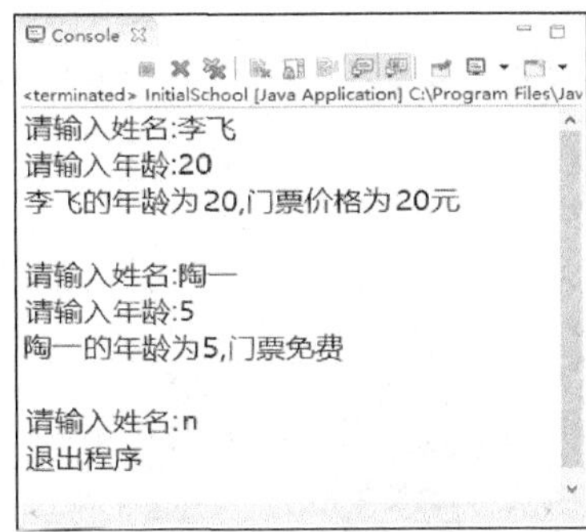

图 6.2　输出结果

为了程序演示的方便，示例 4 中的代码使用了循环，当用户输入“n”时退出程序。这里主要注意代码中使用“new”关键字创建对象及给属性赋值两个部分。

6.3.4 面向对象的优点

了解了类和对象，也学习了如何定义类、创建对象和使用对象，下面总结面向对象的优点。

（1）与人类的思维习惯一致：面向对象的思维方式从人类考虑问题的角度出发，能把人类解决问题的思维过程转变为程序能够理解的过程。面向对象程序设计能够让我们使用“类”来模拟现实世界中的抽象概念，用“对象”来模拟现实世界中的实体，从而用计算解决现实问题。

（2）信息隐蔽，提高程序的可维护性和安全性：封装实现了模块化和信息隐藏，即将类的属性和行为封装在类中，这保证了对它们的修改不会影响到其他对象，有利于维护。同时，封装使得在对象外部不能随意访问对象的属性和方法，避免了外部错误对它的影响，提高了安全性。

（3）提高了程序的可重用性：一个类可以创建多个对象实例，增加了重用性。

6.4 类的方法

6.4.1 类的方法概述

类是由一组具有相同属性和共同行为的实体抽象而来的。对象执行的操作是通过编写类的方法实现的，显而易见，类的方法是一个功能模块，其作用是“做一件事情”。例如，在童年时代，大家可能玩过电动玩具（见图 6.3），在它身上有两个按钮，如果按动按钮，电动狮子就会跑或叫。

带参方法 1

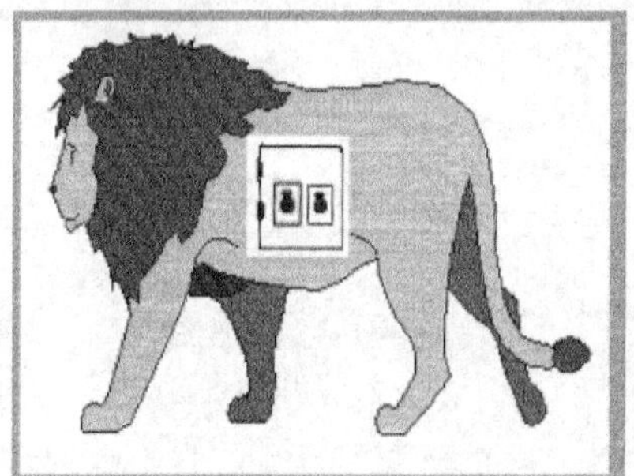

电动玩具狮子
属性：
颜色：黄色

方法：
跑
叫
抢球

图 6.3 电动玩具狮子

下面就创建一个电动狮子（AutoLion）类，它的属性和行为如示例 5 所示。

示例 5

```
public class AutoLion{
    String color = "黄色";
    //跑方法
    public void run(){
        System.out.println("正在以 0.1 米/秒的速度向前奔跑");
    }
    //叫方法
    public void cry(){
```

```
            System.out.println("大声吼叫！ ");
        }
        //抢球方法
        public String robBall(){
        Sting ball= "球";
        return ball;
        }
}
```

在示例 5 中，AutoLion 类定义了 3 种行为（方法）——跑、叫和抢球。在玩电动玩具时，只要按“奔跑”按钮，电动狮子就能跑，但是它为什么能跑呢？其实，它为什么能跑是生产电动狮子的厂商要思考的问题，我们不需要知道电动狮子的内部构造，只要按这个按钮就可以了。电动狮子能跑、能叫的内部实现就相当于类中的方法，这样的优点正是类提供给我们的。

类的每一个方法都实现了一个功能，创建类的对象之后，可以直接调用这个方法，而不再去考虑这个方法是如何实现的。同样，对于定义的 run()、cry()和 robBall()方法，也可以直接调用。可见，类的方法定义了类的某种行为（功能），而且方法的具体实现封装在类中，实现了信息隐藏。

6.4.2 定义类的方法

类的方法必须包括以下 3 个部分。

- 方法的名称。
- 方法的返回值类型。
- 方法的主体。

定义类的语法如下。

```
public 返回值类型 方法名(){
 //方法的主体
}
```

通常，编写方法时，分两步完成。

第一步：定义方法名和返回值类型。

第二步：在{}中编写方法的主体部分。

在编写方法时，要注意以下 3 点。

- 方法体放在一对大括号中。方法体就是一段程序代码，负责完成一定的工作。
- 方法名主要在调用这个方法时使用。在 Java 中一般采用骆驼命名法。
- 方法执行后可能会返回一个结果，该结果的类型称为返回值类型。使用 return 语句返回值。

语法为

```
return 表达式;
```

例如，在 robBall()方法中，返回值类型是 String，因此在方法体中必须使用 return 返回一个字符串。

如果方法没有返回值，则返回值类型为 void。例如，run()和 cry()方法没有返回值，所以返回值类型为 void。

因此，在编写程序时一定要注意方法声明中返回值的类型和方法体中真正返回值的类型是否匹配。如果不匹配，编译器就会报错。

其实，这里的 return 语句是跳转语句的一种，它主要做两件事情。

- 跳出方法。意思是“我已经完成了，要离开这个方法”。

- 跳出结果。如果方法产生一个值，这个值放在 return 后面，即<表达式>部分，意思是“离开方法，并将<表达式>的值返回给调用它的程序”。就像我们按按钮，这个“跑”是方法返回的一个结果。

6.4.3 方法调用

定义了方法就要拿来使用。在程序中通过使用方法名称从而执行方法中包含的语句，这一过程就称为方法调用。方法调用的一般形式为

```
对象名.方法名();
```

Java 中的类是程序的基本单元。每个对象需要完成特定的应用程序功能。当需要某一对象执行一项特定操作时，通过调用该对象的方法来实现。另外，在类中，类的不同成员方法之间也可以进行相互调用。接下来，就来分析下面的问题。

问题

小明过生日，爸爸送给他一个电动狮子玩具，编写程序测试这个狮子能否正常工作（能跑、会叫、显示颜色）。

分析：现在要模拟玩电动狮子的过程。按控制狮子叫的按钮，它就会发出声音；按控制狮子跑或抢球的按钮，狮子就会奔跑或抢球。因此，根据要求，需要定义两个类——电动狮子类（AutoLion）和测试类（TestLion）。其中，TestLion 类中定义程序入口（main()方法），检测跑和叫的功能是否可以正常运行。

示例 6

电动狮子类：

```
  public class AutoLion{
     string color= "黄色";   //颜色
     /*跑*/
     public void run(){
     System.out.println("正在以 0.1 米/秒的速度向前奔跑。");
     }
     /*抢球*/
     public String robBall(){
     String ball = "球";
     return ball;
     }
     /*获得颜色*/
     public String getColor(){

     return color;
    }
    /*显示狮子特性*/
    public String showLion(){
    return "这是一个"+ getColor() +"的玩具狮子！ ";
    }
}
```

测试类：

```
public class TestLion {
public static void main(String[] args){
```

```
AutoLion lion = new AutoLion();   //创建 AutoLion 对象
String info=lion.showLion();      //调用方法并接收方法的返回值
System.out.println(info) ;        //显示类信息
lion.run() ;                      //调用跑方法
System.out.println("抢到一个"+lion.robBall()); //调用抢球方法
```

程序运行结果如图 6.4 所示。

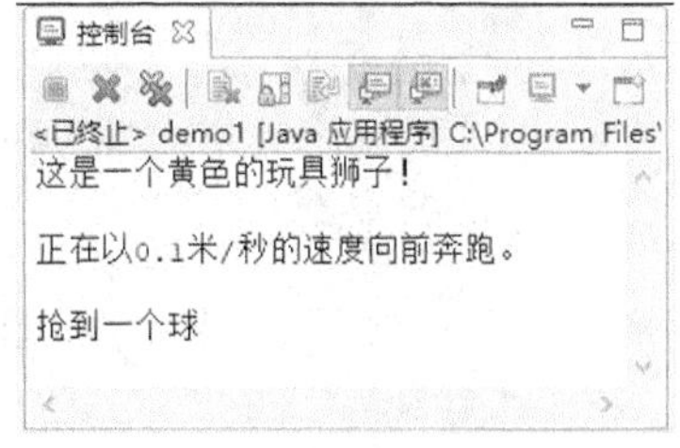

图 6.4　运行结果

在示例 6 中可以看到，类的成员方法相对独立地完成了某个应用程序功能，它们之间可以相互调用，调用时仅仅使用成员方法的名称。在本示例中，方法 getColor()的功能是获得电动狮子的颜色，在 showLion()方法中可以直接调用。

showLion()是类的成员方法，因此它可以直接调用这个类的另一个成员方法 getColor()，调用时直接引用方法的名称 getColor()就可以了。

但是，其他类的方法要调用 AutoLion 类的成员方法时，就必须首先创建这个类的一个对象，然后才能通过操作符“.”使用它的成员方法。

```
AutoLion lion = new AutoLion();     //创建 AutoLion 对象
lion.run();                         //调用跑方法
```

如果类的方法有返回值，调用时便可以得到它的返回值。例如：

```
String info = lion.showLion();      //调用方法并接收返回值
System.out.println("抢到一个"+lion.robBall());  //调用抢球方法
```

showLion()方法的返回值类型是 String，可以用一个 String 类型的变量 info 来接收它的返回值。robBall()方法的返回值类型也是 String，代码中将调用之后得到的返回值直接在控制台输出。对于有返回值的方法，这两种处理返回值的方式都是常见的。

总之，凡涉及类的方法调用，均使用如下两种形式。

- 同一个类中的方法，直接使用方法名调用该方法。
- 不同类的方法，首先创建对象，再使用“对象名.方法名()”来调用。

6.4.4　常见错误

在编写方法及调用方法时，一定要细心，避免出现以下错误。

常见错误 1

```
public class Student{
  public void showInfo(){
         return "我是一名学生";
    }
```

原因分析：方法的返回值类型为 void，方法中不能有 return 语句。

常见错误 2

```
public class Student{
    public double getInfo(){
        double weight = 95.5;
        double height = 1.69;
```

```
            return weight,height;
        }
    }
```

原因分析：方法不能返回多个值。

常见错误 3

```
public class Student{
  public String showInfo(){
      return "我是一名学生"
      public double getInfo(){
      double weight = 95.5;
      double height = 1.69;
      return weight,height;
      }
  }
}
```

原因分析：多个方法不能相互嵌套定义。例如，不能将方法 getInfo()定义在方法 showInfo()中。

常见错误 4

```
public class Student{
       int age = 20;
       if(age<20){
          System.out.println("年龄不符合入学要求！");
       }
       public void showInfo(){
           System.out.println("我是一名学生");
       }
```

原因分析：不能在方法外部直接写程序逻辑代码。

6.5　变量的作用域

带参方法 2

Java 中以类来组织程序，类中可以定义变量和方法，在类的方法中，同样也可以定义变量。在不同的位置定义的变量有什么不同吗？

如图 6.5 所示，在类中定义的变量称为类的成员变量，如变量 1、变量 2 和变量 3；在方法中定义的变量称为局部变量，如变量 4 和变量 5。在使用时，成员变量和方法的局部变量具有不同的使用权限。对于图 6.5 中 AutoLion 类所定义的变量说明如下。

- 成员变量：AutoLion 类的方法可以直接使用该类定义的成员变量。如果其他类的方法要访问它，必须首先创建该类的对象，然后才能通过操作符“.”来引用。
- 局部变量：它的作用域仅仅在定义该变量的方法内，因此只有在这个方法中能够使用。

总体来说，使用成员变量和局部变量时需要注意以下几点内容。

（1）作用域不同。局部变量的作用域仅限于定义它的方法，在该方法外无法访问。成员变量的作用域在整个类内部都是可见的，所有成员方法都可以使用，如果访问权限允许，还可以在类外部使用成员变量。

（2）初始值不同。对于成员变量，如果在类定义中没有给它赋初始值，Java 会给它一个默认值，基本数据类型的值为 0，引用类型的值为 null，但是 Java 不会给局部变量赋初始值，因此局部变量必须在定义赋值后再使用。

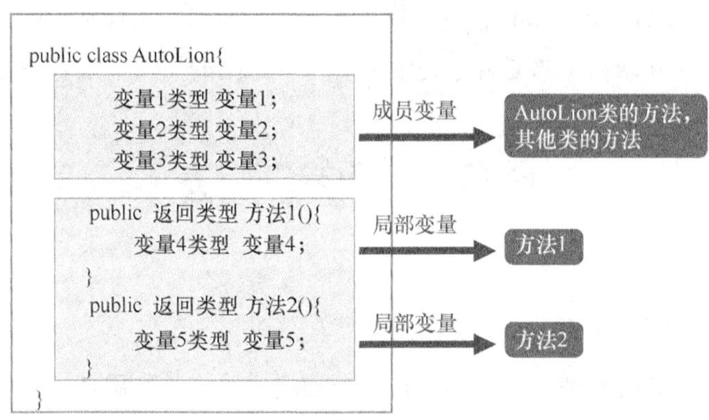

图 6.5　变量作用域

（3）在同一个方法中，不允许有同名的局部变量。在不同的方法中，可以有同名的局部变量。局部变量可以和成员变量同名，并且在使用时，局部变量具有更高的优先级。

在编程过程中，因为使用了无权使用的变量而造成编译错误是非常常见的现象。请阅读下面的几段常见的错误代码，引以为戒。

1. 误用局部变量

常见错误 5

```
public class Student{
  int score1 = 88;
  int score2 = 98;
  public void calcAvg(){
         int avg = (score1 + score2)/2;
     }
  public void showAvg(){
        System.out.println("平均分是"+ avg);
     }
   }
```

如果编写一个 main()方法来调用 Student 类的 showAvg()方法，就会发现编译器报错“无法解析 avg”。这是为什么呢？因为在方法 showAvg()中使用了在方法 calcAvg()中定义的变量 avg，这超出了 avg 的作用域。

排错方法：如果要使用在方法 calcAvg()中获得的 avg 结果，可以编写带有返回值的方法，然后从方法 showAvg()中调用这个方法，而不是直接使用在这个方法中定义的变量。

2. 使用控制流语句块中的局部变量

常见错误 6

```
public class VariableDomain1 {
  public static void main(String[] args){
    for(int a=0;a<4;a++){
       System.out.println("Hello! ");
    }
  System.out.println(a);
  }
}
```

编译运行代码，编译器会报错“无法解析 a”。这又是什么原因呢？仔细观察就会发现，变量 a 是在 for 循环块中定义的变量，因此 a 只能在 for 循环中使用，一旦退出循环，就不能再使用 a 了。另外，在 while 循环、do-while 循环、if 选择结构、switch 选择结构中定义的变量，作用域也仅仅在这些控制流语句块内。这是程序初学者非常容易犯的错误，读者一定要提高警惕。

6.6 带参方法

6.6.1 定义带参方法

封装 1

通过前面的学习，我们知道，类的方法是一个功能模块，其作用是“做一件事情”，实现某一个独立的功能，可供多个地方使用。在现实生活中，榨汁机提供了一个很好的“榨汁”功能。如果放进去的是苹果，榨出来的就是苹果汁；如果放进去的是草莓，榨出来的就是草莓汁。如果同时放入两种水果，榨出来的就是混合汁；如果什么都不放，就无法榨汁。因此，在使用榨汁机时，必须提供被榨的水果。再如，使用 ATM 取钱时，要先输入取款金额，然后 ATM 才会“吐出”纸币。方法中某种功能的实现依赖于我们给它的初始信息，这时候在定义方法时就需要在括号中加入参数列表。

结合无参方法，现在给出定义类的方法的一般格式。

```
<访问修饰符> 返回值类型 <方法名> (<参数列表>){
    //方法的主体
}
```

语句说明如下。

（1）<访问修饰符>指该方法允许被访问的权限范围，只能是 public、protected 或 private。其中 public 访问修饰符表示该方法可以被任何其他代码调用，另外两种修饰符将在后续内容中陆续介绍。

（2）返回值类型指方法返回值的类型。如果方法不返回任何值，它应该声明为 void。Java 对待返回值的要求很严格，方法返回值必须与所说明的类型相匹配。使用 return 语句返回值。

（3）<方法名>是定义的方法的名字，它必须使用合法的标识符。

（4）<参数列表>是传送给方法的参数列表。列表中各参数间以逗号分隔。参数列表的格式如下。

```
数据类型 参数 1,数据类型 参数 2,…,数据类型 参数 n
```

其中，$n \geqslant 0$，如果 $n=0$ 则代表没有参数，这时的方法就是前面学习过的无参方法。

示例 7

```
public class StudentsBiz{
    String[] names = new String[30];        //学生姓名数组
      public void addName(String name){  //有参方法
       //增加学生姓名
      }
      public void showNames(){                          //无参方法
      //显示全部学生姓名
      }
}
```

示例 7 定义了一个学生信息管理类 StudentsBiz，包含学生姓名数组的属性 names、增加学生姓名的方法、显示全部学生姓名的方法。其中，方法 addName(String name)的功能是在 names 中增加学生姓名，这里只有一个参数 name。

类中的属性可以是单个变量，也可以是一个数组。例如，下面的代码:

```
StudentsBiz stuBiz = new StudentsBiz();
stuBiz.names;或 stuBiz.names[1];
```

6.6.2 调用带参方法

调用带参方法与调用无参方法的语法相同，但是在调用带参方法时必须传入实际的参数的值。

调用带参方法的语法为

```
对象名.方法名(参数 1,参散 2,…,参数 n)
```

在定义方法和调用方法时，把参数分别称为形式参数和实际参数，简称形参和实参。形参是在定义方法时对参数的称呼，目的是定义方法需要传入的参数个数和类型。实参是在调用方法时传递给方法处理的实际的值。

调用方法时需要注意以下两点。

（1）先实例化对象，再调用方法。

（2）实参的类型、数量、顺序都要与形参一一对应。

以下示例调用了 addName()方法，添加了 5 名学生。

示例 8

```
public class TestAdd {
  public static void main(String[] args){
    StudentsBiz st= new StudentsBiz();
    Scanner input = new Scanner(System.in);
   for(int i=0;i<5;i++){
       System.out.print ("请输入学生姓名: ");
      String newName = input.next();
       st.addName(newName);      //调用方法并传实参
         }
         st.showNames();                 //显示全部学生的姓名
     }
}
```

6.6.3 带多个参数的方法

问题

指定查找区间，查找学生姓名并显示是否查找成功。

分析：在数组的某个区间中查询学生姓名，设计方法，通过传递 3 个参数（开始位置、结束位置、查找的姓名）来实现，如示例 9 所示。

示例 9

```
public boolean searchName (int start,int end,String name) {
     boolean find = false;    //是否找到标识
     // 在指定的数组区间中查找姓名
     for(int i= start-1;i<end;i++){
```

```
        if(names[i].equals(name)){
            find = true;
            break;
        }
      }
      return find;
   }
```

调用该方法的类代码片段如下。

```
System.out.print("\n 请输入开始查找的位置: ");
int s = input.nextInt();
System.out.print("请输入结束查找的位置: ");
 int e = input.nextInt();
 System.out.print("请输入查找的姓名: ");
 String name = input.next();
 System.out.println("\n*****查找结果*****");
 if(st.searchName(s,e,name)){
    System.out.println("找到了! ");
 }else{
    System.out.println("没找到该学生! ");
 }
```

示例 9 的方法 searchName()带有 3 个参数，数据类型分别是 int、int 和 String。调用该方法传递的实参 s、e 和 name 的类型都与之一一对应，并且 searchName()方法定义返回值为 boolean 类型。

通过前面示例的学习，我们发现，带参方法的参数个数无论多少，在使用时只要注意实参和形参一一对应，即传速的实参值与形参的数据类型相同、个数相同、顺序一致，这样就掌握了带参方法的使用。

6.6.4 常见错误

在编程过程中，带参方法的定义和调用对于初学者来讲，总是会出现各种避免不了的错误，如数据类型错误、参数传递错误等。

常见错误 7

```
//方法定义
public void addName(String name){
   //方法体
}
//方法调用
 String s = "开始";
 int e = 3;
 String name = "张三";
boolean flag = 对象名.searchName(s,e,name);
```

原因分析：代码中，形参和实参的数据类型不一致。searchName()方法定义的形参要求数据类型为 int、int 和 String，而实际传递的实参数据类型为 String、int 和 String。

常见错误 8

```
//方法定义
```

```
public boolean searchName(int start,int end,String name){
    //方法体
 }
 //方法调用
 int s = 1;
 int e = 3;
 boolean flag = 对象名.searchName(s,e);
```

原因分析：形参和实参的数量不一致。searchName()方法定义了 3 个形参，而实际传递的实参只有两个。

常见错误 9

还有一种情况比较常见，从语法结构讲不能称之为错误，但从程序设计的角度讲，算是程序设计错误的一种。

```
//方法定义
public boolean searchName(int start,int end,String name){
   //方法体
}
//方法调用
int s = 1;
int e = 3;
String name = "张三";
对象名.searchName(s,e,name);
```

原因分析：方法定义有返回值，但是调用该方法后没有对返回值做任何处理。

6.7　深入理解带参方法

6.7.1　数组作为参数的方法

问题

有 5 位学员参加了 Java 知识竞赛的决赛，输出决赛的平均成绩和最高成绩。

封装 2

分析：将多个类型相同的数值型数据存储在数组中，并对其求总和、平均值、最大值、最小值等是实际应用中常见的操作，可以设计求总和、平均值、最大值、最小值等的方法，并把数组作为参数，这样便可以在多种场合下调用这些方法，如示例 10 所示。

示例 10

```
public class StudentsBiz{
   /**
     *求平均成绩
     *@param scores 参赛成绩数组
     */
  public double calAvg(int[] scores){
   int sum=0;
   double avg=0.0;
   for(int i= 0;i < scores.length;i++){
       sum+= scores[i];
```

```
        avg=(double)sum/scores.length;
        return avg;
    }
    /**
      * 求最高成绩
      * @param scores  参赛成绩数组
      */
    public int calMax(int[] scores){
        int max=scores[0];
        for(int i = 1;i<scores.length;i++){
           if(max < scores[i]){
              max = scores[i];
           }
        }
        return max;
    }
}

public class TestCal {
    public static void main(String[] args){
        StudentsBiz st = new  StudentsBiz();
        int[] scores = new int[5];     //保存比赛成绩
        Scanner input = new Scanner(System.in);
       System.out.println ("请输入 5 名参赛者的成绩: ");
    for(int i= 0;i<5;i++){      // 循环接收成绩
       scores[i]= input.nextInt();
    }
       //输出平均成绩
       double avgScore= st.calAvg(scores);
       System.out.println ("平均成绩: "+avgScore);
    //输出最高成绩
       int maxScore = st.calMax(scores);
       System.out.println("最高成绩: "+maxScore);
```

示例 10 中的 StudentsBiz 类定义了两个方法，分别实现了求平均成绩和最高成绩，它们都是带数组参数并且带返回值的方法。

```
public double calAvg(int[] scores)
public int calMax(int[] scores)
```

参数 scores 数组传递所有学员的比赛成绩，而且定义方法时并没有指定数组大小，而是在调用方法时确定要传递的数组的大小。return 语句用来返回平均成绩和最高成绩。

运行结果如图 6.6 所示。

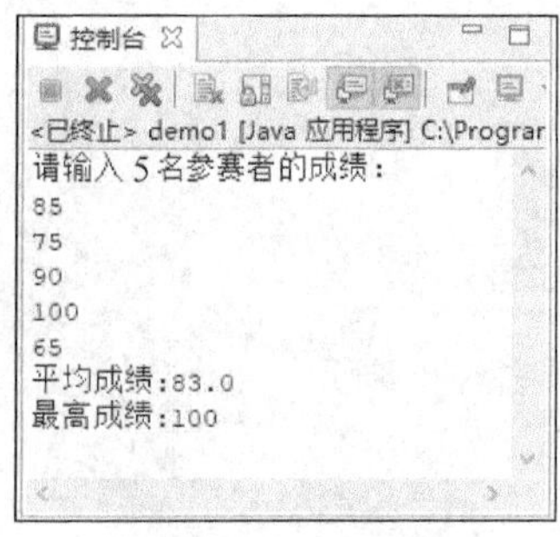

图 6.6　运行结果

6.7.2　对象作为参数的方法

在示例 8 中，实现了增加一个学生姓名的功能。那么，如果不仅要增加学生的姓名，还要增加学生的年龄和成绩，应该如何实现？

分析：在示例 8 中，设计了一个方法，通过传递一个参数（新增的学生姓名）来实现。同样，要新增年龄和成绩，可以在类中定义两个分别表示年龄和成绩的数组，同时在方法中增加两个参数（要新增的学生的年龄、要新增的学生的成绩）。但是，这样设计会有一些问题，在类中声明的数组较多，在方法中的参数较多，试想，如果新增的学生信息包括得更多，如家庭住址、联系电话、身高、体重、性别等，那么是不是需要在类中定义更多的数组和在方法中定义更多的参数呢？显然，这不是最好的解决方案。其实，我们已经学习过类和对象，可以使用面向对象的思想，把所有要新增的学生信息封装到学生类中，只需要在方法中传递一个学生对象就可以包含所有信息，如示例 11 所示。

示例 11

```
/**
  *学生类
  */
class Student{
   public int id;
   public String name;
   public int age;
   public int score;
   public void showInfo(){
       System.out.println(id+"\t"+name+"\t"+age+"\t"
   +score);
   }
 /**
  *学生管理类
  */
 public class StudentsBiz{
    Student[] students = new Student[30];    //学生数组
    /**
      *增加学生
      *@param 一个学生
      */
    public void addStudent(Student stu){
        for(int i = 0;i < students.length;i++){
            if(students[i]== null){
                students[i] = stu;
                break;
            }
        }
   }
  /**
    *显示本班的学生信息
    *
    */
  public void showStudents(){
      System.out.println("本班学生列表：");
  for(int i=0;i<students.length;i++){
```

```
            if(students[i]!=null){
               students[i].showInfo();
            }
         }
         System.out.println();
      }
   }
```

调用该方法的类代码如下。

```
public class TestAdd{
   public static void main (String[] args){
      //实例化学生对象并初始化
      Student student1 = new Student();
      student1.id = 10;
      student1.name = "王紫";
      student1.age = 18;
      student1.score = 99;
      Student student2 = new Student();
      student2.id = 11;
      student2.name= "郝田";
      student2.age = 19;
      student2.score = 60;
      //新增学生对象
      StudentsBiz studentsBiz = new StudentsBiz();
      studentsBiz.addStudent(student1);
      studentsBiz.addStudent(student2);
      studentsBiz.showStudents();        //显示学生信息
   }
}
```

在示例 11 中，“Student[] students= new Student[30]”表示声明了大小为 30 的学生对象数组，即数组 students 可以存储 30 个学生对象。

方法 addStudent(Student stu)带有一个 Student 类型的参数，调用时将传递一个学生对象。就传递的参数而言，这里的 Student 类型的参数与前面学习的 int、String 等类型的参数相同，需要保证形参和实参的一致。

课后习题

1. 使用封装创建学生类，属性和方法如下。编写主方法，创建学生对象，设置属性的值，调用自我介绍的方法。

属性：学号（stuNo）、姓名（name）、性别（sex）、年龄（age）。

方法：显示学生信息（所有属性）。

2. 使用封装创建教师类，属性和方法如下。编写主方法，创建教师对象，设置属性的值，调用自我介绍的方法。

属性：教师编号（tchNo）、姓名（name）、性别（sex）、年龄（age）、简介（desc）。

方法：显示教师信息（所有属性）。

3. 编写 Student 类，具有 name、age、sex 属性，包含 toString()和 equals()方法，并编写测试

类用 toString()输出 Student 对象的信息，用 equals()判断两个 Student 对象信息是否相同。参考运行结果如图 6.7 所示。

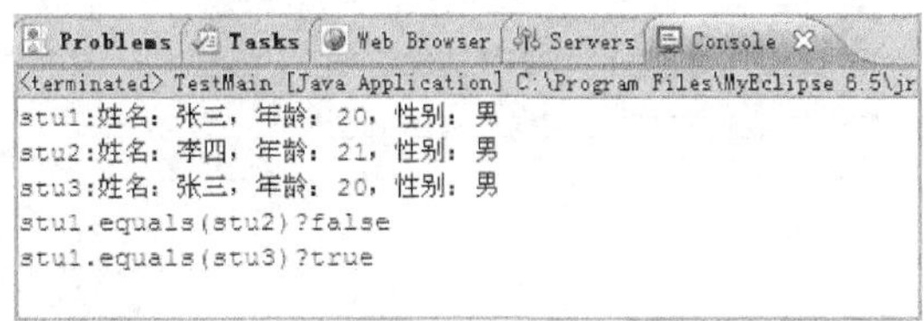

图 6.7　参考运行结果

4. 创建一个三角形类，成员变量是 3 边，方法是求周长。

第 7 章 继承和多态

本章学习目标：

- 掌握继承的使用；
- 掌握子类的实例化；
- 掌握方法的重写；
- 掌握向上的转型；
- 掌握向下的转型；
- 掌握多态的应用。

7.1 继　　承

7.1.1 继承的基本概念

继承

继承是面向对象的三大特性之一。继承可以解决编程中代码冗余的问题，是实现代码重用的重要手段之一。继承是软件可重用性的一种表现，新类可以在不增加自身代码的情况下，通过从现有的类中继承其属性和方法，来充实自身内容。此时新类称为子类，现有的类称为父类。继承最基本的作用就是使得代码可重用，增加软件的可扩充性。

Java 只支持单继承，即每个类只能有一个直接父类。

继承表达的是“is a ”的关系，或者说是一种特殊和一般的关系，如 Dog is a Pet。同样可以让“学生”继承“人”，让“苹果”继承“水果”，让“三角形”继承“几何图形”等。

继承的语法格式如下。

```
[访问修饰符]class<SubClass> extends<SuperClass>{}
```

（1）在 Java 中，继承通过 extends 关键字实现，其中 SubClass 称为子类，SuperClass 称为父类或基类。

（2）访问修饰符如果是 public，那么该类在整个项目中可见。

（3）若不写访问修饰符，则该类只在当前包中可见。

（4）在 Java 中，子类可以从父类中继承以下内容。

- 可以继承 public 和 protected 修饰的属性和方法，不论子类和父类是否在同一个包里。

- 可以继承默认访问修饰符修饰的属性和方法，但是子类和父类必须在同一个包里。
- 无法继承父类的构造方法。

7.1.2　继承的应用

若使用面向对象编写部门类，目前共有 8 个部门，则需要定义 8 个类，各个部门有很多共同属性，导致很多代码都是一样的，只有很少一部分不一样。如果使用继承，就可以对相同的代码实现重用，提高工作效率。

示例 1　使用继承，将 8 个部门类中相同的代码抽取成一个“部门类”。

关键代码如下。

```
//父类为 Department
public class Department{
   private int ID;                                      //部门编号
   private String name="待定";                          //部门名称
   private int amount=0;                                //部门人数
   private String responsibility="待定";                //部门职责
   private String manager="";                           //部门经理

   public Department(){
      //无参构造方法
   }
   public Department(String name,String manager,String responsibility){
      //带参构造方法
      this.name=name;
      this.manager=manager;
      this.responsibility=responsibility;
   }
   public int getID(){
      return ID:
   }
   public void setID(int id){
      this.ID=id;
   }
   //省略其他 setter\getter 的代码
   public void printDetail(){
         System.out.println("部门："+this.name+"\n 经理："+this.manager+"\n 部门职责："+
         this.responsibility+"\n********");
   }
}
```

示例 1 的代码中将 8 个不同的部门子类的公共部门抽取成 Department 类，然后 8 个子类分别继承这个父类，就可以省去很多冗余的代码。

7.2　重　　写

7.2.1　使用继承和重写实现部门类及子类

前面已经定义了 Department 类，下面使用继承定义人事部类、研发部类。

1. 使用继承定义部门类及子类

7.1.1 节中列出了继承的语法，下面通过一个示例来进一步了解和使用继承。

示例 1 中定义了 Department 类，将该类作为父类，把其他类作为子类，实现继承。

示例 2 把人事部类、研发部类作为子类，继承 Department 类。

关键代码如下。

```
public class PersonelDept extends Department{
   //人事部
   private int count;                 //本月计划招聘人数
    public PersonelDept(String name,String manager,
                       String responsibility,int count){
      super(name,manager,responsibility);
      this.count=count;
   }
   public int getCount(){
      return count;
   }
   public void setCount(int count){
      this.count=count;
   }
}
//以上代码为人事部类继承 Department 类，以下代码为研发部继承 Department 类
public class ResearchDept extends Department{
   //研发部
   private String speciality;      //研发方向
   public ResearchDept(String name,String manager,
                      String responsibility,String speciality){
      super(name,manager,responsibility);
      this.speciality=speciality;
   }
   public ResearchDept(String speciality){
      super();                    //默认调用父类的无参构造方法
      this.speciality=speciality;
   }
   public String getSpeciality(){
      return speciality;
   }
   public void setSpeciality(String speciality){
      this.speciality=speciality;
   }
}
```

通过示例 2 可以看到，抽取父类 Department 后，子类中保留的代码都专属于该子类，和其他子类之间没有重复的内容。

2. 使用 super 关键字调用父类成员

当需要在子类中调用父类的构造方法时，可以如示例 2 中的代码那样使用 super 关键字。

当函数参数或函数中的局部变量和成员变量同名时，成员变量会被屏蔽，此时若要访问成员变量，则需要用“this.成员变量名”的方式来引用成员变量。super 关键字和 this 关键字的作用类似，都是将被屏蔽了的成员变量、成员方法变得可见、可用，也就是说，用来引用被屏蔽的成员变量或成员方法。不过，super 是用在子类中，目的只有一个，就是访问直接父类中被屏蔽的内容，

进一步提高代码的重用性和灵活性。super 关键字不仅可以访问父类的构造方法，还可以访问父类的成员，包括父类的属性、一般方法等。

通过 super 访问父类成员的语法格式如下。

访问父类构造方法：super(参数)。

访问父类属性/方法：super.<父类属性/方法>。

- super 只能出现在子类（子类的方法和构造方法）中，而不是其他位置。
- super 用于访问父类的成员，如父类的属性、方法、构造方法。
- 具有访问权限的限制，如无法通过 super 访问父类的 private 成员。

示例 3　在人事部类中使用 super 关键字调用 Department 类中的方法。

关键代码如下。

```
//父类：Department
public class Department{
   public Department(String name,String manager,String responsibility){
      this.name=name;
      this.manager=manager;
      this.responsibility=responsibility;
   }
   //省略父类的属性、setter/getter()方法等代码，完整代码请参考示例 1
   public void printDetail(){
         System.out.println("部门："+this.name+"\n 经理："+this.manager+"\n 部门职责：
"+this.responsibility+"\n********");
   }
}
//以上为父类 Department 部分代码，以下为人事部类部分代码
public class PersonelDept extends Department{
   private int count;                    //本月计划招聘人数
   //省略父类的属性、setter/getter()方法等代码
   public PersonelDept(String name,String manager,String responsibility,
                  int count){
      super(name,manager,responsibility);       //super 调用父类构造方法
      this.count=count;
   }
}
//以上为父类与子类部分代码，以下为调用类部分代码
public static void main(String[] args){
   PersonelDept pd=new PersonelDept("人事部","王经理", "负责公司的人才招聘和培训。",10);
   pd.printDetail();
}
```

输出结果如下。

```
部门：人事部
经理：王经理
部门职责：负责公司的人才招聘和培训。
```

3. 实例化子类对象

在 Java 中，一个类的构造方法在如下两种情况下总是会被执行。

- 创建该类的对象（实例化）。
- 创建该类的子类的对象（子类的实例化）。

因此，子类在实例化时，会首先执行其父类的构造方法，然后才执行子类的构造方法。换言之，当在 Java 语言中创建一个对象时，Java 虚拟机会按照父类——子类的顺序执行一系列的构造方法。子类继承父类时构造方法的调用规则如下。

（1）如果子类的构造方法中没有通过 super 显式调用父类的有参构造方法，也没有通过 this 显式调用自身的其他构造方法，则系统会默认先调用父类的无参构造方法。在这种情况下，是否写“super();”语句，效果是一样的。

（2）如果子类的构造方法中通过 super 显式地调用了父类的有参构造方法，那么将执行父类相应的构造方法，而不执行父类的无参构造方法。

（3）如果子类的构造方法中通过 this 显式地调用了自身的其他构造方法，在相应构造方法中遵循以上两条规则。

需要特别注意的是，如果存在多级继承关系，在创建一个子类对象时，以上规则会多次向更高一级父类传递，一直到执行顶级父类 Object 类的无参构造方法为止。

下面通过一个存在多级继承关系的示例，讲解继承条件下构造方法的调用规则，即继承条件下创建子类对象时的系统执行过程。

示例 4 把人类作为父类，学生类继承人类，研究生类继承学生类。创建对象时调用不同的构造方法，观察输出结果。

关键代码如下。

```
//人类作为父类
class Person{
   String name;                          //姓名
   public Person(){
      System.out.println("execute Person()");
   }
   public Person(String name){
      this.name=name;
      System.out.println("execute Person(name) ");
   }
}
//学生类作为 Person 的子类
class Student extends Person{
   String school;                          //学校
   public Student(){
      System.out.println("execute Student()");
   }
   public Student(String name,String school){
      super(name);               //显式调用父类有参构造方法，将不执行无参构造方法
      this.school=school;
      System.out.println("execute Student(name,school) ");
   }
}
//研究生类作为 Student 的子类
class PostGraduate extends Student{
   String guide;               //导师
   public PostGraduate(){
      System.out.println("execute PostGraduate()");
   }
   public PostGraduate(String name,String school,String guide){
```

```
        super(name,school);
        this.guide=guide;
           System.out.println("execute PostGraduate(name,school,guide) ");
     }
  }
  //main()方法程序的入口
  class Test(){
     public static void main(String[] args){
        PostGraduate pgdt=null;
        pgdt=new PostGraduate();
        System.out.println();
        pgdt=new PostGraduate("张三", "北京大学","王老师");
     }
  }
```

执行“pgdt=new PostGraduate();”后，共创建了 4 个对象。按照创建顺序，依次是 Object、Person、Student、PostGraduate 对象。在执行 Person()时，系统会调用它的直接父类 Object 的无参构造方法，该方法内容为空。

执行“pgdt=new PostGraduate("张三", "北京大学", "王老师");”后，也创建了 4 个对象，只是此次调用的构造方法不同，依次是 Object()、public Person(String name)、public Student(String name,String school)、public PostGraduate(String name,String school,String guide)。

输出结果如图 7.1 所示。

```
Markers  Properties  Servers  Data Source Explorer  Snippets  Console
<terminated> test1 [Java Application] C:\Program Files\Java\jre1.8.0_181\bin\javaw.exe (
execute Person()
execute Student()
execute PostGraduate()

execute Person(name)
execute Student(name,school)
execute PostGraduate(name,school,guide)
```

图 7.1　创建 PostGraduate 对象的输出结果

请思考一下运行以下 Java 程序将输出什么?

```
  class A{
     public A(String color){
        //A 的构造方法
        System.out.println("form A");
     }
  }
  class B extends A{
     public B(){
        //B 的构造方法
        System.out.println("form B");
     }
  }
  public class Test{
     Public static void main(String[] args){
        B b=new B();
     }
  }
```

输出结果如图 7.2 所示。

```
Markers  Properties  Servers  Data Source Explorer  Snippets  Console
<terminated> test1 [Java Application] C:\Program Files\Java\jre1.8.0_181\bin\javaw.exe (2018年8月9日 下午8:03:01)
Exception in thread "main" java.lang.Error: Unresolved compilation problem:
        Implicit super constructor A() is undefined. Must explicitly invoke another constructor

        at test.B.<init>(test1.java:14)
        at test.test1.main(test1.java:4)
```

图 7.2　输出结果

为什么会出错呢？因为 B 的父类 A 缺少一个无参构造方法。在类没有提供任何构造方法时，系统会提供一个无参的方法体为空的默认构造方法。一旦提供了自定义构造方法，系统将不再提供这个默认构造方法。如果要使用它，程序员必须手动添加。

4. Object 类

Object 类是所有类的父类。在 Java 中，所有 Java 类都直接或间接地继承了 java.lang.Object 类。Object 类是所有 Java 类的祖先。在定义一个类时，没有使用 extends 关键字，也就是没有显式地继承某个类，那么这个类直接继承 Object 类。所有对象都继承这个类的方法。

示例 5　请编写代码，实现没有显式继承某类的类，Object 类是其直接父类。

关键代码如下。

```
public class Person{
    //省略类的内部代码
}
//两种写法是等价的
public class Person extends Object{
    //省略类的内部代码
}
```

Object 类定义了大量的可被其他类继承的方法，表 7.1 列出的是 Object 类中比较常用、也是被它的子类经常重写的方法。

表 7.1　Object 类的部分方法

方法名称	说明
toString()	返回当前对象本身的有关信息，返回字符串对象
equals()	比较两个对象是否是同一个对象，若是，则返回 true
clone()	生成当前对象的一个副本，并返回
hashCode()	返回该对象的哈希代码值
getClass()	获取当前对象所属的类信息，返回 Class 对象

Object 类中的 equals()方法用来比较两个对象是否是同一对象，若是，则返回 true；而字符串对象的 equals()方法用来比较两个字符串的值是否相等。java.lang.String 类重写了 Object 类中的 equals()方法。

7.2.2　方法重写

在示例 3 中，PersonelDept 对象 pd 的输出内容是继承自父类 Department 的 printDetail()方法的内容，所以不能显示 PersonelDept 的 count 信息，这显然不符合实际需求。

下面介绍如何使用方法重写来输出各部门的完整信息。

如果从父类继承的方法不能满足子类的需求，可以在子类中对父类的同名方法进行重写（覆盖），以符合需求。

示例 6　在 PersonelDept 中重写父类的 printDetail()方法。

关键代码如下。

```
//父类为 Department
public class Department{
    //省略父类的属性、setter/getter()方法等代码，完整代码请参考示例 1
    public void printDetail(){
            System.out.println("部门："+this.name+"\n 经理："+this.manager+"\n 部门职责：
"+this.responsibility+"\n********" );
    }
}
//以上为父类 Department 部分代码，以下为"人事部"类部分代码
public class PersonelDept extends Department{
    private int count;                    //本月计划招聘人数
    //省略父类的属性、setter/getter()方法等代码
    public void printDetail(){
        super.printDetail();
        System.out.println("本月计划招聘人数："+this.count+"\n");
    }
}
//以上为父类与子类部分代码，以下为调用类部分代码
public static void main(String[] args){
    PersonelDept pd=new PersonelDept("人事部","王经理", "负责公司的人才招聘和培训。",10);
    pd.printDetail();
}
```

输出结果如下。

```
部门：人事部
经理：王经理
部门职责：负责公司的人才招聘和培训。
*********
本月计划招聘人数：10
```

从输出结果可以看出，pd.printDetail()调用的是相应子类的 printDetail()方法，可以输出自身的 count 属性，符合需求。

在子类中可以根据需求对从父类继承的方法进行重新编写，这称为方法的重写或方法的覆盖（Overriding）。

方法重写必须满足如下要求。

- 重写方法和被重写方法必须具有相同的方法名。
- 重写方法和被重写方法必须具有相同的参数列表。
- 重写方法的返回值类型必须和被重写方法的返回值类型相同。
- 重写方法不能缩小被重写方法的访问权限。

请思考重载（Overloading）和重写（Overriding）有什么区别和联系？

重载涉及同一个类中的同名方法，要求方法名相同，参数列表不同，与返回值类型无关。

重写涉及的是子类和父类之间的同名方法，要求方法名相同、参数列表相同、返回值类型相同。

7.3 多　　态

多态

7.3.1 多态的实现

Java 面向对象还有一个重要的特性——多态。

1. 认识多态

多态一词的通常含义是指能够呈现出多种不同的形式或形态。而在程序涉及的术语中，它意味着一个特定类型的变量可以引用不同类型的对象，并且能自动地调用引用的对象的方法，也就是根据作用到的不同对象类型，响应不同的操作。方法重写是实现多态的基础。通过下面这个例子可以简单认识什么是多态。

示例 7　有一个宠物类 Pet，它有几个子类，如 Bird（小鸟）、Dog（狗）等，其中宠物类定义了看病的方法 toHospital()，子类分别重写了看病的方法。请在 main()方法中分别实例化各种具体的宠物，并调用看病的方法。

关键代码如下。

```
//Pet 父类
class Pet{
   public void toHospital(){
      System.out.println("宠物看病！");
   }
}
//Dog 子类继承 Pet 父类
class Dog extends Pet{
   public void toHospital(){
      System.out.println("狗狗看病！");
   }
}
//Bird 子类继承 Pet 父类
class Bird extends Pet{
   public void toHospital(){
      System.out.println("小鸟看病！");
   }
}
//以上为 Pet 和其子类代码，以下为调用代码
public class Test{
   public static void main(String[] args){
      Dog dog=new Dog();
      dog.toHospital();    //狗狗看病
      Bird bird=new Bird();
      bird.toHospital();    //小鸟看病
   }
}
```

输出结果如下。

```
狗狗看病
小鸟看病
```

也可以用示例 8 的代码实现相同功能。

示例 8　请将示例 7 的实现方式进行修改。

关键代码如下。

```
public class Test{
   public static void main(String[] args){
      Pet pet;
      pet=new Dog();
      pet.toHospital();      //狗狗看病
      pet=new Bird();
      pet.toHospital();      //小鸟看病
   }
}
```

示例 8 和示例 7 中两个 Test 类的代码运行效果完全一样。虽然示例 8 中测试类里定义的是 Pet 类，但实际执行时都调用 Pet 子类的方法。示例 8 中的代码就体现了多态性。

多态意味着在一次方法调用中根据包含的对象的实际类型（即实际的子类对象）来决定应该调用哪个方法，而不是由用来存储对象引用的变量的类型决定的。当调用一个方法时，为了实现多态的操作，这个方法既是在父类中声明过的方法，也必须是在子类中重写过的方法。

示例 8 中的 Pet 声明为抽象类，因为其本身实例化没有任何意义，toHospital()方法声明为抽象方法。本章后面的代码中 Pet 都将以抽象类存在，Pet 中的 toHospital()方法都将以抽象方法存在，关于抽象类和抽象方法会在后续章节中讲解。

提示

① 抽象类不能被实例化。

② 子类如果不是抽象类，则必须重写抽象类中的全部抽象方法。

③ abstract 修饰符不能和 final 修饰符一起使用。

④ abstract 修饰的抽象方法没有方法体。

⑤ private 关键字不能用来修饰抽象方法。

2. 向上转型

子类向父类的转换称为向上转型。

向上转型的语法格式如下。

```
<父类型><引用变量>=new<子类型>();
```

之前介绍了基本数据类型之间的类型转换，举例如下。

（1）把 int 型常量或变量的值赋给 double 型变量，可以自动进行类型转换。

```
int i=5;
double d1=5;
```

（2）把 double 型常量或变量的值赋给 int 型变量，必须进行强制类型转换。

```
double d2=3.14;
int a=(int)d2;
```

实际上在引用数据类型的子类和父类之间也存在着类型转换问题，如示例 8 中的代码。

```
//Pet 为抽象父类，Dog 为子类，Pet 中包含抽象方法 toHospital()
Pet pet=new Dog();           //子类到父类的转换
//系统会调用 Dog 类的 toHospital()方法，而不是 Pet 类的 toHospital()方法，体现了多态
```

```
pet.toHospital();
```

提示

Pet 对象无法调用子类特有的方法。

由以上内容可总结出子类转换成父类时的规则。

- 将一个父类的引用指向一个子类对象称为向上转型，系统会自动进行类型转换。
- 此时通过父类引用变量调用的方法是子类覆盖或继承了父类的方法，而不是父类的方法。
- 此时通过父类引用变量无法调用子类特有的方法。

3. 向下转型

前面已经提到，当向上转型发生后，将无法调用子类特有的方法。但是如果需要调用子类特有的方法，可以通过把父类转换为子类来实现。

将一个指向子类对象的父类引用赋给一个子类的引用，即将父类类型转换为子类类型，称为向下转型，此时必须进行强制类型转换。

如果 Dog 类中包含一个接飞盘的方法 catchingFlyDisc()，这个方法是子类特有的，下面的代码就会存在问题。

```
//Pet 为父类，Dog 为子类，Pet 中包含方法 toHospital()，不包含 catchingFlyDisc()方法
Pet pet=new Dog();          //子类到父类的转换
//系统会调用 Dog 类的 toHospital()方法，而不是 Pet 类的 toHospital()方法，体现了多态
pet.toHospital();
pet.catchingFlyDisc();    //无法调用子类特有的方法
```

可以这样理解，主人可以为宠物看病，但只能和狗狗玩接飞盘游戏。在没有断定宠物的确是狗狗时，主人不能和宠物玩接飞盘游戏。因为他需要的是一个宠物，但是没有明确要求是一只狗狗，所以很有可能他的宠物是一只小鸟，因此就不能确定是否能玩接飞盘游戏。那么这里需要做的就是进行强制类型转换，将父类转换为子类，然后才能调用子类特有的方法。

```
Dog dog=(Dog)pet;          //将 pet 转换为 Dog 类型
dog.catchingFlyDisc();   //执行 Dog 特有的方法
```

上述这种向下转型的操作对接口和抽象（普通）父类同样适用。

向下转型的语法为

```
<子类型><引用变量名>=(<子类型>)<父类型的引用变量>;
```

4. instanceof 运算符

在向下转型的过程中，如果不是转换为真实子类类型，则会出现类型转换异常。

```
//Pet 为父类，Dog 为子类，Bird 为子类
Pet pet=new Dog();        //子类到父类的转换
pet.toHospital();         //系统会调用 Dog 类的 toHospital()方法
Bird bird=(Bird)pet;    //将 pet 转换为 Bird 类会出错
```

Java 提供了 instanceof 运算符来进行类型的判断。

示例 9　请判断宠物的类型。

关键代码如下。

```
public class Test{
   public static void main(String[] args){
      Pet pet=new Bird();
```

```
        //Pet pet=new Dog();
        pet.toHospital();
        If(pet instanceof Dog){
            Dog dog=(Dog)pet;
            dog.catchingFlyDisc();//执行狗狗特有的方法，即接飞盘
        }else if(pet instanceof Bird){
            Bird bird=(Bird)pet;
            bird.fly();                    //执行小鸟特有的方法，即飞翔
        }
    }
}
```

使用 instanceof 时，对象的类型必须和 instanceof 后面的参数所指定的类有继承关系，否则会出现编译错误。例如，代码“pet instanceof String”会出现编译错误。instanceof 通常和强制类型转换结合使用。

7.3.2　多态的应用

从上面例子不难发现，多态的优势非常突出。

- 可替换性：多态对已存在的代码具有可替换性。
- 可扩充性：多态对代码具有可扩充性。增加新的子类不影响已存在类的多态性、继承性，以及其他特性的运行和操作。实际上新加子类更容易获得多态功能。
- 接口性：多态是父类向子类提供了一个共同接口，由子类来具体实现。
- 灵活性：多态在应用中体现了灵活多样的操作，提高了使用效率。
- 简化性：多态简化了应用软件的代码编写和修改过程，尤其在处理大量对象的运算和操作时，这个特点尤为突出和重要。

在多态的程序设计中，一般有以下两种主要的应用形式。

1. 使用父类作为方法的形参

使用父类作为方法的形参，是 Java 中实现和使用多态的主要形式。下面通过示例 10 进行演示。

示例 10　假如狗、猫、鸭 3 种动物被一个主人领养，这个主人可以控制各种动物“叫”的行为，请实现一个主人类，在该类中定义控制动物“叫”的方法。

关键代码如下。

```
//主人类
class Host{
    public void letCry(Animal animal){
        animal.cry();                    //调用动物“叫”的方法
    }
}
//以上为主人类代码，以下为调用代码
public class Test{
    public static void main(String[] args){
        Host host=new Host();
        Animal animal;
        animal=new Dog();
        host.letCry(animal);         //控制狗叫
        animal=new Cat();
        host.letCry(animal);         //控制猫叫
        animal=new Duck();
```

```
        host.letCry(animal);         //控制鸭叫
        }
}
```

在示例 10 的主人控制动物“叫”的方法中，并没有把动物的子类作为方法参数，而使用了 Animal 父类。当调用 letCry()方法时，实际传入的参数是一个子类的动物，最终调用的也是这个子类动物的 cry()方法。

2. 使用父类作为方法的返回值

使用父类作为方法的返回值，也是 Java 中实现和使用多态的主要方式。下面通过示例 11 进行演示。

示例 11　假如狗、猫、鸭这 3 种动物被一个主人领养，这个主人可以根据其他人的要求任意送出一只宠物。送出的宠物可以叫，请实现此功能。

关键代码如下。

```
//主人类
class Host{
   //赠送动物
   public Animal donateAnimal(String type){
      Animal animal;
      if(type=="dog"){
         animal=new Dog();
      }
      else if(type=="cat"){
         animal=new Cat();
      }
      else{
         animal=new Duck();
      }
      return animal;
   }
}
//以上为主人类代码，以下为调用代码
public class Test{
   public static void main(String[] args){
      Host host=new Host();
      Animal animal;
      animal=host.donateAnimal("dog");
      animal.cry();        //狗叫
      animal=host.donateAnimal("cat");
      animal.cry();        //猫叫
   }
}
```

在上述代码中将父类 Animal 作为赠送动物方法的返回类型，而不是具体的子类，调用者仍然可以控制动物叫，动物叫的行为则由具体的动物类型决定。

课 后 习 题

1. 编写 Animals 类与其子类 Dog 类与 Cat 类，具体要求如下。

Animals 类：age 属性，info()方法。

Dog 类：增加灵性属性，覆盖 info()方法。

Cat 类：增加捕鼠能力属性，覆盖 info()方法。

输出结果如图 7.3 所示。

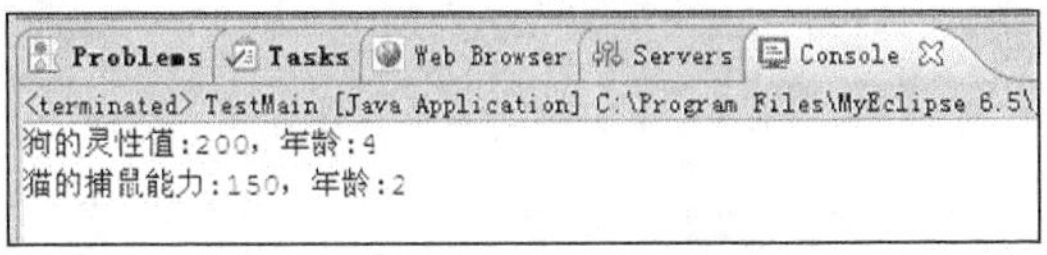

```
Problems  Tasks  Web Browser  Servers  Console
<terminated> TestMain [Java Application] C:\Program Files\MyEclipse 6.5\
狗的灵性值:200，年龄:4
猫的捕鼠能力:150，年龄:2
```

图 7.3　输出结果

2. 编写图形接口，包含“画”（draw）的方法，然后编写三角形类、正方形类实现图形接口，分别实现“画”的方法。使用图形接口接收三角形的实例和正方形的实例，并调用接口的 draw 方法。

3. 编写动物类，包含“叫”的方法，然后编写狗类、猫类，继承动物类，分别重写“叫”的方法，使用动物类接收猫类或狗类对象，并调用“叫”的方法。

4. 编写学生类（class student）继承人类（class person）的程序，要求父类的构造函数为 person (String name)，子类的构造函数要调用父类的构造函数。show()方法用于输出该对象的信息（如 The person’s name is Zhangheng），学生类有 study()方法，并分别创建一个对象调用各个方法。

第 8 章 综合练习 2：汽车租赁系统

本章学习目标：

- 实现汽车租赁管理；
- 会使用顺序、选择语句编写程序；
- 会进行类的封装、继承、多态。

8.1 项目需求

汽车租赁系统

本章为一个汽车租赁中心开发一个汽车租赁系统，对租赁中心的汽车进行管理。该系统的主要功能如下。

首先，输入租赁的天数，用于最后计算租赁费用。其次，选择租赁的汽车类型、汽车品牌、轿车型号或客车座位数。最后，系统给出分配的车辆信息和需要支付的租赁费用。

汽车类型有轿车和客车，出租费用以日为单位计算，租赁业务表如表 8.1 所示。

表 8.1 租赁业务表

车型	轿车			客车（金杯、金龙）	
	别克商务舱 GL8	宝马 550i	别克林荫大道	≤16 座	＞16 座
日租费	600	500	300	800	1500

系统运行效果如下。

```
欢迎您来到汽车租赁公司!
请输入要租赁的天数：5
请输入要租赁的汽车类型（1. 轿车      2. 客车）：1
请输入要租赁的汽车品牌（1. 宝马      2. 别克）：2
请输入轿车的型号  2. 商务舱 GL8     3. 林荫大道 2
分配给您的汽车牌号：京 BK5543
顾客您好！您需要支付的租赁费用是 3000。

欢迎您来到汽车租赁公司!
请输入要租赁的天数：5
请输入要租赁的汽车类型（1. 轿车        2. 客车）：2
请输入要租赁的客车品牌（1. 金杯        2. 金龙）：1
```

```
请输入客车的座位数：18
分配给您的汽车牌号：京 AU8769

顾客您好！您需要支付的租赁费用是 7500。
```

8.2　项目环境准备

“汽车租赁系统”的开发工具是 Eclipse，开发语言是 Java。

8.3　项目覆盖的技能点

（1）会使用程序基本语法结构，包括变量、数据类型。

（2）会使用顺序、条件语句控制程序逻辑。

（3）会进行类的封装、继承和多态操作。

8.4　难 点 分 析

在这个案例中，轿车和客车同属于汽车，可使用类的继承，将汽车类作为父类，轿车类和客车类作为子类。类的继承方便进行扩展和修改。

8.5　项目实现思路

8.5.1　发现类

因为只有一家汽车租赁公司，所以在计算租赁价时不需要用公司名称属性来标记某汽车。

别克、宝马、金杯、金龙是汽车的品牌，没有必要设计为汽车的子类，作为一个汽车的属性品牌（brand）的值存在，更简单、合理。

商务舱 GL8、550i、林荫大道都是轿车的型号，也没有必要设计为轿车的子类，可以作为轿车的一个属性型号（type）的值存在。

基于分析，从需求中抽象出如下类：汽车、轿车和客车。把汽车设计为父类，轿车和客车作为汽车的子类存在，结果如图 8.1 所示。

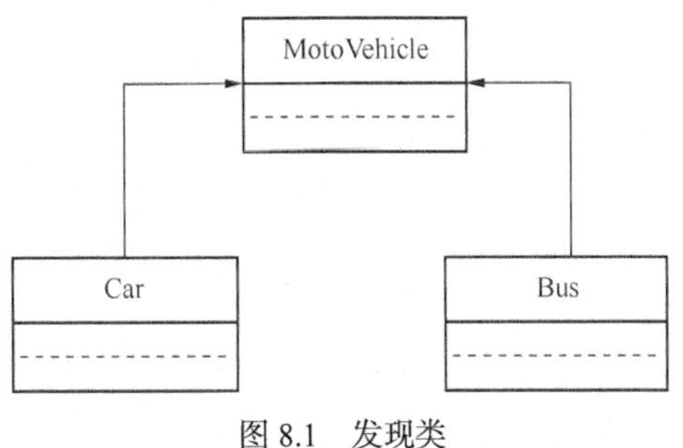

图 8.1　发现类

3 个类定义代码如下。

汽车类：

```
public class MotoVehicle {
      public MotoVehicle() {      //无参构造函数
```

```
    }
}
```

轿车类：

```
public class Car extends MotoVehicle {
        public Car() {      //无参构造函数
        }
}
```

客车类：

```
public class Bus extends MotoVehicle {
        public Bus() {      //无参构造函数
        }
}
```

8.5.2 发现类的属性

基于分析，汽车的属性有车牌号（no）、品牌（brand）等属性，品牌的属性值可以是别克、宝马、金杯和金龙。

轿车除了具有汽车类的属性外，还有型号（type）属性，如商务舱 GL8、550i、林荫大道等，型号和租金有直接关系，不可忽略。

客车除了具有汽车类的属性外，还有座位数（seatCount）属性，同样不能忽略。

结果如图 8.2 所示。

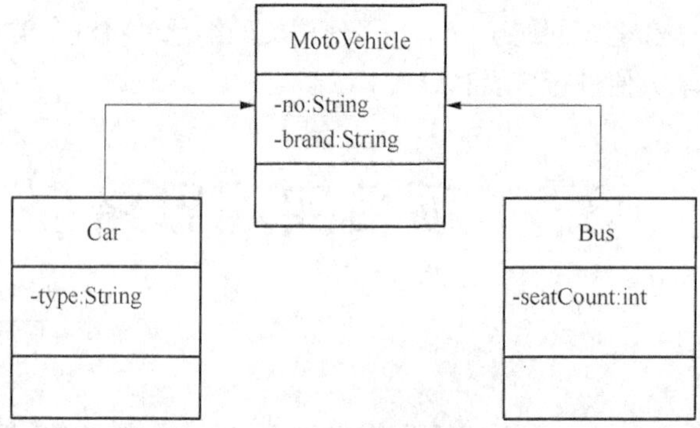

图 8.2　发现类的属性

加入类属性的如下 3 个类代码。

汽车类：

```
public class MotoVehicle {
        private String no;      //汽车牌号
        private String brand;      //汽车品牌
        /**
         * 无参构造方法。
         */
        public MotoVehicle() {
        }
        /**
         * 有参构造方法。
         * @param no   汽车牌号
```

```
     * @param brand  汽车品牌
     */
    public MotoVehicle(String no, String brand) {
        this.no = no;
        this.brand = brand;
    }
    public String getNo() {
        return no;
    }
    public String getBrand() {
        return brand;
    }
}
```

轿车类：

```
public class Car extends MotoVehicle {
    private String type;    // 汽车型号
    public Car() {
    }
    public Car(String no, String brand, String type) {
        super(no, brand);
        this.type = type;
    }
    public String getType() {
        return type;
    }
    public void setType(String type) {
        this.type = type;
    }
}
```

客车类：

```
public class Bus extends MotoVehicle {
    private int seatCount;    // 座位数
    public Bus() {
    }
    public Bus(String no, String brand, int seatCount) {
        super(no, brand);
        this.seatCount = seatCount;
    }
    public int getSeatCount() {
        return seatCount;
    }
    public void setSeatCount(int seatCount) {
        this.seatCount = seatCount;
    }
}
```

8.5.3 发现类的方法

在本需求中，类的方法只有一个，就是计算租金，取名为 calRent(int days)，设计为父类方法，让子类重写。结果如图 8.3 所示。

类方法的代码如下。

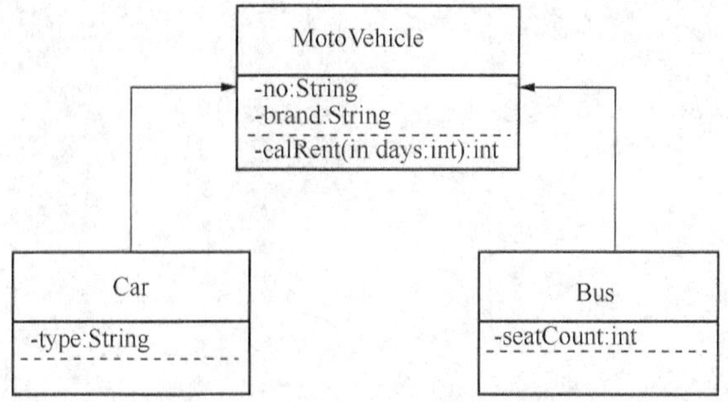

图 8.3 发现类的方法

汽车类中：

```
/**
  * 计算汽车租赁价
  * */
 public int calRent(int days);
```

轿车类中：

```
/**
  * 计算轿车租赁价
  */
 public int calRent(int days) {
      if ("1".equals(type)) {// 代表 550i
            return days * 500;
      } else if ("2".equals(type)) {// 代表商务舱 GL8
            return 600 * days;
      } else {
            return 300 * days;
      }
}
```

客车类中：

```
/**
  * 计算客车租赁价
  */
 public int calRent(int days) {
      if (seatCount <= 16) {//16 座以下
            return days * 800;
      } else {//16 座以上
            return days * 1500;
      }
 }
```

8.5.4 类的优化设计

把汽车设计为抽象类，不允许实例化。把轿车和客车设计为 final 类，不允许有子类。把父类中的 calRent (int days) 设计为抽象方法，强迫子类重写。优化代码如下。

汽车类：

```
public abstract class MotoVehicle {
      …
      /**
       * 抽象方法，计算汽车租赁价
```

```
    * /
    public abstract int calRent(int days);
}
```

轿车类：

```
public final class Car extends MotoVehicle {
    …
}
```

客车类：

```
public final class Bus extends MotoVehicle {
    …
}
```

8.5.5　菜单切换的实现

菜单切换利用 if 条件进行实现。由表 8.1 可知，先根据两种车辆类型，即轿车和客车来区分。再在轿车里依次根据品牌、车型，在客车里依次根据品牌、座位数区分。main()函数实现代码如下。

```
public static void main(String[] args) {
    String no,brand,mtype,type;
    int seatCount,days,rent;
    Car car;
    Bus bus;
    Scanner input = new Scanner(System.in);
    System.out.println("欢迎您来到汽车租赁公司！");
    System.out.print("请输入要租赁的天数：");
    days=input.nextInt();
    System.out.print("请输入要租赁的汽车类型（1.轿车        2.客车）：");
    mtype = input.next();
    if("1".equals(mtype)){
        System.out.print("请输入要租赁的汽车品牌（1.宝马      2.别克）：");
        brand=input.next();
        System.out.print("请输入轿车的型号 ");
        if("1".equals(brand))
            System.out.print("1.550i：");
        else
            System.out.print("2.商务舱 GL8   3.林荫大道");
        type=input.next();
        no="京 BK5543";//简单起见，直接指定汽车牌号
        System.out.println("分配给您的汽车牌号："+no);
        car =new Car(no,brand,type);
        rent=car.calRent(days);
    }
    else{
        System.out.print("请输入要租赁的客车品牌（1.金杯 2.金龙）：");
        brand=input.next();
        System.out.print("请输入客车的座位数：");
        seatCount=input.nextInt();
        no="京 AU8769";//简单起见，直接指定汽车牌号
        System.out.println("分配给您的汽车牌号："+no);
        bus=new Bus(no,brand,seatCount);
        rent=bus.calRent(days);
    }
```

```
        System.out.println("\n 顾客您好！您需要支付的租赁费用是"+rent+"。");
    }
```

8.6 需求扩展 1：计算总租金

8.6.1 需求说明

现在需要对需求进行扩展。客户可以一次租赁不同品牌的不同型号的汽车若干天（一个客户一次租赁的各汽车的租赁天数均相同），我们需要计算总租金。系统的运行效果如下。

```
汽车牌号        汽车品牌
京 NY28588     宝马
京 NNN3284     宝马
京 NT43765     别克
京 5643765     金龙
客户名：沈伟，租赁天数：5，租赁总费用：12000。
```

这个需求的要点在于使用多态减少代码量。多态的具体表现如下。

（1）抽象类 MotoVehicle 中定义抽象方法 calRent(int days)。

（2）轿车类 Car 和客车类 Bus 对父类的 calRent(int days)方法进行重新定义，用于计算不同车辆的租金。

（3）在顾客类 Customer 中加入 calcTotalRent(MotoVehicle motos[], int days)方法，参数为客户租赁的车辆信息和租赁天数，方法内调用轿车类和客车类中的 calRent(int days)方法得到租赁价格，用于计算总租赁价格。

8.6.2 实现思路

（1）在这里创建顾客类 Customer，类中包括的属性有顾客编号、顾客姓名，包括的方法有 calcTotalRent(MotoVehicle motos[], int days)，用于计算总租赁价格。

顾客类代码如下。

```
public class Customer {
    String id;//客户编号
    String name;//客户姓名
    /**
     * 有参构造方法
     * @param id 客户编号
     * @param name 客户姓名
     */
    public Customer(String id, String name) {
        this.id=id;
        this.name=name;
    }
    public String getId() {
        return id;
    }
    public String getName() {
        return name;
```

```
        }
        /**
         * 计算多辆汽车总租赁价格
         */
        public int calcTotalRent(MotoVehicle motos[],int days){
             int sum=0;
             for(int i=0;i<motos.length;i++)
                   sum+=motos[i].calRent(days);
             return sum;
        }
}
```

（2）修改测试类，指定租车信息，用 motoVehicle 类型的数组 motos 存储。指定租赁天数，调用顾客类中的 calcTotalRent(MotoVehicle motos[], int days)方法计算总租赁价格。

测试类代码如下。

```
public static void main(String[] args) {
        int days;// 租赁天数
        int totalRent;// 总租赁费用
        //1.客户租赁的多辆汽车信息及租赁天数
        MotoVehicle motos[] = new MotoVehicle[4];
        motos[0] = new Car("京 NY28588", "宝马", "550i");
        motos[1] = new Car("京 NNN3284", "宝马", "550i");
        motos[2] = new Car("京 NT43765", "别克", "林荫大道");
        motos[3] = new Bus("京 5643765", "金龙", 34);
        days = 5;
        //2.计算总租赁费用
        Customer customer= new Customer("s070537", "沈伟");
        totalRent = customer.calcTotalRent(motos, days);
        // 输出客户姓名和总租赁费用
        System.out.println("汽车牌号\t\t 汽车品牌");
        for(int i=0;i<motos.length;i++){
              System.out.println(motos[i].getNo()+"\t"+motos[i].getBrand());
        }
        System.out.println("\n 客户名：" + customer.getName()+"，租赁天数："+days
                  + "，租赁总费用：" + totalRent+"。");
}
```

8.7　需求扩展 2：增加卡车业务

8.7.1　需求说明

汽车租赁系统要进行升级，增加卡车的租赁业务。卡车的租赁费以吨位计算，每吨每天计价 50 元。需要计算出升级后汽车租赁的总租金。系统运行效果如下。

```
汽车牌号        汽车品牌
京 NY28588       宝马
京 NNN3284       宝马
京 NT43765       别克
```

```
京 5643765     金龙
京 GD56577     解放
客户名：沈伟，租赁天数:5，租赁总费用:19500。
```

8.7.2 实现思路

（1）增加卡车类 Truck，继承于汽车类 MotoVehicle，重写 calRent(int days)方法。

卡车类实现代码如下。

```
public class Truck extends MotoVehicle {
     int tonnage;// 吨位
     /**
      * 有参构造方法
      * @param no 汽车编号
      * @param brand 汽车品牌
      * @param tonnage 吨位
      */
     public Truck(String no, String brand, int tonnage) {
          super(no, brand);
          this.tonnage = tonnage;
     }
     public int getTonnage() {
          return tonnage;
     }
     /**
      * 计算卡车租赁价
      */
     public int calRent(int days) {
          return tonnage * 50 * days;
     }
}
```

（2）修改测试类，增加卡车租赁测试，计算总租赁价格。

测试类代码修改如下。

```
public static void main(String[] args) {
     …
     MotoVehicle motos[] = new MotoVehicle[5];
     motos[0] = new Car("京 NY28588", "宝马", "550i");
     motos[1] = new Car("京 NNN3284", "宝马", "550i");
     motos[2] = new Car("京 NT43765", "别克", "林荫大道");
     motos[3] = new Bus("京 5643765", "金龙", 34);
     motos[4] = new Truck("京 GD56577", "解放", 30);
     …
}
```

课 后 习 题

1. 修改案例，增加一种新的车型，并计算相应租金。
2. 增加会员，实现会员的折扣管理。

第9章 集合框架

本章学习目标：

- 会使用 List 接口及实现类；
- 会使用 Map 接口及实现类；
- 会使用泛型集合；
- 掌握 Iterator 接口的使用方法。

本章讲解 Java 中使用非常频繁的内容——集合框架，首先由实际问题引出集合框架并详细介绍它所包含的内容，其次详细讲解 ArrayList、LinkedList 和 HashMap 这 3 种具体集合类，详细介绍集合统一遍历工具——迭代器 Iterator，最后讲解使用泛型集合改进集合的使用。在学习中应首先从整体把握集合框架所包含的内容，而在具体学习集合类时要注意区分彼此的不同之处，通过对比加深理解和记忆。

9.1 集合框架概述

9.1.1 引入集合框架

如果我们要做一个学生管理系统，想存储多个学生信息，可以使用数组来实现。例如，可以定义一个长度为 50 的 Student 类型的数组，存储多个 Student 对象的信息。但是采用数组存在以下明显缺陷。

集合框架 1

（1）数组长度固定不变，不能很好地适应元素数量动态变化的情况。若要存储大于 50 个 Student 对象的信息，则数组长度不足，若只存储 20 个 Student 对象的信息，则造成内存空间浪费。

（2）可通过数组名.length 获取数组的长度，却无法直接获取数组中真实存储的 Student 对象个数。数组采用在内存中分配连续空间的存储方式，根据下标可以快速获取对应学生的信息，但根据学生信息查找时效率低下，需要多次比较。在进行频繁插入、删除操作时同样效率低下。另外举个例子：在存储学生信息时，希望分别存储学生学号与学生信息，两者具有一一对应的关系，学生学号作为学生信息的关键字存在，可以根据学号获得学生信息。这显然也无法通过数组来解决。

从以上分析可以看出，数组在处理一些问题时存在明显的缺陷，而集合完全弥补了数组的缺陷，它比数组更灵活、更实用，可大大提高软件的开发效率，并且不同的集合可适用于不同场合。

如果写程序时并不知道程序运行时需要多少对象，或者需要更复杂的方式存储对象，可以考虑使用 Java 集合。

9.1.2 Java 集合框架包含的内容

Java 集合框架为我们提供了一套性能优良、使用方便的接口和类，它们都位于 java.util 包中。Java 集合框架包含的主要内容及彼此之间的关系如图 9.1 所示。

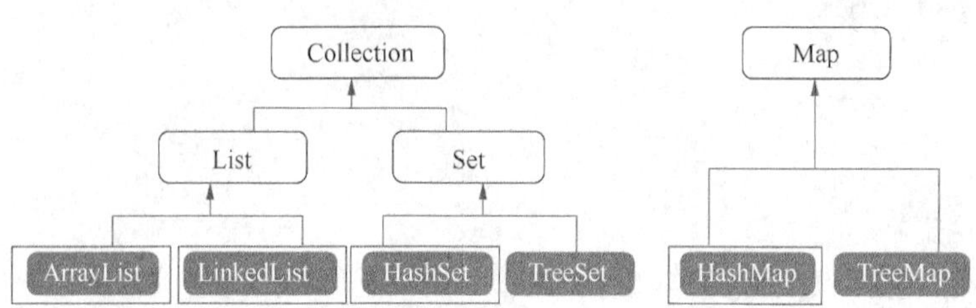

图 9.1 Java 集合框架简图

集合框架是为表示和操作集合而规定的一种统一的标准体系结构。集合框架都包含三大块内容，即对外的接口、接口的实现和对集合运算的算法。

接口表示集合的抽象数据类型，在图 9.1 中以白底框表示，如 Collection、List、Set、Map、Iterator（图中未列出）。集合框架中接口的具体实现，在图 9.1 中以黑底框表示，最常用的实现如 ArrayList、LinkedList、HashSet、HashMap。

算法是在一个实现了某个集合框架中的接口的对象身上完成某种有用的计算的方法，如查找、排序等。Java 提供了进行集合操作的工具类 Collections（注意不是 Collection，类似于 Arrays 类），它提供了对集合进行排序等多种算法的实现。在使用 Collections 的时候可以查阅 JDK 帮助文档，本章不做过多的讲解。

从图 9.1 可以清楚地看出 Java 集合框架中的两大类接口 Collection 和 Map。其中，Collection 又有两个子接口 List 和 Set。所以通常说 Java 集合框架共有三大类接口 List、Set 和 Map。它们的共同点都是集合接口，都可以用来存储很多对象。它们的区别如下。

（1）Collection 接口存储一组不唯一（允许重复）、无序的对象。

（2）Set 接口继承 Collection 接口，存储一组唯一（不允许重复）、无序的对象。

（3）List 接口继承 Collection 接口，存储一组不唯一（允许重复）、有序（以元素插入的次序来放置元素，不会重新排列）的对象。

（4）Map 接口存储一组成对的键-值对象，提供 key（键）到 value（值）的映射。Map 中的 key 不要求有序，不允许重复。value 同样不要求有序，但允许重复。

Iterator 接口是负责定义访问和遍历元素的接口。

在集合框架中，List 可以理解为前面讲过的数组，元素的内容可以重复并且有序，如图 9.2 所示。Set 可以理解为数学中的集合，里面的数据不重复并且无序，如图 9.3 所示。Map 也可以理解为数学中的数组，只是其中每个元素都由 key 和 value 两个对象组成，如图 9.4 所示。

0	1	2	3	4	5	
aaaa	dddd	cccc	aaaa	eeee	dddd	

图 9.2 List 集合示意图

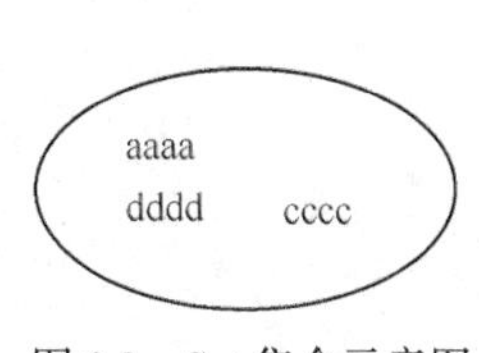

图 9.3　Set 集合示意图

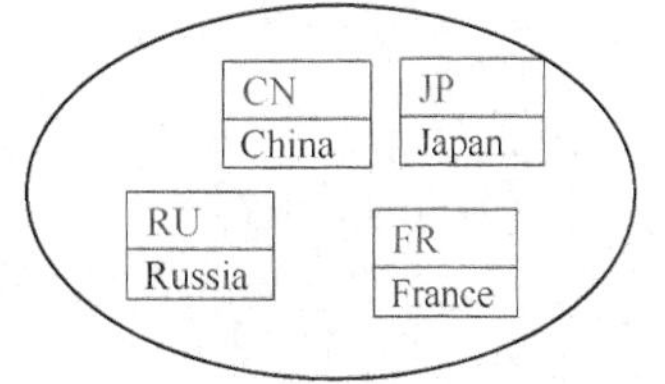

图 9.4　Map 集合示意图

9.2　List 接口

实现 List 接口的常用类有 ArrayList 和 LinkedList。它们都可容纳所有的类型对象，包括 null，允许重复，并且都保证元素的存储顺序。

ArrayList 对数组进行了封装，实现了数组长度的可变。ArrayList 存储数据的方式和数组相同，都是在内存中分配连续的空间，如图 9.5 所示。它的优点在于遍历元素和随机访问元素的效率比较高。

0	1	2	3	4	5	
aaaa	dddd	cccc	aaaa	eeee	dddd	

图 9.5　ArrayList 存储数据的方式示意图

LinkedList 采用链表存储方式，如图 9.6 所示，优点在于插入、删除元素时效率比较高。它提供了额外的 addFirst()、addLast()、removeFirst()和 removeLast()等方法，可以在 LinkedList 的首部或尾部进行插入或删除操作。这些方法使得 LinkedList 可被用作堆栈（stack）或者队列（queue）。

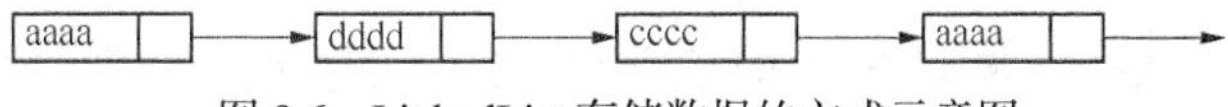

图 9.6　LinkedList 存储数据的方式示意图

9.2.1　ArrayList 集合类

使用集合存储多个学生的信息，获取存储的学生的总数，如何按照存储顺序获取各个学生的信息并逐条输出相关内容？

元素个数不确定，要求获得存储元素的实际个数，按照存储顺序获取并输出元素信息，可以通过 List 接口的实现类 ArrayList 实现。

通过 ArrayList 实现该需求的具体步骤如下。

（1）创建多个学生对象。

（2）创建 ArrayList 集合对象，并把学生对象放入其中。

（3）输出集合中学生的数量。

（4）通过遍历集合显示各个学生的信息。

实现代码如示例 1 所示。

示例 1

```
/**
 * 测试ArryList的add()、size()、get()方法
```

```
 */
public class Test1 {
     public static void main(String[] args) {
          // 1.创建 4 个学生对象
          Student ououStudent= new Student("1001", "小欧");
          Student yayaStudent= new Student("1002", "小丫");
          Student meimeiStudent= new Student("1003", "小美");
          Student feifeiStudent= new Student("1004", "小飞");
          // 2.创建 ArrayList 集合对象并把 4 个学生对象放入其中
           List Students = new ArrayList();
           Students.add(ououStudent);
           Students.add(yayaStudent);
           Students.add(meimeiStudent);
           Students.add(2, feifeiStudent); // 添加 feifeiStudent 到指定位置
          // 3.输出集合中学生的数量
          System.out.println("共计有" + Students.size() + "个学生。");
          // 4.通过遍历集合显示各个学生的信息
          System.out.println("分别是");
          for (int i = 0; i < Students.size(); i++) {
               Student student= (Student) Students.get(i);
               System.out.println(student.getNo() + "\t" + student.getName());
          }
     }
}
```

List 接口的 add(object o)方法的参数类型是 Object，即使在调用时是 Student 类型，系统也认为里面只是 Object，所以在通过 get(int i)方法获取元素时必须进行强制类型转换，如 Student Student=(Student)Students.get(i) ，否则会出现编译错误。

示例 1 中只使用了 ArrayList 的部分方法，接下来，我们在这个示例的基础上，扩充以下几部分功能。

（1）删除指定位置的学生，如第一个学生。

（2）删除指定的学生，如删除 feifeiStudent 对象。

（3）判断集合中是否包含指定的学生。

List 接口提供了相应方法，直接使用即可，实现代码如示例 2 所示。

示例 2

```
/**
 * 测试 ArrayList 的 remove()、contains()方法
 */
public class Test2 {
     public static void main(String[] args) {
     // 1.创建多个学生对象
     Student ououStudent= new Student("1001", "小欧");
     Student yayaStudent= new Student("1002", "小丫");
     Student meimeiStudent= new Student("1003", "小美");
     Student feifeiStudent= new Student("1004", "小飞");
     // 2.创建 ArrayList 集合对象并把多个学生对象放入其中
     List Students = new ArrayList();
```

```
        Students.add(ououStudent);
        Students.add(yayaStudent);
        Students.add(meimeiStudent);
        Students.add(2, feifeiStudent);
        // 3.输出删除前集合中学生的数量
        System.out.println("删除之前共计有" + Students.size() + "个学生。");
        // 4.删除集合中的第一个学生和 feifeiStudent 学生
        Students.remove(0);
        Students.remove(feifeiStudent);
        // 5.显示删除后集合中各个学生的信息
        System.out.println("\n 删除之后还有" + Students.size() + "个学生。");
        System.out.println("分别是");
        for (int i = 0; i < Students.size(); i++) {
              Student student= (Student) Students.get(i);
              System.out.println(student.getNo() + "\t" + student.getName());
        }
        //6.判断集合中是否包含指定学生的信息
         if(Students.contains(meimeiStudent))
             System.out.println("\n 集合中包含小美的信息");
        else
             System.out.println("\n 集合中不包含小美的信息");
             }
}
```

下面总结一下示例 1 和示例 2 中使用到的 List 接口中定义的各种常用方法（也是 ArrayList 的各种常用方法），如表 9.1 所示。

表 9.1　ArrayList 的常用方法

方法名称	说明
boolean add(Object o)	在列表的末尾顺序添加元素，起始索引位置从 0 开始
void add(int index,Object o)	在指定的索引位置添加元素。索引位置必须介于 0 和列表中元素个数之间
int size()	返回列表中的元素个数
Object get(int index)	返回指定索引位置处的元素。取出的元素是 Object 类型，使用前需要进行强制类型转换
boolean contains(Object o)	判断列表中是否存在指定元素
boolean remove(Object o)	从列表中删除元素
Object remove(int index)	从列表中删除指定位置的元素，起始索引位置从 0 开始

9.2.2　LinkedList 集合类

如何在集合的头部或尾部添加、获取和删除学生对象呢？如何在集合的其他任何位置添加、获取和删除学生对象？

在示例 2 中讲解 ArrayList 时涉及了集合中元素的添加和删除操作，可以通过 add(Object o)，remove(object o)方法在集合尾部添加和删除元素，也可以通过 add(int index,object o)、remove(int index)方法实现任意位置元素的添加和删除，当然也包括头部和尾部。

但是由于 ArrayList 采用了和数组相同的存储方式，在内存中分配连续的空间，在添加和删除非尾部元素会导致后面元素的移动性能低下，所以在插入、删除操作较频繁时，可考虑使用

LinkedList 来提高效率。

在使用 LinkedList 进行头部和尾部元素的参加和删除操作时，除了使用 List 的 add()、remove() 方法外，还可以使用 LinkedList 额外提供的方法来实现操作，在集合的头部或尾部添加、获取和删除学生对象的实现代码如示例 3 所示。

示例 3

```
/**
 * 测试 LinkedList 的多个特殊方法
 */
public class Test3 {
     public static void main(String[] args) {
          // 1.创建多个学生对象
          Student ououStudent= new Student("1001", "小欧");
          Student yayaStudent= new Student("1002", "小丫");
          Student meimeiStudent= new Student("1003", "小美");
          Student feifeiStudent= new Student("1004", "小飞");
          // 2.创建 LinkedList 集合对象并把多个学生对象放入其中
          LinkedList Students = new LinkedList();
          Students.add(ououStudent);
          Students.add(yayaStudent);
          Students.addLast(meimeiStudent);
          Students.addFirst(feifeiStudent);
          // 3.查看集合中第一个学生的姓名
          Student StudentFirst=(Student)Students.getFirst();
          System.out.println("第一个学生的姓名是"+StudentFirst.getName()+"。" );
          // 4.查看集合中最后一个学生的姓名
          Student StudentLast=(Student)Students.getLast();
          System.out.println("最后一个学生的姓名是"+StudentLast.getName()+"。" );
          // 5.删除集合中第一个学生和最后一个学生
          Students.removeFirst();
          Students.removeLast();
          // 6.显示删除部分学生后集合中各条学生的信息
          System.out.println("\n 删除部分学生后还有" + Students.size() + "个学生");
          System.out.println("分别是");
          for (int i = 0; i < Students.size(); i++) {
               Student student= (Student) Students.get(i);
               System.out.println(student.getNo() + "\t" + student.getName());
          }
     }
}
```

下面总结一下 LinkedList 的常用方法。LinkedList 除了表 9-1 中列出的各种方法之外还包括一些特殊的方法，如表 9.2 所示。

表 9.2　　　　LinkedList 的常用方法

方法名称	说明
void addFirst(Object o)	在列表的首部添加元素
void addLast(Object o)	在列表的末尾添加元素
Object getFirst()	返回列表中的第一个元素

续表

方法名称	说明
Object getLast()	返回列表中的最后一个元素
Object removeFirst()	删除并返回列表中的第一个元素
Object removeLast()	删除并返回列表中的最后一个元素

9.3 Set 接口

9.3.1 Set 接口概述

Set 接口是 Collection 接口的另外一个常用的子接口。Set 接口描述的是一种较为简单的集合，集合的对象并不按特定的方式排序，并且不能保存重复对象，也就是说 Set 接口可以存储一组唯一、无序的对象。

Set 接口常用的实现类是 HashSet 类。

9.3.2 使用 HashSet 类动态存储数据

假如现在需要在很多数据中查找某个数据。LinkedList 就不再多说，它的数据结构决定了它的查找效率低下。如果使用 ArrayList，在不知道数据的索引，且需要全部遍历的情况下，效率一样很低下。因此，Java 集合框架提供了一个查找效率较高的集合类 HashSet。HashSet 类实现了 Set 接口，是使用 Set 集合时最常用的一个实现类。作为集合，HashSet 类的特点如下。

（1）集合内的元素是无序排列的。

（2）HashSet 类是非线程安全的。

（3）允许集合元素值为 null。

表 9.3 列举了 HashSet 类的常用方法。

表 9.3　HashSet 类的常用方法

方法名称	说明
boolean add(Object o)	如果此 Set 中尚未包含指定元素，则添加指定元素
void clear()	从此 Set 中移除所有元素
int size()	返回此 Set 中元素的数量（Set 的容量）
boolean isEmpty()	如果此 Set 中不包含任何元素，则返回 true
boolean contains(Object o)	如果此 Set 中包含指定元素，则返回 true
boolean remove(Object o)	如果指定元素存在于此 Set 中，则将其移除

修改示例 1，使用 HashSet 类常用方法存储并操作宠物信息，并遍历集合，代码如示例 4 所示。

示例 4

```
public class Test1 {
    public static void main(String[] args) {
        // 1.创建 4 个学生对象
        Student ououStudent= new Student("1001", "小欧");
```

```
        Student yayaStudent= new Student("1002", "小丫");
        Student meimeiStudent= new Student("1003", "小美");
        Student feifeiStudent= new Student("1004", "小飞");
          // 2.创建 HashSet 集合对象并把 4 个学生对象放入其中
              Set Students = new HashSet();
              Students.add(ououStudent);
              Students.add(yayaStudent);
                Students.add(meimeiStudent);
                Students.add(2, feifeiStudent); // 添加 feifeiStudent 到指定位置
          // 3.输出集合中学生的数量
          System.out.println("共计有" + Students.size() + "个学生。");
          // 4.通过遍历集合显示各个学生信息
          System.out.println("分别是");
          for (int i = 0; i < Students.size(); i++) {
               Student student= (Student) Students.get(i);
               System.out.println(student.getNo() + "\t" + student.getName());
          }
      }
  }
```

运行结果同示例 1。

使用 HashSet 类之前，需要导入相应的接口和类，代码如下。

```
Import java.util.set
Import java.util.HashSet
```

在示例 4 中，通过增强 for 循环遍历 HashSet。前面讲过 List 接口可以使用 for 循环和增强 for 循环两种方式遍历。使用 for 循环遍历时，通过 get()方法取出每个对象，但 HashSet 类不存在 get()方法，所以 Set 接口无法使用普通 for 循环遍历。其实遍历集合还有一种比较常用的方式，即使用 Iterator 接口，后面将详细介绍。

9.4 Map 接口

Map 接口存储一组成对的键-值对，提供 key（键）到 value（值）的映射。Map 中的 key 不要求有序，不允许重复。value 同样不要求有序，但允许重复。最常用的 Map 实现类是 HashMap，它的存储方式是哈希表。哈希表也称为散列表，是根据关键码值（key value）而直接进行访问的数据结构。也就是说，它通过把关键码映射到表中的一个位置来访问记录，以加快查找速度。存放记录的数组称为散列表。使用这种方式存储数据的优点是查询指定元素的效率高。

建立国家英文简称和中文全名之间的键-值映射，如 CN-中华人民共和国，根据“CN”可以查找到“中华人民共和国”，通过删除键可实现对应值的删除，应该如何实现数据的存储等操作呢?

Java 集合框架中提供了 Map 接口，专门用来处理键-值映射数据的存储。Map 中可以存储多个元素，每个元素都由两个对象组成，即一个键对象和一个值对象，可以根据键实现对应值的映射。

实现代码如示例 5 所示。

示例 5

```
/**
 * 测试 HashMap 的多个方法
 */
public class Test4 {
    public static void main(String[] args) {
        // 1.使用 HashMap 存储多组国家英文简称和中文全称的键-值对
        Map countries = new HashMap();
        countries.put("CN", "中华人民共和国");
        countries.put("RU", "俄罗斯联邦");
        countries.put("FR", "法兰西共和国");
        countries.put("US", "美利坚合众国");
        // 2.显示"CN"对应国家的中文全称
        String country = (String) countries.get("CN");
        System.out.println("CN 对应的国家是" + country);
        // 3.显示集合中元素的个数
        System.out.println("Map 中共有"+countries.size()+"组数据");
        // 4.两次判断 Map 中是否存在"FR"键
        System.out.println("Map 中包含 FR 的 key 吗? " +
        countries.containsKey("FR"));
        countries.remove("FR");
        System.out.println("Map 中包含 FR 的 key 吗? " +
        countries.containsKey("FR"));
        // 5.分别显示键集、值集和键-值对集
        System.out.println(countries.keySet());
        System.out.println(countries.values());
        System.out.println(countries);
        // 6.清空 HashMap 并判断
        countries.clear();
        if(countries.isEmpty())
            System.out.println("已清空 Map 中的数据! ");
    }
}
```

下面总结一下在示例 5 中使用到的 Map 接口中定义的常用方法（也是 HashMap 的常用方法），如表 9.4 所示。

表 9.4　Map 的常用方法

方法名称	说明
Object put(Object key, Object val)	以键-值对的方式进行存储
Object get(Object key)	根据键返回相关联的值，如果不存在指定的键，返回 null
Object remove(Object key)	删除由指定的键映射的键-值对
int size()	返回元素个数
Set keySet()	返回键的集合
Collection values()	返回值的集合
boolean containsKey(Object key)	如果存在由指定的键映射的键-值对，就返回 true

9.5 迭代器 Iterator

集合框架 2

所有集合接口和类都没有提供相应的遍历方法，而是把遍历交给迭代器 Iterator 完成。Iterator 为集合而生，专门实现集合的遍历。它隐藏了各种集合实现类的内部细节，提供了遍历集合的统一编程接口。

Collection 接口的 Iterator()方法返回一个 Iterator，然后通过 Iterator 接口的两个方法即可实现遍历。

boolean hasNext()判断是否存在另一个可访问的元素。

Object next()返回要访问的下一个元素。

在示例 1 中，我们通过 for 循环和 get()方法配合实现了 List 中元素的遍历，下面我们通过 Iterator 来实现遍历，代码如示例 6 所示。

示例 6

```
/**
 * 测试通过 Iterator 和增强型 for 循环遍历 Map 集合
 */
public class Test5 {
    public static void main(String[] args) {
        // 1.创建多个学生对象
         Student ououStudent= new Student("1001", "小欧");
         Student yayaStudent= new Student("1002", "小丫");
         Student meimeiStudent= new Student("1003", "小美");
         Student feifeiStudent= new Student("1004", "小飞");
        // 2.创建 Map 集合对象并把多个学生对象放入其中
        Map StudentMap=new HashMap();
        StudentMap.put(ououStudent.getName(),ououStudent);
        StudentMap.put(yayaStudent.getName(),yayaStudent);
        StudentMap.put(meimeiStudent.getName(),meimeiStudent);
        StudentMap.put(feifeiStudent.getName(),feifeiStudent);
        // 3.通过迭代器依次输出集合中所有学生的信息
        System.out.println("使用 Iterator 遍历，所有学生的学号和姓名：");
        Set keys=StudentMap.keySet();//取出所有 key 的集合
        Iterator it=keys.iterator();//获取 Iterator 对象
        while(it.hasNext()){
            String key=(String)it.next();  //取出 key
            Student student=(Student)StudentMap.get(key); //根据 key 取出对应的值
            System.out.println(key+"\t"+student.getStrain());
        }
        /*//使用 foreach 语句输出集合中所有学生的信息
         for(Object key:keys){
            Student student=(Student)StudentMap.get(key); //根据 key 取出对应的值
            System.out.println(key+"\t"+student.getName());
        }
        */
    }
}
```

JDK 1.5 加入了增强型 for 循环，它是 for 语句的特殊简化版本，我们通常称为 foreach 语句。foreach 的语句格式为

```
foreach(元素类型 t 元素变量 x: 遍历对象 obj){
    引用了 x 的 Java 语句
}
```

其中，“t”的类型必须属于“数组或集合对象”的元素类型。

在示例 6 中，使用 Iterator 遍历 Map，现在使用 foreach 语句遍历已经存储数据的 Map 对象（StudentMap），关键代码如下。

```
//使用 foreach 语句输出集合中所有学生的信息
System.out.println("所有学生的学号和姓名：");
Set keys=StudentMap.keySet();
for(Object key:keys){
    Student student=(Student)StudentMap.get(key);
    System.out.println(key+"\t"+student.getName());
}
//
//省略创建学生对象
List Students = new ArrayList();
     Students.add(ououStudent);
     Students.add(yayaStudent);
     Students.add(meimeiStudent);
Students.add(2, feifeiStudent);
         //通过迭代器依次输出集合中所有学生的信息
         System.out.println("使用 Iterator 遍历，所有学生的学号和姓名：");
         Iterator it=Students.iterator();//获取 Iterator 对象
         while(it.hasNext()){
               Student student=(Student) it.hasNext();
              System.out.println(student.getNo()+"\t"+student.getName());
         }
```

9.6 泛型集合

集合框架 3

前面已经提到，Collection 的 add(object obj)方法的参数是 Object 类型，无论把什么对象放入 Collection 及其子接口或实现类中，都认为只是 Object 类型，在通过 get(int index)方法取出集合中的元素时，必须进行强制类型转换，不仅烦琐而且容易出现 ClasscastException 异常。Map 中使用 put(object key, Object value)和 get(Object key)方法存取对象时，使用 Iterator 的 next()方法获取元素时也存在同样问题。

JDK 1.5 中通过引入泛型（Generic）有效地解决了这个问题。JDK 1.5 改写了集合框架中的所有接口和类，增加了对泛型的支持。

使用泛型集合在创建集合对象时指定集合中的元素类型，从集合中取出元素时，无须进行类型强制转换，并且如果把非指定类型对象放入集合，就会出现编译错误。

对 List 和 ArrayList 应用泛型，代码如示例 7 所示。

示例 7

```
/**
```

```
 * 测试对 List 应用泛型
 */
public class Test6 {
     public static void main(String[] args) {
          // 1.创建多个学生对象
         Student ououStudent= new Student("1001", "小欧");
         Student yayaStudent= new Student("1002", "小丫");
         Student meimeiStudent= new Student("1003", "小美");
         Student feifeiStudent= new Student("1004", "小飞");
          // 2.创建 ArrayList 集合对象并把多个学生对象放入其中
          List<Student> Students = new ArrayList<Student>();//标记元素类型
          Students.add(ououStudent);
          Students.add(yayaStudent);
          Students.add(meimeiStudent);
          Students.add(2,feifeiStudent);//添加 feifeiStudent 到指定位置
          // 3.显示第三个元素的信息
          Student Student3 = Students.get(2); //无须进行强制类型转换
          System.out.println("第三个学生的信息如下。");
          System.out.println(Student3.getNo() + "\t" + Student3.getName());
          /*4.使用 foreach 语句遍历 Students 对象*/
          System.out.println("\n 所有学生的信息如下：");
          for(Student student:Students){//无须进行强制类型转换
               System.out.println(student.getNo() + "\t" + student.getName());
          }
     }
}
```

对 Map 和 HashMap 应用泛型，代码如示例 8 所示。

示例 8

```
/**
 * 测试对 Map 应用泛型
 *
 */
public class Test7 {
     public static void main(String[] args) {
          // 1.创建多个学生对象
          Student ououStudent= new Student("1001", "小欧");
          Student yayaStudent= new Student("1002", "小丫");
          Student meimeiStudent= new Student("1003", "小美");
          Student feifeiStudent= new Student("1004", "小飞");
          // 2.创建 Map 集合对象并把多个学生对象放入其中
          Map<String,Student> StudentMap=new HashMap<String,Student>();
          StudentMap.put(ououStudent.getName(),ououStudent);
          StudentMap.put(yayaStudent.getName(),yayaStudent);
          StudentMap.put(meimeiStudent.getName(),meimeiStudent);
          StudentMap.put(feifeiStudent.getName(),feifeiStudent);
          //3.通过迭代器依次输出集合中所有学生的信息
          System.out.println("使用 Iterator 遍历，所有学生的学号和姓名：");
          Set<String> keys=StudentMap.keySet();//取出所有 key 的集合
          Iterator<String> it=keys.iterator();//获取 Iterator 对象
```

```
            while(it.hasNext()){
                String key=it.next();  //取出 key
                Student student=StudentMap.get(key);  //根据 key 取出对应的值
                System.out.println(key+"\t"+student.getName());
            }
            /*//使用 foreach 语句输出集合中所有学生的信息
             for(String key:keys){
                Student student=StudentMap.get(key);  //根据 key 取出对应的值
                System.out.println(key+"\t"+student.getName());
            }*/
        }
    }
```

课 后 习 题

1. 编写一个 Book 类，该类至少有 name 和 price 两个属性。该类要实现 Comparable 接口，在接口的 compareTo()方法中规定两个 Book 类实例的大小关系为二者的 price 属性的大小关系。在主函数中，选择合适的集合类型存放 Book 类的若干个对象，然后创建一个新的 Book 类的对象，并检查该对象与集合中的哪些对象相等。

2. 编写一个应用程序，用户分别在两个文本框中输入学生的姓名和分数，程序按成绩排序并将这些学生的姓名和分数显示在一个文本区中。

3. 用程序给出随便大小的 10 个数，序号为 1～10，按从小到大的顺序输出，并输出相应的序号。

4. 使用 List 接口及有关的实现类创建一个容器，然后添加多个字符串对象，再使用以下与元素顺序有关的方法：

```
voidadd(Objectelement);
voidadd(int index,Objectelement);
Objectget(int index);
Objectset(int index,Objectelement);//修改某一位置的元素
Objectremove(int index);
intindexOf(Object o);//如果没有该数据，返回-1
```

对 List 接口类型的容器进行操作。

5. 使用 Collection 接口及有关的实现类创建一个容器，然后添加 5 个以上长短不同的字符串对象；再使用 Object[] toArray()方法与 foreach 循环语句实现元素的遍历；最后使用 Iterator iterator()方法与 while 循环语句实现元素的遍历，同时，将长度大于等于 3 的字符串从容器中删除。

第 10 章 异常

本章学习目标：

- 熟练使用 try-catch-finally 语句块处理异常；
- 会使用 throw、throws 抛出异常；
- 掌握异常及其分类；
- 会使用 log4j 记录日志。

10.1 异常概述

10.1.1 生活中的异常

在生活中，异常（Exception）情况随时都有可能发生。以上下班为例，在正常情况下，小王每日开车去上班，耗时大约 30 分钟。但是，由于车多、人多、路窄，异常情况很有可能发生。有时会遇上比较严重的堵车，偶尔还会与其他汽车进行“亲密接触”。这种情况下，小王往往很晚才能到达单位。这种异常虽然偶尔才会发生，但是若真发生，也是件极其麻烦的事情。

异常 1

这就是生活中的异常，下面我们看看程序运行过程中的异常。

10.1.2 程序中的异常

示例 1 中给出了一段代码，这段代码要完成的任务是根据提示输入被除数和除数，计算并输出商，最后输出“感谢使用本程序！”的信息。

示例 1

```
/**
 * 演示程序中的异常
 */
public class Demo01 {
        public static void main(String[] args) {
            Scanner in = new Scanner(System.in);
            System.out.print("请输入被除数：");
            int num1 = in.nextInt();
            System.out.print("请输入除数：");
            int num2 = in.nextInt();
```

```
            System.out.println(String.format("%d / %d = %d",num1,num2, num1/num2));
            System.out.println("感谢使用本程序! ");
        }
}
```

在正常情况下，用户会按照系统的提示输入整数，除数不输入 0。运行结果如图 10.1 所示。

但是，若用户没有按要求进行输入，如被除数输入了“A”，则程序运行时将会发生异常，运行结果如图 10.2 所示。

```
Console ⊠
<terminated> Demo01 [Java Applicatio
请输入被除数: 200
请输入除数: 20
200 / 20 = 10
感谢使用本程序!
```

图 10.1 正常情况下的运行结果

```
Console ⊠
<terminated> Demo01 [Java Application] D:\Program Files\Java\jdk1.8.0_101\bin\javaw.exe (2018年8月
请输入被除数: A
Exception in thread "main" java.util.InputMismatchException
        at java.util.Scanner.throwFor(Scanner.java:864)
        at java.util.Scanner.next(Scanner.java:1485)
        at java.util.Scanner.nextInt(Scanner.java:2117)
        at java.util.Scanner.nextInt(Scanner.java:2076)
        at com.ssdut.jav.Demo01.main(Demo01.java:9)
```

图 10.2 被除数为 A 时的运行结果

若除数输入了“0”，则程序运行时也将发生异常，运行结果如图 10.3 所示。

```
Console ⊠
<terminated> Demo01 [Java Application] D:\Program Files\Java\jdk1.8.0_101\bin\javaw.exe (2018年8月8日 下午3:43:57)
请输入被除数: 30
请输入除数: 0
Exception in thread "main" java.lang.ArithmeticException: / by zero
        at com.ssdut.jav.Demo01.main(Demo01.java:12)
```

图 10.3 除数为 0 时的运行结果

从结果中可以看出，一旦出现异常，程序将会立刻结束，没有任何输出。应该如何解决这些异常呢？我们可以尝试通过增加 if-else 语句来对各种异常情况进行判断处理。代码如示例 2 所示。

示例 2

```
import java.util.Scanner;
/**
 * 尝试通过 if-else 来解决异常问题
 */
public class Demo02 {
        public static void main(String[] args) {
            Scanner in = new Scanner(System.in);
            System.out.println("请输入被除数: ");
            int num1 = 0;
            if(in.hasNext()){//如果输入的被除数是整数
                num1 = in.nextInt();
            }else{//如果输入的被除数不是整数
                System.err.println("输入的被除数不是整数，程序退出。");
                System.exit(1);
            }
            System.out.println("请输入除数: ");
            int num2 = 0;
            if(in.hasNext()){//如果输入的除数是整数
```

```
                num2 = in.nextInt();
                if(0 == num2){//如果输入的除数是 0
                    System.err.println("输入的除数是 0，程序退出。");
                    System.exit(1);
                }
            }
            else{//如果输入的除数不是整数
                System.err.println("输入的除数不是整数，程序退出。");
                System.exit(1);
            }
            System.out.println(String.format("%d / %d = %d",
    num1,num2,num1/num2));
            System.out.println("感谢使用本程序！");
        }
    }
```

通过 if-else 语句进行异常处理的机制主要有以下缺点。

（1）代码臃肿，加入了大量的异常情况判断和处理代码。

（2）程序员把相当多的精力放在了处理异常代码上，减少了编写业务代码的时间，必然影响开发效率。

（3）很难穷举所有的异常情况，程序仍旧不健壮。

（4）异常处理代码和业务代码交织在一起，影响代码的可读性，加大了日后程序的维护难度。

如果“堵漏洞”的工作能由系统来处理，程序开发人员只关注于业务代码的编写，对于异常只需调用相应的异常处理程序就好了，Java 就是这么做的。

10.1.3 异常的含义

示例 1 展示了程序中的异常，那么究竟什么是异常？当面对异常时，该如何有效地处理呢？

异常就是在程序的运行过程中所发生的不正常的事件，如所需文件找不到、网络连接不通或中断、算术运算出错（如被零除）、数组下标越界、装载了一个不存在的类、对 null 对象操作、类型转换异常等。异常会中断正在运行的程序。

在生活中，小王会这样处理上下班过程中遇到的异常：如果发生堵车，小王会根据情况绕行或者等待；如果发生撞车事故，小王会及时打电话通知交警，请求交警协助解决，然后继续赶路。也就是说，小王会根据不同的异常进行相应的处理，而不会因为发生了异常就手足无措，中断了正常的上下班。

在生活中，发生异常后，我们懂得如何去处理异常。那么在 Java 程序中，又是如何进行异常处理的呢？下面就来学习 Java 中的异常处理。

10.2 异常处理

10.2.1 异常处理的含义

异常处理机制就像我们对平时可能会遇到的意外情况，预先想好了一些处理的办法。也就是说，在程序执行代码的时候，万一发生了异常，程序会按预定的处理办法对异常进行处理，异常处理完毕之后，程序继续运行。

Java 的异常处理是通过 5 个关键字——try、catch、finally、throw 和 throws 来实现的。

10.2.2　try-catch 语句块

对于示例 1 采用 Java 的异常处理机制进行处理，把可能出现异常的代码放入 try 语句块中，并使用 catch 语句块捕获异常，代码如示例 3 所示。

示例 3

```
    import java.util.Scanner;
/**
    * 使用try-catch进行异常处理
    */
public class Demo03 {
        public static void main(String[] args) {
            Scanner in = new Scanner(System.in);
                System.out.print("请输入被除数: ");
            try {
                int num1 = in.nextInt();
                System.out.print("请输入除数: ");
                int num2 = in.nextInt();
                System.out.println(String.format("%d / %d = %d",
                        num1,num2,num1/num2));
                System.out.println("感谢使用本程序! ");
            } catch (Exception e) {
                System.err.println("出现错误: 被除数和除数必须是整数, "+
                        "除数不能为零。");
                e.printStackTrace();
            }
          }
}
```

try-catch 语句块的执行流程比较简单，首先执行的是 try 语句块中的语句，这时可能会有以下 3 种情况。

（1）如果 try 语句块中所有语句正常执行完毕，不会发生异常，那么 catch 语句块中的所有语句都将被忽略。当我们在控制台输入两个整数时，示例 3 中的 try 语句块中的代码将正常执行，不会执行 catch 语句块中的代码。运行结果如图 10.4 所示。

```
Console ☒
<terminated> Demo03 [Java Application] D:\Program Files\Java\jdk1.8
请输入被除数: 200
请输入除数: 20
200 / 20 = 10
感谢使用本程序!
```

图 10.4　正常情况下的运行结果

（2）如果 try 语句块在执行过程中遇到异常，并且这个异常与 catch 语句块中声明的异常类型相匹配，那么在 try 语句块中其余的代码都将被忽略，而相应的 catch 语句块将会被执行。匹配是指 catch 所处理的异常类型与所生成的异常类型完全一致或是它的父类。当在控制台提示输入被除数时输入了“C”，示例 3 中 try 语句块中的代码“int num1 = in.nextInt();”将抛出 InputMismatch Exception 异常。由于 InputMismatchException 是 Exception 的子类，程序将忽略 try 语句块中其余的代码而去执行 catch 语句块。运行结果如图 10.5 所示。

如果输入的除数为 0，则运行结果如图 10.6 所示。

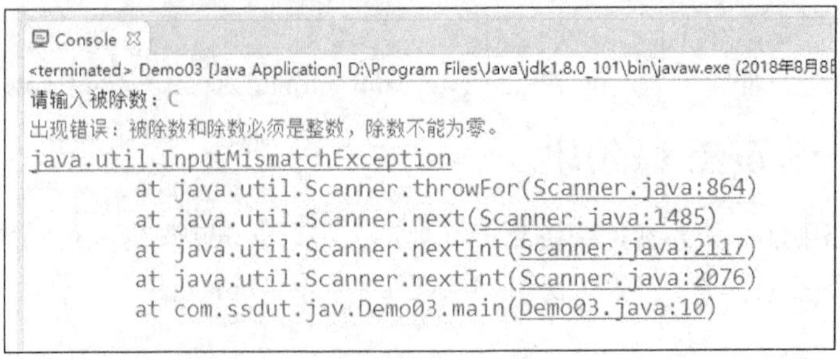

```
Console ⌧
<terminated> Demo03 [Java Application] D:\Program Files\Java\jdk1.8.0_101\bin\javaw.exe (2018年8月8
请输入被除数：C
出现错误：被除数和除数必须是整数，除数不能为零。
java.util.InputMismatchException
	at java.util.Scanner.throwFor(Scanner.java:864)
	at java.util.Scanner.next(Scanner.java:1485)
	at java.util.Scanner.nextInt(Scanner.java:2117)
	at java.util.Scanner.nextInt(Scanner.java:2076)
	at com.ssdut.jav.Demo03.main(Demo03.java:10)
```

图 10.5　抛出异常情况下的运行结果（一）

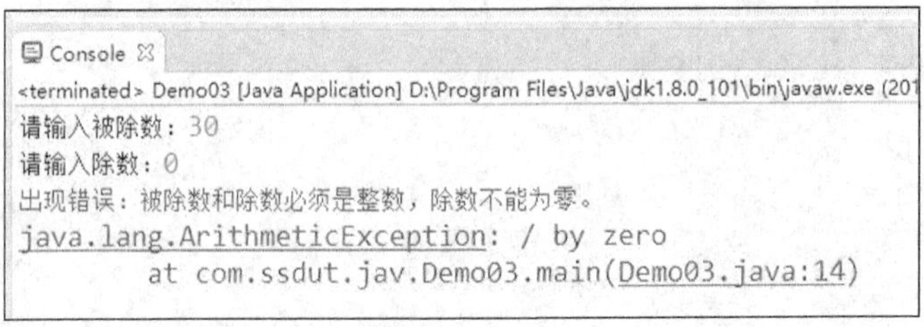

```
Console ⌧
<terminated> Demo03 [Java Application] D:\Program Files\Java\jdk1.8.0_101\bin\javaw.exe (201
请输入被除数：30
请输入除数：0
出现错误：被除数和除数必须是整数，除数不能为零。
java.lang.ArithmeticException: / by zero
	at com.ssdut.jav.Demo03.main(Demo03.java:14)
```

图 10.6　抛出异常情况下的运行结果（二）

（3）如果 try 语句块在执行过程中遇到异常，而抛出的异常在 catch 语句块里面没有被声明，那么程序立刻退出。如示例 3 所示，在 catch 块中可以加入用户自定义处理信息，也可以调用异常对象的方法输出异常信息，常用的方法主要有以下两种。

① void printStackTrace()：输出异常的堆栈信息。堆栈信息包括程序运行到当前类的执行流程，它将输出从方法调用处到异常抛出处的方法调用序列，如图 10.5 所示。该例中 java.util.Scaner 类中的 throwFor()方法是异常抛出点，而 Test3 类中的 main()方法在最外层的方法调用处。

② String getMessage()：返回异常信息描述字符串。该字符串描述异常产生的原因，是 printStackTrace()方法输出信息的一部分。

如果 try 语句块在执行过程中遇到异常，那么在 try 语句块中其余的代码都将被忽略，系统会自动生成相应的异常对象，包括异常的类型、异常出现时程序的运行状态及对该异常的评述。如果这个异常对象与 catch 语句块中声明的异常类型相匹配，则会把该异常对象赋给 catch 后面的异常参数，相应的 catch 语句块将会被执行。

表 10.1 列出了常见的异常类型。现在只需初步了解这些异常即可。在以后的编程中，要多注意系统报告的异常信息，根据异常类型来判断程序到底出了什么问题。

表 10.1　常见的异常类型

异常类型	说明
Exception	异常层次结构的父类
ArithmeticException	算术错误情形，如以零为除数
ArrayIndexOutOfBoundsException	数组下标越界
NullPointerException	尝试访问 null 对象成员
ClassNotFoundException	不能加载所需的类
InputMismatchException	欲得到的数据类型与实际输入的类型不匹配
IllegalArgumentException	方法接收到非法参数
ClassCastException	对象强制类型转换出错
NumberFormatException	数字格式转换异常，如把“abc”转换成数字

10.2.3　try-catch-finally 语句块

如果希望示例 3 中无论是否发生异常，都执行输出“感谢使用本程序！”的语句，那么该如何实现呢？

在 try-catch 语句块后加入 finally 语句块，把“感谢使用本程序！”语句放入 finally 语句块，那么无论是否发生异常，finally 语句块中的代码总能被执行，如示例 4 所示。

示例 4

```
import java.util.Scanner;
/**
 * 使用 try-catch-finally 进行异常处理
 */
public class Demo04 {
        public static void main(String[] args) {
            Scanner in = new Scanner(System.in);
            System.out.print("请输入被除数：");
            try {
                int num1 = in.nextInt();
                System.out.print("请输入除数：");
                int num2 = in.nextInt();
                System.out.println(String.format("%d / %d = %d",
                        num1, num2, num1/num2));
            } catch (Exception e) {
                System.err.println("出现错误：被除数和除数必须是整数，"+
                        "除数不能为零。");
                System.out.println(e.getMessage());
            } finally {
                System.out.println("感谢使用本程序！");
            }
        }

}
```

try-catch-finally 语句块的执行流程大致分为两种情况。

（1）如果 try 语句块中所有语句正常执行完毕，那么 finally 语句块就会被执行。例如，当我们在控制台输入两个数字时，示例 4 中的 try 语句块中的代码将正常执行，不会执行 catch 语句块中的代码，但是 finally 块中的代码将被执行。运行结果如图 10.7 所示。

（2）如果 try 语句块在执行过程中碰到异常，无论这种异常能否被 catch 语句块捕获到，都将执行 finally 语句块中的代码。例如，当我们在控制台输入除数为 0 时，示例 4 中的 try 语句块中将抛出异常，进入 catch 语句块，最后 finally 语句块中的代码也将被执行。运行结果如图 10.8 所示。

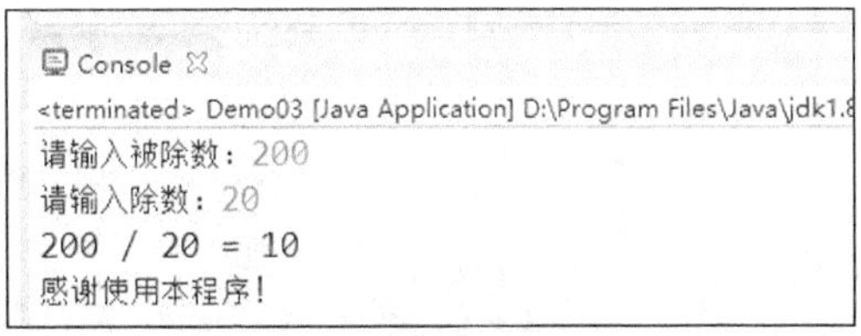

```
Console ☒
<terminated> Demo03 [Java Application] D:\Program Files\Java\jdk1.8
请输入被除数：200
请输入除数：20
200 / 20 = 10
感谢使用本程序!
```

图 10.7　正常情况下的运行结果

```
Console ☒
<terminated> Demo04 [Java Application] D:\Program Files\Java\jdk1.8.0
请输入被除数：30
请输入除数：0
/ by zero
感谢使用本程序!
出现错误：被除数和除数必须是整数，除数不能为零。
```

图 10.8　异常情况下的运行结果

try-catch-finally 结构中 try 语句块是必需的，catch 和 finally 语句块为可选，但两者至少需出现其中之一。需要特别注意的是，即使在 try 语句块和 catch 语句块中存在 return 语句，finally 语句块中的语句也会被执行。发生异常时的执行顺序：执行 try 语句块或 catch 语句块中 return 之前的语句，执行 finally 语句块中的语句，执行 try 语句块或 catch 语句块中的 return 语句退出，代码如示例 5 所示。

示例 5

```
/**
 * 测试 try 和 catch 语句块中 return 语句的执行
 */
public class Demo05{
    public static void main(String[] args) {
        Scanner in = new Scanner(System.in);
        System.out.print("请输入被除数：");
        try {
            int num1 = in.nextInt();
            System.out.print("请输入除数：");
            int num2 = in.nextInt();
            System.out.println(String.format("%d / %d = %d",
                    num1, num2, num1/num2));
            return; //finally 语句块仍旧会执行
        } catch (Exception e) {
            System.err.println("出现错误：被除数和除数必须是整数，" +
                    "除数不能为零。");
            return; //finally 语句块仍旧会执行
        } finally {
            System.out.println("感谢使用本程序！");
        }
    }
}
```

运行结果如图 10.9 所示。

```
Console ☒
<terminated> Demo05 [Java Application] D:\Program Files\Java\jdk1.8.0_101\bin\javaw.exe (20
请输入被除数：30
请输入除数：0
出现错误：被除数和除数必须是整数，除数不能为零感谢使用本程序！
```

图 10.9　try 和 catch 语句块中存在 return 语句的运行结果

finally 语句块中语句不被执行的唯一情况：在异常处理代码中执行 System.exit(1)，系统将退出 Java 虚拟机。代码如示例 6 所示。

示例 6

```
import java.util.Scanner;
/**
 * 测试 try 和 catch 语句块中 return 语句的执行
 */
public class Demo06 {
        public static void main(String[] args) {
```

```
            Scanner in = new Scanner(System.in);
            System.out.print("请输入被除数: ");
            try {
                int num1 = in.nextInt();
                System.out.print("请输入除数: ");
                int num2 = in.nextInt();
                System.out.println(String.format("%d / %d = %d",
                        num1, num2, num1/num2));
            } catch (Exception e) {
                System.err.println("出现错误: 除数和除数必须是整数, " +
                        "除数不能为零");
                System.exit(1); //finally语句不被执行的唯一情况
            } finally {
                System.out.println("感谢使用本程序! ");
            }
        }
    }
```

运行结果如图 10.10 所示。

```
Console ⊠
<terminated> Demo06 [Java Application] D:\Program Files\Java\jdk1.8.0
请输入被除数: 30
请输入除数: 0
出现错误: 被除数和除数必须是整数,除数不能为零
```

图 10.10　finally 语句不被执行的运行结果

10.2.4　多重 catch 语句块

在上面计算并输出商的示例中，其实至少存在两种异常情况——输入非整数内容和除数为 0，在示例 3 中我们统一按照 Exception 类型捕获，其实完全可以分别捕获，即使用多重 catch 语句块。

一段代码可能会引发多种类型的异常，这时，可以在一个 try 语句块后面跟多个 catch 语句块，分别处理不同的异常。但排列顺序必须是从子类到父类，最后一个一般都是 Exception 类。因为所有异常子类都继承自 Exception 类，所以如果将父类异常放到前面，那么所有的异常都将被捕获，后面 catch 语句块中的子类异常将得不到被执行的机会。

当运行时，系统从上到下分别对每个 catch 语句块处理的异常类型进行检测，并执行第一个与异常类型匹配的 catch 语句。执行其中的一条 catch 语句之后，其后的 catch 语句都将被忽略。

对示例 3 进行修改，代码如示例 7 所示。

示例 7

```
import java.util.Scanner;
import java.util.InputMismatchException;
/**
 * 多重 catch 语句块
 */
public class Demo07 {
  public static void main(String[] args) {
      Scanner in = new Scanner(System.in);
      System.out.print("请输入被除数: ");
```

```
        try {
            int num1 = in.nextInt();
            System.out.print("请输入除数: ");
            int num2 = in.nextInt();
            System.out.println(String.format("%d / %d = %d",
                    num1, num2, num1/num2));
        } catch (InputMismatchException e) {
            System.err.println("被除数和除数必须是整数。");
        } catch (ArithmeticException e) {
            System.err.println("除数不能为零。");
        } catch (Exception e) {
            System.err.println("其他未知异常。");
        } finally {
            System.out.println("感谢使用本程序! ");
        }
    }
}
```

程序运行后，如果输入的不是整数，系统会抛出 InputMismatchException 异常，因此进入第一个 catch 语句块，并执行其中的代码，而其他的 catch 语句块将被忽略。运行结果如图 10.11 所示。

若系统提示输入被除数时，输入“100”，则系统会接着提示输入除数，若输入 0，系统会抛出 ArithmeticException 异常，因此进入第二个 catch 语句块，并执行其中的代码，其他的 catch 语句块将被忽略。运行结果如图 10.12 所示。

Console ⌧
<terminated> Demo07 [Java Application] D:\Program Files\J
请输入被除数：C
被除数和除数必须是整数。感谢使用本程序！

图 10.11　进入第一个 catch 语句块的运行结果

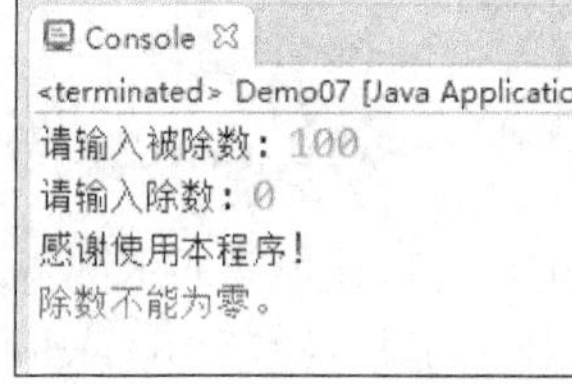

图 10.12　进入第二个 catch 语句块的运行结果

在使用多重 catch 语句块时，catch 语句块的排列必须是从子类到父类，最后一个一般都是 Exception 类。

10.2.5　声明异常——throws

如果在一个方法体中抛出了异常，我们就希望调用者能够及时地捕获异常，那么如何通知调用者呢？Java 语言通过关键字 throws 声明某个方法可能抛出的各种异常。throws 可以同时声明多个异常，之间用逗号隔开。

在示例 8 中，把计算并输出商的任务封装在 divide()方法中，并在方法的参数列表后通过 throws 声明了异常，然后在 main()方法中调用该方法，此时 main()方法就知道 divide()方法中抛出了异常，可以采用以下两种方式进行处理。

（1）通过 try-catch 语句块捕获并处理异常。

（2）通过 throws 继续声明异常。如果调用者不打算处理该异常，则可以继续通过 throws 声明异常，让上一级调用者处理异常。main()方法声明的异常将由 Java 虚拟机来处理。

示例 8

```
import java.util.Scanner;
/**
 * 使用 throws 抛出异常
 */
public class Demo08 {
    /**
     * 通过 try-catch 语句块捕获并处理异常
     * @param args
     */
    public static void main(String[] args) {
        try {
            divide();
        } catch (Exception e) {
            System.err.println("出现错误：被除数和除数必须是整数，"
                      + "除数不能为零");
            e.printStackTrace();
        }
    }
//  /**
//   * 通过 throws 继续声明异常
//   */
//  public static void main(String[] args) throws Exception {
//      divide();
//  }
    /**
     * 输入被除数和除数,计算商并输出
     * @throws Exception
     */
    public static void divide() throws Exception {
        Scanner in = new Scanner(System.in);
        System.out.print("请输入被除数：");
        int num1 = in.nextInt();
        System.out.print("请输入除数：");
        int num2 = in.nextInt();
        System.out.println(String.format("%d / %d = %d",
            num1, num2, num1/num2));
    }
}
```

10.3　抛出异常

10.3.1　抛出异常——throw

异常 2

前面介绍了很多关于捕获异常的知识，你一定会问：既然可以捕获到各种类型的异常，那么这些异常是在什么地方抛出的呢？

除了系统自动抛出异常外，在编程过程中，我们往往遇到这样的情形：有些问题是系统无法自动发现并解决的，如年龄不在正常范围内、性别输入不是“男”或“女”等。此时需要程序员把问题提交给调用者去解决，而不是系统来自行抛出异常。

在 Java 语言中，可以使用 throw 关键字自行抛出异常。在示例 9 的代码中，由于在当前环境中无法解决参数问题，因此在方法内通过 throw 抛出异常，把问题交给调用者去解决。在调用该方法的示例 10 中捕获并处理异常。

示例 9

```
/**
 * 使用throw在方法内抛出异常
 */
public class Person {
    private String name = "";// 姓名
    private int age = 0;// 年龄
    private String sex ="男";// 性别
    /**
     * 设置性别
     * @param sex 性别
     * @throws Exception
     */
    public void setSex(String sex) throws Exception {
        if ("男".equals(sex) || "女".equals(sex))
            this.sex = sex;
        else {
            throw new Exception("性别必须是“男”或者“女”！");
        }
    }
    /**
     * 打印基本信息
     */
    public void print() {
        System.out.println(this.name + "（" + this.sex
                + "，" + this.age + "岁）");
    }
}
```

示例 10

```
/**
 * 捕获throw抛出的异常
 */
public class Demo09 {
    public static void main(String[] args) {
        Person person = new Person();
        try {
            person.setSex("Male");
            person.print();
        } catch (Exception e) {
            e.printStackTrace();
        }
    }
}
```

运行结果如图 10.13 所示。

```
Console ☒
<terminated> Demo09 [Java Application] D:\Program Files\Java\jdk1.8.0_101\bin\javaw.exe (201
java.lang.Exception: 性别必须是“男”或者“女”!
	at com.ssdut.jav.Person.setSex(Person.java:16)
	at com.ssdut.jav.Demo09.main(Demo09.java:7)
```

图 10.13　测试 throw 抛出异常的运行结果

throw 和 throws 的区别表现在以下 3 个方面。

（1）作用不同：throw 用于在程序中抛出异常；throws 用于声明在该方法内抛出了异常。

（2）使用的位置不同：throw 位于方法体内部，可以作为单独语句使用；throws 必须跟在方法参数列表的后面，不能单独使用。

（3）内容不同：throw 抛出一个异常对象，而且只能是一个；throws 后面跟异常类，而且可以跟多个异常类。

10.3.2　异常的分类

Java 的异常体系包括许多异常类，它们之间存在继承关系。Java 的异常体系结构如图 10.14 所示。

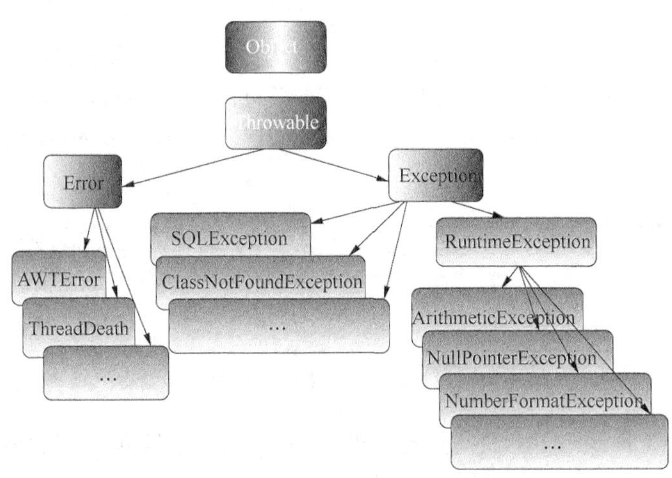

图 10.14　Java 的异常体系结构

（1）Throwable 类：所有异常类型都是 Throwable 类的子类，它派生两个子类，即 Error 类和 Exception 类。

（2）Error 类：表示仅靠程序本身无法恢复的严重错误，如内存溢出、动态链接失败、虚拟机错误等。应用程序不应该抛出这种类型的对象（一般是由虚拟机抛出）。假如出现这种错误，除了尽力使程序安全退出外，在其他方面是无能为力的。所以在进行程序设计时，应该更关注 Exception 类。

（3）Exception 类：由 Java 应用程序抛出和处理的非严重错误，如所需文件找不到、网络连接不通或中断、算术运算出错（如被零除）、数组下标越界、装载了一个不存在的类、对 null 对象操作、类型转换异常等。不同的子类分别对应不同类型的异常。

（4）运行时异常：包括 RuntimeException 及其所有子类，不要求程序必须对它们做出处理也可以编译。例如示例 10 中 ArithmeticException 和 InputMismatchException 异常，在程序中并没有使用 try-catch 语句块或 throws 进行处理，仍旧可以进行编译和运行，运行时发生异常，会输出异常的堆栈信息并中止程序运行。

（5）Checked 异常（非运行时异常）：除了运行时异常外的其他继承于 Exception 的异常类。程序必须捕获或者声明抛出这种异常，否则会出现编译错误，无法通过编译。处理方式包括两种：通过 try-catch 语句块在当前位置捕获并处理异常；通过 throws 声明抛出异常，交给上一级调用方法处理。

示例 11

```
import java.io.*;
/**
 * 不处理 Checked 异常
 */
public class Demo10 {
    public static void main(String[] args) {
        FileInputStream fis = null;
        // 创建指定文件的流
        fis = new FileInputStream(new File("accp.txt"));
        // 创建指定文件的流
        fis.close();
    }
}
```

示例 11 的代码中，由于没有对 Checked 异常进行处理，无法通过编译，“fis = new FileInputStream(new File("accp.txt"));”这行出现编译错误，提示错误信息“Unhandled exception type FileNotFoundException”，“fis.close();”这行也会出现编译错误，提示错误信息“Unhandled exception type IOException”。运行结果如图 10.15 所示。

```
Exception in thread "main" java.lang.Error: Unresolved compilation problems:
        Unhandled exception type FileNotFoundException
        Unhandled exception type IOException
```

图 10.15　没有处理 Checked 异常的运行结果

对示例 11 中的 Checked 异常进行处理，使其可以正常通过编译，代码如示例 12 所示。示例中的 FileNotFoundException、IOException 都是 Checked 异常。

示例 12

```
import java.io.*;
/**
 * 处理 Checked 异常
 */
public class Demo11 {
    public static void main(String[] args) {
        FileInputStream fis = null;
        try {
            // 创建指定文件的流
            fis = new FileInputStream(new File("accp.txt"));
        } catch (FileNotFoundException e) {
            System.err.println("无法找到指定文件！");
```

```
                e.printStackTrace();
            }
            try {
                // 关闭指定文件的流
                fis.close();
            } catch (IOException e) {
                System.err.println("关闭指定文件输入流时出现异常！");
                e.printStackTrace();
            }
        }
    }
```

10.3.3　自定义异常

当 JDK 中的异常类型不能满足程序的需要时，可以自定义异常类。使用自定义异常一般有如下几个步骤。

（1）定义异常类，并继承 Exception 或者 RuntimeException。前者为 Checked 异常，后者为运行时异常。

（2）编写异常类的构造方法，并继承父类的实现。常见的构造方法有 4 种。

```
//构造方法 1
public MyException(){
    super();
}
//构造方法 2
public MyException(String message){
    super(message);
}
//构造方法 3
public MyException(String message,Throwable cause){
    super(message,cause);
}
//构造方法 4
public MyException (Throwable cause){
    super(cause);
}
```

（3）实例化自定义异常对象，并在程序中使用 throw 抛出。

使用自定义异常实现示例 9、示例 10，如示例 13 所示。

示例 13

```
    //异常类
public class GenderException extends Exception{
    //构造方法 1
    public GenderException() {
          super();
    }
//构造方法 2
    public GenderException(String message) {
          super(message);
    }
    //省略其他构造方法
```

```
    }
    //Person类
    public void setSex(String sex) throws GenderException {
          if ("男".equals(sex) || "女".equals(sex))
            this.sex = sex;
          else {
            throw new GenderException("性别必须是“男”或者“女”！");
          }
    }
    //测试类
    public static void main(String[] args){
        Person person = new Person();
          try {
            person.setSex("Male");
            person.print();
          } catch (GenderException e) {
            e.printStackTrace();
          }
    }
```

运行结果与示例 9、示例 10 一致。

10.4 开源日志记录工具 log4j

在示例 10 中，根据控制台提示输入被除数和除数，然后计算并输出商，不同的异常被正确地捕获，并在控制台上输出相应信息。有时，我们还希望以文件的形式记录这些异常信息，甚至记录程序正常运行的关键步骤信息，以便日后查看，这种情况该如何处理呢?

显然，我们可以自行编程实现，但是从效率和性能方面考虑，还有一个更好的选择，那就是使用流行的开源项目 log4j。

在 Eclipse 中使用 log4j 的步骤比较简单，主要分为以下 4 个步骤。

（1）在项目中导入 log4j 所使用的 JAR 包。

（2）创建 1og4j.properties 文件。

（3）编写 log4j.properties 文件，配置日志参数。

（4）在程序中使用 log4j 记录日志信息。

在学习 log4j 的具体用法之前，我们先来了解一下什么是日志和日志的分类。

10.4.1 日志及分类

软件的运行过程离不开日志。日志主要用来记录系统运行过程中的一些重要的操作信息，便于监视系统运行情况，帮助用户提前发现和避开可能出现的问题，或者出现问题后根据日志找到发生原因。

日志根据记录内容的不同，主要分成以下 3 类。

（1）SQL 日志：记录系统执行的 SQL 语句。

（2）异常日志：记录系统运行中发生的异常事件。

（3）业务日志：记录系统运行过程，如用户登录、操作记录。

log4j 是一个非常优秀的日志（log）记录工具。通过使用 log4j，我们可以控制日志的输出级别及日志信息输送的目的地（如控制台、文件等），还可以控制每一条日志的输出格式。

要使用 log4j，首先需要下载 log4j 的 JAR 文件。log4j 是 Apache 的一个开源项目，有多个版本，这里使用 log4j 1.2.17 版，可以在官方网站下载 ZIP 文件并解压，里面包含的主要内容及在 ZIP 包内的路径如下。

（1）log4j 的 JAR 包：apache-log4j-1.2.110\log4j-1.2.17.jar。

（2）使用手册（manual）：apache-log4j-1.2.17\site\manual.html。

（3）Javadoc（APIDocs）：apache-log4j-1.2.17\site\apidocs\index.html。

10.4.2　log4j 记录日志的使用

下面就开始具体讲解 log4j，使用 log4j 来记录日志。

（1）在项目中加入 log4j 所使用的 JAR 文件。在 Eclipse 中选中要使用 log4j 的项目，然后依次选择“Project”→“properties”→“Java Build Path”→“Libraries”→“Add External JARs...”选项，弹出选择 JAR 的窗口，找到自己计算机上存放的文件，即“log4j-1.2.17.jar”，如图 10.16 所示。单击“打开”按钮，确认后回到项目的属性窗口，单击“OK”按钮即可。

（2）创建 log4j.properties 文件。使用 log4j 需要创建 log4j.properties 文件，该文件专门用来配置日志参数，如输出级别、输出目的地、输出格式等。

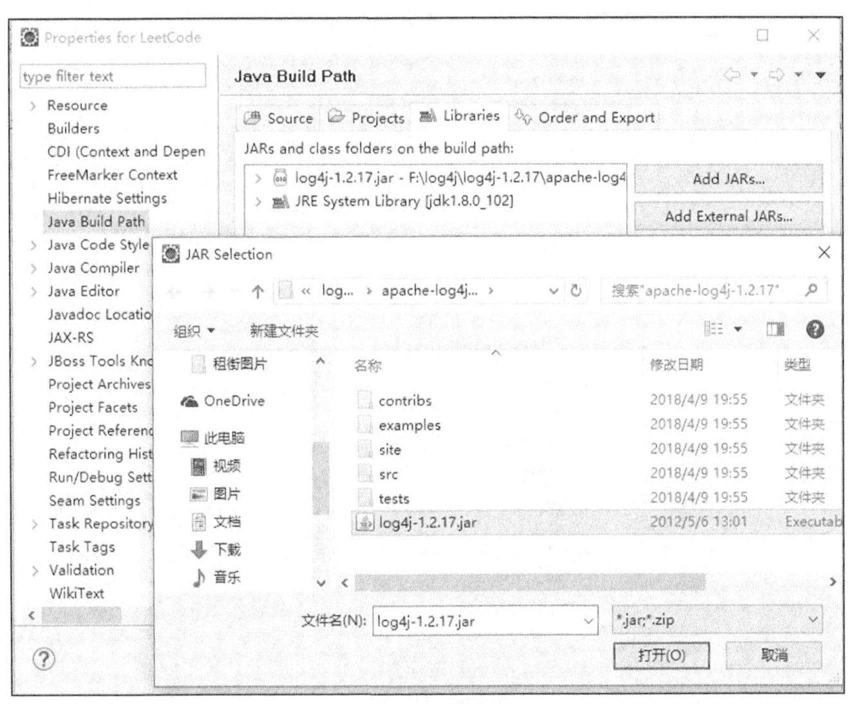

图 10.16　添加外部 JAR 文件

选择要使用 log4j 的项目，右击“src”选项，依次选择“New”→“File”选项，弹出“New File”对话框，输入文件名“log4j.properties”，单击“Finish”按钮，结束创建。创建后的结果如图 10.17 所示。

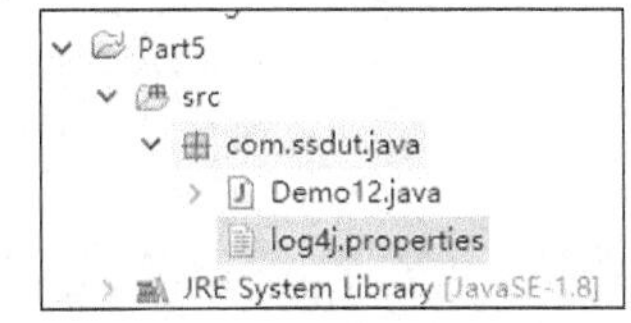

图 10.17　创建 log4j.properties 文件

（3）编写 log4j.properties 文件，配置日志信息。现在，我们就一起来编写这个文件，内容如示例 14 所示。各配置项的具体含义我们会在后面详细讲解。根据配置，系统将在控制台和文件中同时记录日志信息，日志文件的名字是 ssdut.log。

示例 14

```
### 设置 Logger 输出级别和输出目的地 ###
log4j.rootLogger=debug,stdout,logfile

### 把日志信息输出到控制台 ###
log4j.appender.stdout=org.apache.log4j.ConsoleAppender
log4j.appender.stdout.Target=System.err
log4j.appender.stdout.layout=org.apache.log4j.SimpleLayout

### 把日志信息输出到文件 ssdut.log ###
log4j.appender.logfile=org.apache.log4j.FileAppender
log4j.appender.logfile.File=ssdut.log
log4j.appender.logfile.layout=org.apache.log4j.PatternLayout
log4j.appender.logfile.layout.ConversionPattern=%d{yyyy-MM-dd HH:mm:ss}%l %F %p %m%n
```

（4）在程序中使用 log4j 记录日志信息。现在可以在程序中使用 log4j 了。对示例 10 进行修改，代码如示例 15 所示。

示例 15

```
import java.util.InputMismatchException;
import java.util.Scanner;
import org.apache.log4j.Logger;
/**
 * 使用 log4j 记录日志
 */
public class Demo12 {
    private static Logger logger=Logger.getLogger(Demo12.class.getName());
    public static void main(String[] args) {
        try {
            Scanner in = new Scanner(System.in);
            System.out.print("请输入被除数: ");
            int num1 = in.nextInt();
            logger.debug("输入被除数: " + num1);
            System.out.print("请输入除数: ");
            int num2 = in.nextInt();
            logger.debug("输入除数: " + num2);
            System.out.println(String.format("%d / %d = %d",
                    num1, num2, num1/num2));
            logger.debug("输出运算结果: " + String.format("%d / %d = %d",
                    num1, num2, num1/num2));
        } catch (InputMismatchException e) {
            logger.error("被除数和除数必须是整数", e);
        } catch (ArithmeticException e) {
            logger.error(e.getMessage());
        } catch (Exception e) {
            logger.error(e.getMessage());
        } finally {
            System.out.println("欢迎使用本程序!");
        }
    }
}
```

首先创建一个私有静态的 Logger 对象，然后就可以通过它的 debug()或者 error()等方法输出日志信息了。控制台运行结果如图 10.18 和图 10.19 所示。

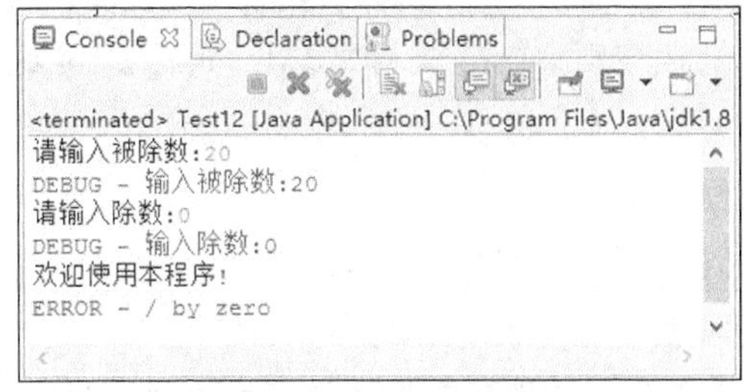

图 10.18　异常情况下输出到控制台的日志信息

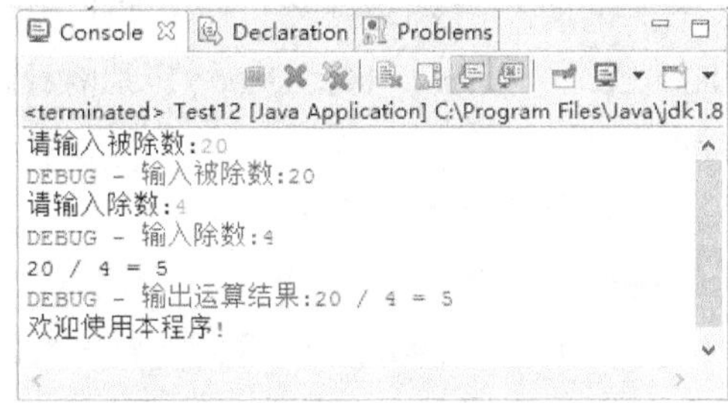

图 10.19　正常情况下输出到控制台的日志信息

打开日志文件 ssdut.log 文件，内容如图 10.20 所示。

```
-08-08 16:01:19 cn.ssdut.log.Demo12.main(Demo12.java:17) Demo12.java DEBUG 输入被除数:20
-08-08 16:01:24 cn.ssdut.log.Demo12.main(Demo12.java:20) Demo12.java DEBUG 输入除数:0
-08-08 16:01:24 cn.ssdut.log.Demo12.main(Demo12.java:28) Demo12.java DEBUG /by zero
-08-08 16:02:02 cn.ssdut.log.Demo12.main(Demo12.java:17) Demo12.java DEBUG 输入被除数:20
-08-08 16:02:06 cn.ssdut.log.Demo12.main(Demo12.java:20) Demo12.java DEBUG 输入被除数:4
-08-08 16:02:06 cn.ssdut.log.Demo12.main(Demo12.java:23) Demo12.java DEBUG 输出运算结果:20/4=5
```

图 10.20　输出到文件 ssdut.log 中的日志信息

Logger 对象是用来替代 System.out 或者 System. err 的日志记录器，供程序员输出日志信息，它提供了一系列方法来输出不同级别的日志信息。

```
public void debug(Object msg)。
public void debug(Object msg, Throwable t)。
public void info(Object msg)。
public void info(Object msg, Throwable t)。
public void warn(Object msg)。
public void warn(Object msg, Throwable t)。
public void error(Object msg)。
public void error(Object msg, Throwable t)。
public void fatal(Object msg)。
public void fatal(Object msg, Throwable t)。
```

10.4.3　log4j 配置文件

示例 14 是 log4j 的配置文件 log4j.properties，下面对其中的配置信息进行详细解释。

1. 输出级别

```
log4j.rootLogger=debug,stdout,logfile
```

其中，debug 指的是日志记录器（Logger）的输出级别，主要输出级别及含义如下。

（1）fatal：指出严重的错误事件将会导致应用程序的退出。

（2）error：指出虽然发生错误事件，但仍然不影响系统的继续运行。

（3）warn：表明会出现潜在错误的情形。

（4）info：在粗粒度级别上指明消息，强调应用程序的运行过程。

（5）debug：指出细粒度信息事件，对调试应用程序是非常有帮助的。

各个输出级别优先级为

```
fatal > error > warn > info > debug
```

日志记录器（Logger）将只输出那些级别高于或等于它的信息。例如，级别为 debug，将输出 fatal、error、warn、info、debug 级别的日志信息；而级别为 error，将只输出 fatal、error 级别的日志信息。

2. 日志输出目的地 Appender

```
log4j.rootLogger=debug,stdout,logfile
```

其中，stdout、logfile 指的是日志输出目的地的名字。

log4j 允许记录日志输出到多个输出目的地，一个输出目的地被称为一个 Appender。log4j 中最常用的 Appender 有两种。

（1）ConsoleAppender：输出日志事件到控制台。通过 Target 属性配置输出到 System.out 或 System.err，默认的目标是 System.out。

（2）FileAppender：输出日志事件到一个文件。通过 File 属性配置文件的路径及名称。

示例 14 中共有两个 Appender，第一个命名为 stdout，使用了 ConsoleAppender，通过配置 Target 属性，把日志信息写到控制台 System.err；第二个 Appender 命名为 logfile，使用了 FileAppender，通过配置 File 属性，把日志信息写到指定的文件 ssdut.log 中。

3. 日志布局类型 Layout

Appender 必须使用一个与之相关联的布局类型 Layout，用来指定它的输出样式。log4j 中最常用的 Layout 有以下 3 种。

（1）HTMLLayout：格式化日志输出为 HTML 表格。

（2）SimpleLayout：以一种非常简单的方式格式化日志输出，它输出级别 Level，然后跟着一个破折号“——”，最后是日志消息。

（3）Patternlayout：根据指定的转换模式格式化日志输出，从而支持丰富多样的输出格式。需要配置 layout.ConversionPattern 属性，若没有配置该属性，则使用默认的转换模式。

示例 14 中的第一个 Appender 是 stdout，使用了 Simplelayout；第二个 Appender 是 logfile，使用了 Patternlayout，需要配置 layout.ConversionPattern 属性来自定义输出格式。

4. 转换模式 Conversionpattern

对于 Patternlayout，需要配置 layout.ConversionPattern 属性，常用的配置参数及含义如下。

（1）%d：用来设置输出日志的日期和时间，默认格式为 ISO 8601。也可以在其后指定格式，如%d{yyyy-MM-dd HH:mm:ss}，输出格式类似于“2018-03-09 17:51:08”。

（2）%m：用来输出代码中指定的消息。

（3）%n：用来输出一个回车换行符。

（4）%l：用来输出日志事件的发生位置，包括类名、发生的线程，以及在代码中的行数。例如，如果输出为 cn.ssdut.log.Test11.main(Test11.java:21)，则说明日志事件发生在 cn.ssdut.log 包下的 Test11 类的 main 线程中，在代码中的行数为第 21 行。

（5）%p：用来输出优先级，即 debug、info、warn、error、fatal 等。

（6）%F：用来输出文件名。

（7）%M：用来输出方法名。

课 后 习 题

1. 从命令行得到 5 个整数，放入一个整型数组，然后打印出来，要求：如果输入数据为整数，要捕获 Integer.parseInt()产生的异常，显示“请输入整数”；捕获输入参数是 1 个的异常（数组越界），显示“请输入至少 5 个整数”。

2. 写一个方法 void sanjiao(int a,int b,int c)，判断 3 个参数是否能构成一个三角形，如果不能，则抛出异常 IllegalArgumentException，显示异常信息“a、b、c 不能构成三角形”；如果可以构成，则显示三角形 3 条边长，在主方法中得到的 3 个整数，调用此方法，并捕获异常。

3. 编写程序接收用户输入的分数信息，如果分数在 0～100，则输出成绩；如果成绩不在该范围内，则抛出异常信息，提示分数必须在 0～100。

要求：使用自定义异常实现。

4. 编写一个计算 N 个整数平均值的程序。程序应该提示用户输入 N 的值，如果用户输入的值是一个负数，则应该抛出一个异常并捕获，提示“N 必须是正数或者 0”，并提示用户再次输入该数。

第 11 章 抽象类和接口

本章学习目标：

- 掌握抽象类和抽象方法；
- 掌握接口的用法；
- 理解面向对象设计原则。

11.1 抽　象　类

11.1.1 初识抽象类和抽象方法

1. 区分普通方法和抽象方法

在 Java 中，当一个类的方法被 abstract 关键字修饰时，该方法称为抽象方法。抽象方法所在的类必须定义为抽象类。

当一个方法被定义为抽象方法后，意味着该方法不会有具体的实现，而是在抽象类的子类中通过方法重写进行实现。定义抽象方法的语法格式为

```
[访问修饰符]abstract<返回类型><方法名>([参数列表]);
```

abstract 关键字表示该方法被定义为抽象方法。

普通方法和抽象方法相比，主要有下列两点区别。

（1）抽象方法需要用修饰符 abstract 修饰，普通方法不需要。

（2）普通方法有方法体，抽象方法没有方法体。

2. 区分普通类和抽象类

在 Java 中，当一个类被 abstract 关键字修饰时，该类被称为抽象类。

定义抽象类的语法格式为

```
abstract class <类名>{
}
```

abstract 关键字表示该类被定义为抽象类。

普通类和抽象类相比，主要有下列两点区别。

（1）抽象类需要用修饰符 abstract 修饰，普通类不需要。

（2）普通类可以实例化，抽象类不能被实例化。

3. 定义一个抽象类

当一个类被定义为抽象类时，它可以包含各种类型的成员，包括属性、方法等，其中，方法又可分为普通方法和抽象方法，如下面的抽象类结构。

```
public abstract class 类名称{
  修饰符 abstract 返回类型 方法名();
  修饰符 返回类型 方法名(){
    方法体
  }
}
```

注意

抽象方法只能定义在抽象类中。但是抽象类中可以包含抽象方法，也可以包含普通方法，还可以包含普通类包含的一切成员。

11.1.2 使用抽象类描述抽象的事物

下面通过一个示例简单介绍抽象类和抽象方法的用法。

有一个汽车类，汽车具体分为轿车、客车等，实例化一个轿车类、客车类是有意义的，而实例化一个汽车类则是不合理的。这里可以把汽车类定义为抽象类，避免汽车类实例化。

示例 1 定义一个抽象的汽车类。

关键代码如下。

```
//汽车抽象类，即轿车类和客车类的父类
public abstract class MotoVehicle{
  private String no;          //车牌号
  private String brand;       //品牌
  //有参构造方法
  public MotoVehicle(String no,String brand) {
    this. no= no;
    this.brand=brand;
  }
  //输出汽车信息
  public void print() {
    System.out.println("汽车的车牌号："+this.no+"，品牌是"+
     this.brand + "。");}
}
class Test{
  public static void main(Sring[] args) {
    MotoVehicle motoVehicle=new MotoVehicle("黑BK1234" , "大众");
    //错误，抽象类不能被实例化
    motoVehicle.print();
  }
}
```

输出结果如图 11.1 所示。

示例 1 的代码中，不可以直接实例化抽象类 MotoVehicle，但是它的子类是可以实例化的。如果子类中没有重写 print()方法，子类将继承 MotoVehicle 类的该方法，但无法正确输出子类信息。在 Java 中可以将 print()方法定义为抽象方法，让子类重写该方法。示例 2 展示了如何定义一个抽象方法，并在子类中实现该方法。

```
Exception in thread "main" java.lang.Error: Unresolved compilation problem:
	Cannot instantiate the type MotoVehicle

	at ServiceForT.Test.main(Test.java:7)
```

图 11.1　输出结果

示例 2　在抽象的汽车类中定义抽象方法。

关键代码如下。

```
//汽车抽象类，即轿车类和客车类的父类
public abstract class MotoVehicle {
  private String no;          //车牌号
  private String brand;       //品牌
  //有参构造方法
  public MotoVehicle(String no,String brand) {
    this. no= no;
    this.brand=brand;
  }
  //抽象方法，输出汽车信息
  public abstract void print();
}
```

子类关键代码如下。

```
//抽象汽车的子类，即轿车类
public class Car extends MotoVehicle{
  private String type;     //型号
  public Car (String no,String brand, String type) {
    super(no,brand);
    this.type=type;
  }
  public String getType() {
    return type;
  }
  //重写父类的print()方法
  pubic void print() {
    System.out.println("我是一辆轿车，型号是"+ this.type +"。");
  }
}
```

在示例 2 中，可以实例化 Car 类得到子类对象，并通过子类对象调用子类中的 print()方法，从而输出子类信息。

11.1.3　抽象类和抽象方法的优势

下面分析如何设计“汽车租赁”系统，以讲解使用抽象类和抽象方法的优势。

在“汽车租赁”系统中，主要对租赁中心的汽车进行管理。汽车类型有轿车和客车等。根据分析，汽车的属性有车牌号（no）、品牌（brand）等属性，品牌的属性值可以是别克、宝马、金杯和金龙等。轿车除了具有汽车类的属性外，还有型号（type）属性，如商务舱 GL8、550i、林荫大道等，型号和租金有直接关系，例如，车型为别克商务舱 GL8 的轿车日租金为 600 元，而车型为宝马 550i 的轿车日租金为 500 元，车型为别克林荫大道的轿车日租金为 300 元。客车除了具有汽车类的属性，还有座位数（seatCount）属性，例如，座位数≤16 座的金龙客车日租金是 800 元，座位数>16 座的金龙客车日租金是 1500 元。

在设计系统的时候，可以设计一个抽象类，即抽象的汽车类，这个抽象类有两个普通方法——getNo()和 getBrand()，分别代表获取汽车车牌号和获取汽车品牌；同时也有一个抽象方法为计算租金，取名为 calRent(int days)，由于它是抽象方法，所以它没有方法体。之后，将轿车类和客车类继承这个抽象类，如图 11.2 所示。

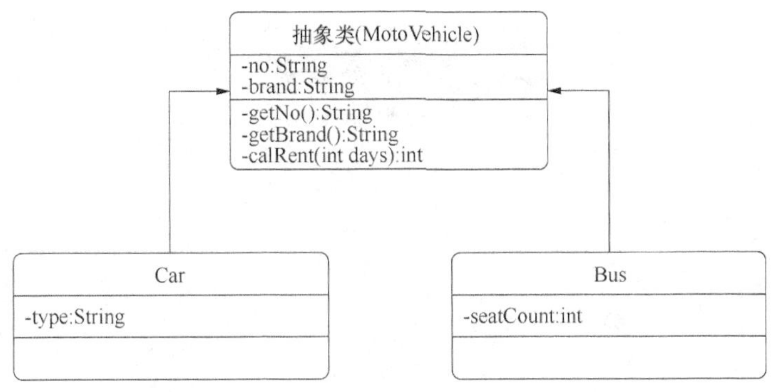

图 11.2　汽车的继承结构

汽车抽象类中的 getNo()和 getBrand()方法实现后，轿车、客车都可以直接使用汽车类的 getNo()和 getBrand()方法，但是由于计算租金方法是抽象方法，也就是轿车、客车需要实现自己的计算租金的方式。

可以看出，通过继承了抽象类（汽车），轿车、客车等汽车类由于获取车牌号和品牌的功能一样，因此可以通过直接使用抽象类中的 get 方法，避免在自己的类中再次实现 getNo()和 getBrand()方法，也就是 getNo()和 getBrand()能够在任何一个汽车抽象类的子类中复用。同时，由于租金计算方式不同，每一个汽车类都被要求必须实现自身的 calRent(int days)方法，也体现了每个汽车类的个性。

总之，抽象类中已经实现的方法可以被其子类使用，使代码可以被复用；同时提供了抽象方法，保证了子类具有自身的独特性。

11.1.4　抽象类的局限性

在有些应用场合，仅仅使用抽象类和抽象方法会有一定的局限性。程序开发者要认识这种局限性，并学会使用接口来改进设计。

抽象类一般用于当需要提取共同的行为放在父类，然后有一些行为不能确定时，这时就需要将不确定的行为作为抽象方法留给子类实现，子类继承抽象类以后，就自动有了父类已定义的方法的能力，但是抽象类有一个局限性，那就是不能多重继承。

将类抽取出通用部分作为接口是容易的，但是要作为抽象类则不太方便，因为这个类有可能继承自另一个类。

11.2　接　　口

接口 1

11.2.1　接口基础知识

上一节我们学习了抽象类的知识，如果抽象类中所有的方法都是抽象方法，就可以使用 Java 提供的接口来表示。从这个角度来讲，接口可以看作一种特殊的“抽象类”，但是采用与抽象类完全不同的语法来表示，两者的设计理念也是不同的。

下面通过生活中的 USB 接口及其实现的例子开始 Java 接口的学习。

USB 接口实际上是某些企业和组织等制定的一种约定或标准，规定了接口的大小、形状、各引脚信号电平的范围和含义、通信速度、通信流程等，按照该约定设计的各种设备如 U 盘、USB 风扇、USB 鼠标等都可以插到 USB 口上正常工作，如图 11.3 所示。

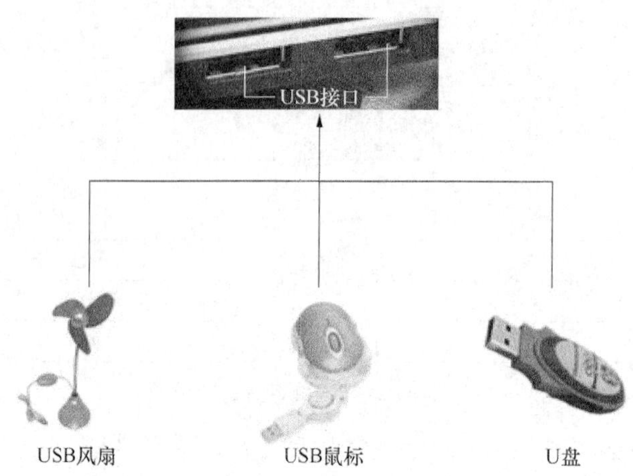

图 11.3　USB 接口及 USB 设备

在现实生活中，相关工作是按照如下步骤进行的。

（1）约定 USB 接口标准。

（2）制作符合 USB 接口约定的各种具体设备。

（3）把 USB 设备插到 USB 口上进行工作。

下面通过编写 Java 代码来模拟以上步骤。

（1）定义 USB 接口，通过 service()方法提供服务，这时会用到 Java 中接口的定义语法，代码如示例 3 所示。

示例 3

```
/**
 * USB 接口
 */
public interface UsbInterface {
    /**
     * USB 接口提供服务
     */
    void service();
}
```

（2）定义 U 盘类，实现 USB 接口，进行数据传输，代码如示例 4 所示。

示例 4

```
/**
 * U 盘
 */
public class UDisk implements UsbInterface {
          public void service() {
```

```
        System.out.println("连接 USB 口，开始传输数据。");
    }
}
```

（3）定义 USB 风扇类，实现 USB 接口，获得电流让风扇转动，代码如示例 5 所示。

示例 5

```
/**
 * USB 风扇
 */
public class UsbFan implements UsbInterface {
        public void service() {
        System.out.println("连接 USB 口，获得电流，风扇开始转动。");
    }
}
```

（4）编写测试类，实现 U 盘传输数据，实现 USB 风扇转动，代码如示例 6 所示。

示例 6

```
/**
 * 测试类
 * @param args
 */
public class Test {
    public static void main(String[] args) {
        //1.U 盘
        UsbInterface uDisk = new UDisk();
        uDisk.service();
        //2.USB 风扇
        UsbInterface usbFan= new UsbFan();
        usbFan.service();
    }
}
```

运行结果如图 11.4 所示。

```
Problems  @ Javadoc  Declaration  Console
<terminated> Test [Java Application] E:\Java\jre1.8.0_92\bin\javaw.exe (2018年8月12日 下午7:50:40)
连接USB口，开始传输数据。
连接USB口，获得电流，风扇开始转动。
```

图 11.4　运行结果

以上介绍了 Java 中接口的定义语法和类实现接口的语法，这些技能在后面章节中将被反复用到。接口的定义语法可抽象为

```
[修饰符] interface 接口名 extends 父接口 1, 父接口 2,...{
    常量定义
    方法定义
}
```

类实现接口的语法可抽象为

```
class 类名 extends 父类名 implements 接口 1, 接口 2,...{
    类的内容
```

```
}
```

语句说明如下。

（1）接口和类、抽象类是一个层次的概念，命名规则相同。如果修饰符是 public，则该接口在整个项目中可见。如果省略修饰符，则该接口只在当前包可见。

（2）接口中可以定义常量，不能定义变量。在接口中，属性都会自动用 public static final 修饰，即接口中的属性都是全局静态常量。接口中的常量必须在定义时指定初始值。

```
public static final int PI=3.14;
int PI=3.14;//在接口中，这两个定义语句效果完全相同
int PI;//错误！在接口中必须指定初始值，在类中会有默认值
```

（3）在接口中，所有方法都是抽象方法。接口中的方法都会自动用 public abstract 修饰，即接口中只有全局抽象方法。

（4）和抽象类一样，接口同样不能实例化，接口中不能有构造方法。

（5）接口之间可以通过 extends 实现继承关系，一个接口可以继承多个接口，但接口不能继承类。

（6）一个类只能有一个直接父类，但可以通过 implements 实现多个接口。类必须实现接口的全部方法，否则必须定义为抽象类。类在继承父类的同时又实现了多个接口时，extends 必须位于 implements 之前。

11.2.2 接口表示一种约定

接口 2

打印机的墨盒可能是彩色的，也可能是黑白的，所用的纸张可以是多种类型，如 A4、B5 等，并且墨盒和纸张都不是打印机厂商提供的，那么打印机厂商如何避免自己的打印机与市场上的墨盒、纸张不符呢？

有效解决问题的途径是制定墨盒、纸张的约定或标准，然后打印机厂商按照约定对墨盒、纸张提供支持，不管最后使用哪个厂商的墨盒或纸张，只要符合统一的约定，打印机都可以使用。Java 中的接口就表示这样一种约定。

通过 Java 实现打印机打印的具体步骤如下。

（1）定义墨盒接口 InkBox，约定墨盒的标准，代码如示例 7 所示。

示例 7

```
/**
 *定义墨盒接口
 */
public interface InkBox {

    /**
     * 得到墨盒颜色
     * @return 墨盒颜色
     */
    public String getColor();
}
```

（2）定义纸张接口 Paper，约定纸张的标准，代码如示例 8 所示。

示例 8

```
/**
 *定义纸张接口
```

```
 */
public interface Paper {

     /**
      * 得到纸张大小
      * @return 纸张大小
      */
     public String getSize();
}
```

（3）定义打印机类，引用墨盒接口、纸张接口实现打印功能，代码如示例 9 所示。

示例 9

```
/**
 * 定义打印机类
 */
public class Printer  {

     /**
      * 使用墨盒在纸张上打印
      * @param inkBox 打印使用的墨盒
      * @param paper 打印使用的纸张
      */
     public void print(InkBox inkBox,Paper paper){
          System.out.println("使用"+inkBox.getColor()+
                    "墨盒在"+paper.getSize()+"纸张上打印。");
     }
}
```

（4）墨盒厂商按照 InkBox 接口实现 ColorInkBox 类和 GrayInkBox 类，代码如示例 10 所示。

示例 10

```
/**
 * 彩色墨盒
 */
public class ColorInkBox implements InkBox {
     public String getColor() {
          return "彩色";
     }
}

/**
 * 黑白墨盒
 */
public class GrayInkBox implements InkBox {
     public String getColor() {
          return "黑白";
     }
}
```

（5）纸张厂商按照 Paper 接口实现 A4Paper 类和 B5Paper 类，代码如示例 11 所示。

示例 11

```
/**
```

```
 * A4 纸类
 */
public class A4Paper implements Paper {
     public String getSize() {
          return "A4";
     }
}

/**
 * B5 纸类
 */
public class B5Paper implements Paper {
     public String getSize() {
          return "B5";
     }
}
```

（6）“组装”打印机，让打印机通过不同墨盒和纸张实现打印，代码如示例 12 所示。

示例 12

```
/**
 * 测试类
 */
public class Test {
     public static void main(String[] args) {
          //定义打印机
          InkBox inkBox = null;
          Paper paper = null;
          Printer printer=new Printer();
          //使用黑白墨盒在 A4 纸上打印
          inkBox=new GrayInkBox();
          paper=new A4Paper();
          printer.print(inkBox, paper);
          //使用彩色墨盒在 B5 纸上打印
          inkBox=new ColorInkBox();
          paper=new B5Paper();
          printer.print(inkBox, paper);
     }
}
```

运行结果如图 11.5 所示。

```
Problems  Javadoc  Declaration  Console
<terminated> Test [Java Application] E:\Java\jre1.8.0_92\bin\javaw.exe (2018年8月12日 下午8:23:26)
使用黑白墨盒在A4纸张上打印。
使用彩色墨盒在B5纸张上打印。
```

图 11.5　运行结果

以上案例说明接口表示一种约定，其实生活中这样的例子还有很多。例如，两相电源插座中接头的形状、两个接头间的距离和两个接头间的电压，都遵循统一的约定。主板上的 PCI 插槽也遵循 PCI 接口约定，遵守同样约定制作的显卡、声卡、网卡可以插到任何一个 PCI 插槽上。

在面向对象编程中提倡面向接口编程，而不是面向实现编程。

如果打印机厂商只是面向某一家或几家厂商的墨盒产品规格生产打印机，而没有一个统一的约定，就无法使用更多厂商的墨盒。如果这些墨盒厂商倒闭了，这些打印机就无用武之地了。为什么会出现这种情况？就是因为彼此依赖性太强了，或者说耦合性太强了。而如果按照统一的约定生产打印机和墨盒，就不会存在这个问题。

示例 9 体现了面向接口编程的思想，Printer 类的 print()方法的两个参数使用了接口 InkBox 和 Paper 接口，就可以接受所有实现了这两个接口的类的对象，即使是新推出的墨盒类型，只要遵守该接口的约定，就能够接受。如果面向实现编程，两个参数类型使用 GrayBox 和 B5Paper，大大限制了打印机的适用范围，无法对新推出的 ColorInkBox 提供支持。

接口体现了约定和实现相分离的原则，通过面向接口编程，可以降低代码间的耦合性，提高代码的可扩展性和可维护性。面向接口编程就意味着：开发系统时，主体构架使用接口，接口构成系统的骨架，这样就可以通过更换实现接口的类来实现更换系统。

面向接口编程可以实现接口和实现的分离，这样做的最大好处就是能够在客户端未知的情况下修改实现代码。那么什么时候应该抽象出接口呢？一是用在层和层之同的调用。层和层之间最忌讳耦合度过高或修改过于频繁。设计优秀的接口能够解决这个问题。二是用在那些不稳定的部分上。如果某些需求的变化性很大，那么定义接口也是一种解决之道。设计良好的接口就像我们以前日常使用的万用插座一样，不论插头如何变化，都可以使用。

最后强调一点，良好的接口定义一定是来自于需求的，它绝对不是程序员绞尽脑汁想出来的。

11.2.3　接口表示一种能力

作为一名合格的软件工程师，不仅要具备熟练的编码能力，还要懂业务，具备和客户、同事良好交流业务的能力。在单位招聘中，招聘软件工程师，就是要招聘具备这些能力的人。只要符合招聘要求，胜任工作，就有机会被录用，而不是具体针对某些人而招聘。在 Java 编程中，如何描述和实现这样一个问题呢？

接口 3

项目经理和部门经理同样要精通业务，初级程序员、高级程序员等也具备编写代码的能力。两种能力并非软件工程师独有，为了降低代码间的耦合性，提高代码的可扩展性和可维护性，可以考虑把这两种能力提取出来作为接口存在，让具备这些能力的类来实现这些接口，具体步骤加下。

（1）定义 Person 接口，可以返回自己的姓名，代码如示例 13 所示。

示例 13

```
/**
 * 人接口
 */
public interface Person {
     /**
      * 返回人的姓名
      * @return 姓名
      */
     public String getName();
}
```

（2）定义 Programmer 接口，继承 Person 接口，具备编码的能力，代码如示例 14 所示。

示例 14

```
/**
```

```
 * 编码人员接口
 */
public interface Programmer extends Person {
     /**
      * 编写程序代码
      */
     public  void  writeProgram();
}
```

（3）定义 BizAgent 接口，继承 Person 接口，具备讲解业务的能力，代码如示例 15 所示。

示例 15

```
/**
 * 业务人员接口
 */
public interface BizAgent extends Person {
     /**
      * 讲解业务
      */
     public void giveBizSpeech();
}
```

（4）定义 SoftEngineer 类，同时实现 Programmer 和 BizAgent 接口，代码如示例 16 所示。

示例 16

```
/**
 * 软件工程师
 */
public class SoftEngineer implements Programmer, BizAgent {
     private String name;// 软件工程师姓名
     public SoftEngineer(String name) {
          this.name = name;
     }
     public String getName() {
          return name;
     }
     public void giveBizSpeech() {
          System.out.println("我会讲业务。");
     }
     public void writeProgram() {
          System.out.println("我会写代码。");
     }
}
```

（5）编写测试类，让软件工程师写代码、讲业务，代码如示例 17 所示。

示例 17

```
/**
 * 测试类
 */
public class Test {
     public static void main(String[] args) {
          //1.创建软件工程师对象
          SoftEngineer xiaoMing = new SoftEngineer("小明");
          System.out.println("我是一名软件工程师，我的名字叫"
```

```
                +xiaoMing.getName()+"。");
        //2.软件工程师进行代码编写
        xiaoMing.writeProgram();
        //3.软件工程师进行业务讲解
        xiaoMing.giveBizSpeech();
    }
}
```

运行结果如图 11.6 所示。

```
Problems  @ Javadoc  Declaration  Console ☒
<terminated> Test [Java Application] E:\Java\jre1.8.0_92\bin\javaw.exe (2018年8月12日 下午9:09:33)
我是一名软件工程师，我的名字叫小明。
我会写代码。
我会讲业务。
```

图 11.6　运行结果

还可以进行优化，把 Programmer 接口和 BizAgent 接口中的重复方法的定义提取出来，放到 Person 接口中，成为这两个接口的父接口。

由以上案例可知，接口表示一种能力，一个类实现了某个接口，就表示这个类具备了某种能力。生活中这样的例子还有很多。例如，钳工、木匠并不是指某个人，而是代表一种能力，招聘钳工、木匠就是招聘具备该能力的人。类似生活中一个人可以具有多项能力，一个类可以实现多个接口。

在 Java API 中，很多接口名都是以“able”为后缀的，就是表示“可以做……”，例如，Serializable、Comparable、Iterable 等。在微软公司的.NET 中也有很多接口名以“able”为后缀的，例如，IComparable、INullable、IClonable 等，也表示同样的意思。

下面对示例 17 进行修改，其中涉及多态技能，代码如示例 18 所示。运行结果与示例 17 相同，读者可结合多态仔细体会和理解。

示例 18

```
/**
 * 测试类
 */
public class Test {
    public static void main(String[] args) {
        Programmer programmer = new SoftEngineer("小明");
        System.out.println("我是一名软件工程师，我的名字叫"
                +programmer.getName()+"。");
        programmer.writeProgram();
        //coder.giveBizSpeech();
        BizAgent bizAgent=(BizAgent)programmer;
        bizAgent.giveBizSpeech();
    }
}
```

课 后 习 题

1. 编写图形接口，包含“画”（draw）的方法，然后编写三角形类、正方形类实现图形接口，分别实现“画”的方法。使用图形接口接收三角形的实例和正方形的实例，并调用接口的 draw 方法。

2. 编写动物类，包含“叫”（shout）的方法，然后编写狗类、猫类，继承动物类，分别重写“叫”的方法，使用动物类接收猫类或狗类对象，并调用“叫”的方法。

3. 按如下要求编写 Java 应用程序。

（1）编写一个抽象类 Number，只含有一个抽象方法 void method()。

（2）编写一个非抽象类 Perfect 继承类 Number，在实现 void method()时，要求输出 2～1000 的所有完数（一个数如果恰好等于除它本身外的因子之和，这个数就被称为完数。例如，6 = 1+2+3，6 为完数）。

（3）编写一个非抽象类 Prime 继承类 Number，在实现 void method()时，要求输出 2～100 的所有素数（素数是指在一个大于 1 的自然数中，除了 1 和此整数自身外，无法被其他自然数整除的数，如 3、5、7、11 等）。

（4）编写测试类 Test，在其 main 方法中测试类 Perfect 和 Prime 的功能。

4. 利用多态性编程，实现求三角形、正方形和圆形面积。方法：抽象出一个共享父类，定义一个函数为求面积的公共界面，再重新定义各形状的求面积函数。在主类中创建不同类的对象，并求得不同形状的面积。

5. 编写一个 Car 类，编写一个 Tank 类，编写一个 Plane 类，编写一个 Fighter 类，Car 类和 Plane 类都有一个 move 方法。要求 Tank 具有 Car 类的特征，Fighter 类具有 Plane 类的特征，并且要求 Tank 类和 Fighter 类都具有攻击的行为方法。根据要求实现此系统。

第 12 章 综合练习 3：星云图书销售管理系统

本章学习目标：

- 实现图书查询、图书出入库、图书新增和图书购买等功能；
- 会实现类的封装、继承和多态；
- 会使用抽象类和接口，了解工厂模式；
- 会使用 try-catch 语句块处理异常。

12.1 项 目 需 求

图书销售管理系统

本系统是为星云图书公司开发的图书销售管理系统。

图书销售管理系统的需求如下。

（1）本系统的主要用户分为两类，即库存管理员和顾客。系统提供这两类用户的登录功能。当用户名和密码一样时，登录成功；否则，登录失败，提示登录失败的信息。当用户名和密码都是“admin”时，登录用户为库存管理员，效果如下。

```
欢迎使用星云图书书店
请输入用户名：admin
请输入密码：admin
登录成功!
*****欢迎登录库存管理系统*****
书号    书名              作者          出版日期      价格    库存
10001   数据库系统概念    西尔伯沙茨    2012-05-01    99.0    76
10002   Python 深度学习   尼格尔·刘易斯 2018-07-01    29.5    18
10003   深入浅出数据分析  迈克尔·米尔顿 2012-10-01    69.5    80
10004   Python 核心编程   卫斯理·春     2016-05-24    78.2    55
10005   成为数据分析师    托马斯·达文波特 2018-02-01  47.0    22
请选择进行的操作：1.图书入库 2.图书出库 3.查询全部图书 4.新增图书 5.退出
```

（2）库存管理员可以管理图书库存（出库、入库）、查询和新增图书。图书入库操作如下。

```
欢迎使用星云图书书店
请输入用户名：admin
请输入密码：admin
登录成功!
```

```
*****欢迎登录库存管理系统*****
书号      书名              作者              出版日期      价格      库存
10001    数据库系统概念      西尔伯沙茨          2012-05-01    99.0     76
10002    Python 深度学习    尼格尔·刘易斯       2018-07-01    29.5     18
10003    深入浅出数据分析    迈克尔·米尔顿       2012-10-01    69.5     80
10004    Python 核心编程    卫斯理·春          2016-05-24    78.2     55
10005    成为数据分析师      托马斯·达文波特     2018-02-01    47.0     22
请选择进行的操作：1.图书入库 2.图书出库 3.查询全部图书 4.新增图书 5.退出
1
请输入图书信息
请输入图书 ID：10006
请输入入库的数量：5
没有此 ID 的图书，请选择新增图书！
*****欢迎登录库存管理系统*****
书号      书名              作者              出版日期      价格      库存
10001    数据库系统概念      西尔伯沙茨          2012-05-01    99.0     76
10002    Python 深度学习    尼格尔·刘易斯       2018-07-01    29.5     18
10003    深入浅出数据分析    迈克尔·米尔顿       2012-10-01    69.5     80
10004    Python 核心编程    卫斯理·春          2016-05-24    78.2     55
10005    成为数据分析师      托马斯·达文波特     2018-02-01    47.0     22
请选择进行的操作：1.图书入库 2.图书出库 3.查询全部图书 4.新增图书 5.退出
1
请输入图书信息
请输入图书 ID：10001
请输入入库的数量：4
*****欢迎登录库存管理系统*****
书号      书名              作者              出版日期      价格      库存
10001    数据库系统概念      西尔伯沙茨          2012-05-01    99.0     80
10002    Python 深度学习    尼格尔·刘易斯       2018-07-01    29.5     18
10003    深入浅出数据分析    迈克尔·米尔顿       2012-10-01    69.5     80
10004    Python 核心编程    卫斯理·春          2016-05-24    78.2     55
10005    成为数据分析师      托马斯·达文波特     2018-02-01    47.0     22
请选择进行的操作：1.图书入库 2.图书出库 3.查询全部图书 4.新增图书 5.退出
```

（3）图书出库操作如下。

```
欢迎使用星云图书书店
请输入用户名：admin
请输入密码：admin
登录成功！
*****欢迎登录库存管理系统*****
书号      书名              作者              出版日期      价格      库存
10001    数据库系统概念      西尔伯沙茨          2012-05-01    99.0     76
10002    Python 深度学习    尼格尔·刘易斯       2018-07-01    29.5     18
10003    深入浅出数据分析    迈克尔·米尔顿       2012-10-01    69.5     80
10004    Python 核心编程    卫斯理·春          2016-05-24    78.2     55
10005    成为数据分析师      托马斯·达文波特     2018-02-01    47.0     22
请选择进行的操作：1.图书入库 2.图书出库 3.查询全部图书 4.新增图书 5.退出
```

```
2
请输入图书信息
请输入 ID：10002
请输入出库的数量：20
库存不足，请确认!
*****欢迎登录库存管理系统*****
书号      书名              作者            出版日期       价格      库存
10001    数据库系统概念       西尔伯沙茨        2012-05-01    99.0      76
10002    Python 深度学习     尼格尔·刘易斯     2018-07-01    29.5      18
10003    深入浅出数据分析     迈克尔·米尔顿     2012-10-01    69.5      80
10004    Python 核心编程     卫斯理·春         2016-05-24    78.2      55
10005    成为数据分析师       托马斯·达文波特   2018-02-01    47.0      22
请选择进行的操作：1.图书入库 2.图书出库 3.查询全部图书 4.新增图书 5.退出
2
请输入图书信息
请输入 ID：10002
请输入出库的数量：5
*****欢迎登录库存管理系统*****
书号      书名              作者            出版日期       价格      库存
10001    数据库系统概念       西尔伯沙茨        2012-05-01    99.0      76
10002    Python 深度学习     尼格尔·刘易斯     2018-07-01    29.5      13
10003    深入浅出数据分析     迈克尔·米尔顿     2012-10-01    69.5      80
10004    Python 核心编程     卫斯理·春         2016-05-24    78.2      55
10005    成为数据分析师       托马斯·达文波特   2018-02-01    47.0      22
请选择进行的操作：1.图书入库 2.图书出库 3.查询全部图书 4.新增图书 5.退出
```

（4）新增图书操作如下。

```
欢迎使用星云图书书店
请输入用户名：admin
请输入密码：admin
登录成功!
*****欢迎登录库存管理系统*****
书号      书名              作者            出版日期       价格      库存
10001    数据库系统概念       西尔伯沙茨        2012-05-01    99.0      76
10002    Python 深度学习     尼格尔·刘易斯     2018-07-01    29.5      18
10003    深入浅出数据分析     迈克尔·米尔顿     2012-10-01    69.5      80
10004    Python 核心编程     卫斯理·春         2016-05-24    78.2      55
10005    成为数据分析师       托马斯·达文波特   2018-02-01    47.0      22
请选择进行的操作：1.图书入库 2.图书出库 3.查询全部图书 4.新增图书 5.退出
4
请输入图书信息
请输入书名：白话区块链
请输入作者：蒋勇;文延;嘉文
请输入出版时间：2017-10-01
请输入价格：59.00
请输入数量：24
*****欢迎登录库存管理系统*****
```

```
书号      书名              作者            出版日期      价格     库存
10001    数据库系统概念       西尔伯沙茨       2012-05-01   99.0     76
10002    Python 深度学习     尼格尔·刘易斯    2018-07-01   29.5     18
10003    深入浅出数据分析     迈克尔·米尔顿    2012-10-01   69.5     80
10004    Python 核心编程     卫斯理·春        2016-05-24   78.2     55
10005    成为数据分析师       托马斯·达文波特  2018-02-01   47.0     22
10006    白话区块链          蒋勇;文延;嘉文   2017-10-01   59.0     24
请选择进行的操作：1.图书入库 2.图书出库 3.查询全部图书 4.新增图书 5.退出
```

（5）顾客可以查询图书、购买图书和结账。在结账的时候，系统会提示顾客是否购买附赠品（CD、包装和钢笔）。结账后要求打印出账单明细。注意，附赠品不可单独购买。输入错误信息提示效果如下。

```
欢迎使用星云图书书店
请输入用户名：buyer1
请输入密码：buyer1
登录成功！
*****欢迎光临星云图书系统*****
书号      书名              作者            出版日期      价格     库存
10001    数据库系统概念       西尔伯沙茨       2012-05-01   99.0     76
10002    Python 深度学习     尼格尔·刘易斯    2018-07-01   29.5     18
10003    深入浅出数据分析     迈克尔·米尔顿    2012-10-01   69.5     80
10004    Python 核心编程     卫斯理·春        2016-05-24   78.2     55
10005    成为数据分析师       托马斯·达文波特  2018-02-01   47.0     22
请选择进行的操作：1.查询图书    2.结账    3.退出
2
请输入欲购买的图书信息
请输入图书 ID：10006
请输入购买数量：5
此书不存在，请确认！
*****欢迎光临星云图书系统*****
书号      书名              作者            出版日期      价格     库存
10001    数据库系统概念       西尔伯沙茨       2012-05-01   99.0     76
10002    Python 深度学习     尼格尔·刘易斯    2018-07-01   29.5     18
10003    深入浅出数据分析     迈克尔·米尔顿    2012-10-01   69.5     80
10004    Python 核心编程     卫斯理·春        2016-05-24   78.2     55
10005    成为数据分析师       托马斯·达文波特  2018-02-01   47.0     22
请选择进行的操作：1.查询图书    2.结账    3.退出
2
请输入欲购买的图书信息
请输入图书 ID：10002
请输入购买数量：20
库存不足，请确认！
*****欢迎光临星云图书系统*****
书号      书名              作者            出版日期      价格     库存
10001    数据库系统概念       西尔伯沙茨       2012-05-01   99.0     76
10002    Python 深度学习     尼格尔·刘易斯    2018-07-01   29.5     18
10003    深入浅出数据分析     迈克尔·米尔顿    2012-10-01   69.5     80
10004    Python 核心编程     卫斯理·春        2016-05-24   78.2     55
```

```
10005     成为数据分析师        托马斯·达文波特    2018-02-01    47.0      22
请选择进行的操作：1.查询图书    2.结账    3.退出
```

（6）购买成功显示如下。

```
欢迎使用星云图书书店
请输入用户名：buyer1
请输入密码：buyer1
登录成功!
*****欢迎光临星云图书系统*****
书号      书名                 作者              出版日期      价格      库存
10001     数据库系统概念        西尔伯沙茨        2012-05-01    99.0      76
10002     Python 深度学习      尼格尔·刘易斯     2018-07-01    29.5      18
10003     深入浅出数据分析      迈克尔·米尔顿     2012-10-01    69.5      80
10004     Python 核心编程      卫斯理·春         2016-05-24    78.2      55
10005     成为数据分析师        托马斯·达文波特   2018-02-01    47.0      22
请选择进行的操作：1.查询图书    2.结账    3.退出
2
请输入欲购买的图书信息
请输入图书 ID：10002
请输入购买数量：2
1.CD 27.50 元 2.包装 2.70 元 3.钢笔  10 元 4.不需要
请输入需要购买的附赠品：1
Python 深度学习：29.5
数量：2
小记：59.0
--------------
附赠品：CD:27.5
--------------
总价格：86.5
```

12.2　项目覆盖的技能点

（1）会使用基本语法结构，包括变量、数据类型。

（2）会使用顺序、分支、循环、跳转语句控制程序逻辑。

（3）熟悉类的封装、继承和多态。

（4）熟悉抽象类和接口，了解工厂模式。

（5）熟悉 try-catch 语句块处理异常。

12.3　难 点 分 析

12.3.1　用户、角色和权限

角色决定了用户有哪些权限。这句话是指，什么样的角色决定了它拥有什么样的权限，然后通过给用户授权角色，就授予了用户这些权限。这样分配可以使系统易于扩展和维护。例如，在本系统中，顾客是角色，顾客的权限有查询图书、购买图书、购买附赠品和结账。我们给小张这个用户分配顾客这个角色，那么小张就有查询图书、购买图书、购买附赠品和结账的权限。可扩展性和可维护性体现在，当系统有 100 位顾客，我们需要给顾客增加新的权限——修改密码，这时我们只需要给顾客这个角色分配这一权限即可，不需要对这 100 个顾客进行一一操作。在实际开发中，遇到类似权限划分的问题，一般可以采用用户、角色、权限的模式。本系统中的用户、角色、权限模式实现思路如下。

（1）权限是操作，是针对行为的。一般把行为抽象为接口，所以把权限也抽象为接口。顾客权限和库存管理员（库管）权限的接口类如图 12.1 所示。

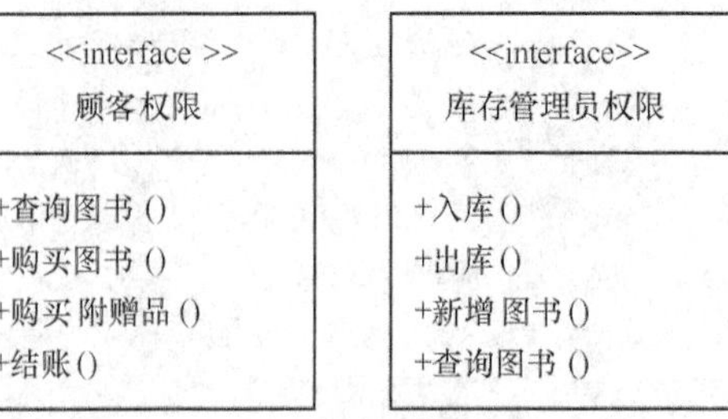

图 12.1 权限的接口类

（2）将角色抽象为抽象类，角色的属性有顾客权限、库存管理员权限和角色描述。它有一些 getter()/setter()方法，以及两种权限的分配操作。角色类如图 12.2 所示。

（3）用户可以定义为普通类。用户有角色属性，有登录、出库、入库、结账、新增图书、查询图书、购买图书、购买附赠品的方法。用户类如 12.3 所示。

角色
-顾客权限 -库管权限 -角色描述
+getter()/setter() +出库 () +入库 () +结账 () +新增图书() +查询图书() +购买图书() +购买附赠品()

图 12.2　角色类

用户
- 角色
+登录() +出库() +入库() +结账() +新增图书() +查询图书() +购买图书() +购买附赠品()

图 12.3　用户类

创建一个库管用户的代码如下。

```
User user = new User();                        //创建一个用户
Role storeManager = new StoreManager();        //创建库管角色
StoreMgr dfStoreMgr=new DefaultStoreMgr();     //创建库管权限
storeManager.setStoreMgr(dfStoreMgr);          //分配权限
user.setRole(storeManager);                    //为用户授权角色
```

12.3.2　购买附赠品

我们使用工厂模式来产生附赠品。

工厂模式（Factory Pattern）是 Java 中最常用的设计模式之一。在工厂模式中，我们在创建对象时不会对客户端暴露创建逻辑，并且通过使用一个共同的接口来指向新创建的对象，创建过程在其子类中执行。在工厂模式下如果想增加产品，只要扩展工厂类就可以了，这样提高了系统的可扩展性；对调用者来说，屏蔽了产品的具体实现，只为其提供接口，降低了系统耦合性。

在附赠品工厂中，只有一个创建附赠品的方法 creat(int id)，根据顾客的选号来产生具体的附赠品对象。把附赠品设计为抽象类，里面有价格和附赠品名称两个属性，还有计算价格的方法 cost()。3 种附赠品 CD、包装和钢笔设计为 3 个子类，继承于附赠品类。

（1）附赠品工厂部分的代码如下。

```
public class ExFactory {
    /**
     * 创建附赠品
     * @param id
     * @return
     */
    public static EX create(int id)  {
        switch (id) {
        case 1:
            return new CD();
        case 2:
            return new Pen();
        case 3:
            return new Bag();
        default:
            return null;
        }
    }
}
```

（2）附赠品类的代码如下。

```
public abstract class EX {
    private double price;//价格
    private String ex_name;//附赠品名

    /**
     * 附赠品价格计算
     * @return
     */
    public double cost() {
        System.out.print("附赠品：");
        System.out.println(ex_name + ": " + price);
        System.out.println("--------------");
        return price;
    }

    public String getEx_name() {
        return ex_name;
    }

    public void setEx_name(String exName) {
        ex_name = exName;
    }

    public double getPrice() {
        return price;
    }
```

```
    public void setPrice(double price) {
        this.price = price;
    }
}
```

（3）以 CD 为例的子类代码如下。

```
public class CD extends EX {
    public CD(){
        this.setEx_name("CD");
        this.setPrice(27.50);
    }
}
```

12.4 项目实现思路

12.4.1 图书类和图书业务类的功能实现

（1）图书类包括的属性有图书编号、书名、作者、出版时间、库存数量、价格、购买数量、附赠品。由于附赠品在购买图书之后才可以购买，所以将其设为图书的属性。图书类的代码如下（代码省略了 getter()/setter()方法）。

```
public class Book {
    private int id;          //编号
    private String name;     //书名
    private String author;   //作者
    private String pub_date;//出版时间
    private int store;       //库存数量
    private double price;    //价格
    private int num = 1;     //购买数量
    private EX ex;           //附赠品

    /**
     * 计算价钱
     * @return
     */
    public double cost() {
        System.out.println(this.getName() + ": " + this.getPrice()+"\n数量: "+this.num);
        System.out.println("小记: "+this.getPrice()*this.num);
        System.out.println("--------------");
        if(ex==null)//判断是否购买了附赠品
            return price;//返回书的价格
        else
            return price * num+ex.cost();//返回书的价格+附赠品的价格
    }
    …
}
```

（2）图书业务类包含图书属性，也包括初始化图书信息、图书出库、图书入库、新增图书、查询图书、购买图书、购买附赠品、结账及查询图书是否存在的方法。图书业务类的代码如下。

```
public class BookBiz {
     public static Book[] books = new Book[30];  //图书书架

     /**
      * 初始化图书信息
      */
     public static void makeData() {
          Book book1 = new Book();
          Book book2 = new Book();
          Book book3 = new Book();
          Book book4 = new Book();
          Book book5 = new Book();

          book1.setId(10001);
          book1.setName("数据库系统概念");
          book1.setAuthor("西尔伯沙茨");
          book1.setPub_date("2012-05-01");
          book1.setPrice(99.00);
          book1.setStore(76);

          book2.setId(10002);
          book2.setName("Python 深度学习");
          book2.setAuthor("尼格尔·刘易斯");
          book2.setPub_date("2018-07-01");
          book2.setPrice(29.50);
          book2.setStore(18);

          book3.setId(10003);
          book3.setName("深入浅出数据分析");
          book3.setAuthor("迈克尔·米尔顿");
          book3.setPub_date("2012-10-01");
          book3.setPrice(69.50);
          book3.setStore(80);

          book4.setId(10004);
          book4.setName("Python 核心编程");
          book4.setAuthor("卫斯理·春");
          book4.setPub_date("2016-05-24");
          book4.setPrice(78.20);
          book4.setStore(55);

          book5.setId(10005);
          book5.setName("成为数据分析师");
          book5.setAuthor("托马斯·达文波特");
          book5.setPub_date("2018-02-01");
          book5.setPrice(47.00);
          book5.setStore(22);

          books[0] = book1;
          books[1] = book2;
          books[2] = book3;
```

```
        books[3] = book4;
        books[4] = book5;
    }

    /**
     * 图书入库
     */
    public void inBook(int bookId, int num) {
        Book book=findBookById(bookId);
        if(book==null){
            System.out.println("没有此 ID 的图书，请选择新增图书！");
            return;
        }else{
            for (int i = 0; i < books.length; i++) {   //遍历书架
                if (bookId == books[i].getId()) {   //如果库中已有要入库的图书
                    books[i].setStore(books[i].getStore() + num);//修改图书数量
                    break;
                }
            }
        }
    }

    /**
     * 图书出库
     */
    public void outBook(int bookId,int num) {
        Book book=findBookById(bookId);
        if(book==null){
            System.out.println("此书不存在，请确认！");
            return;
        }else{
            for (int i = 0; i < books.length; i++) {   //遍历书架
                if (bookId == books[i].getId()) {   //如果找到欲出库的图书
                    if(books[i].getStore()<num){   //判断库存量
                        System.out.println("库存不足，请确认！");
                        return;
                    }else{
                        books[i].setStore(books[i].getStore() - num);
//出库（减少库存数量）
                        break;
                    }
                }
            }
        }
    }

    /**
     * 新增图书
     */
    public void saveBook(Book book){
        for (int i = 0; i < books.length; i++) {   //遍历书架
            if (books[i] == null) {//找到书架的空位置
                int newId=books[i-1].getId()+1;   //给新书编号
```

```
                    book.setId(newId);
                    books[i]=book;   //存储新书
                    break;
                }
            }
        }

        /**
         * 查询图书
         */
        public void query() {
            System.out.println("书号\t\t书名\t\t\t作者\t\t\t出版日期\t\t价格\t库存");
            for (int i = 0; i < books.length; i++) {  //遍历书架
                Book temp = books[i];
                if (temp == null)  //判断书架是否有书
                    break;
                else {//显示图书信息
                    int id = temp.getId();
                    String name = temp.getName();
                    String author = temp.getAuthor();
                    String pub_date = temp.getPub_date();
                    double price = temp.getPrice();
                    int store = temp.getStore();
                    System.out.println(id + "\t\t" + name + "\t\t" + author
                            + "\t\t" + pub_date + "\t" + price + "\t" + store);
                }
            }
        }

        /**
         * 购买图书
         * @return
         */
        public Book buyBook(int bookId,int num){
            Book book=findBookById(bookId);  //查找到图书
            if(book==null){  //如果没有此书，返回 null
                System.out.println("此书不存在，请确认！");
                return null;
            }else{
                for (int i = 0; i < books.length; i++) {  // 遍历书架
                    if (bookId == books[i].getId()) {  //如果找到欲出库的图书
                        if(books[i].getStore()<num){  //判断库存量
                            System.out.println("库存不足，请确认！");
                            return null;
                        }else{
                            books[i].setNum(num);  //设置购买数量
                            return books[i];
                        }
                    }
                }
            }
            return null;
        }
```

```
    /**
     * 购买附赠品
     * @return 附赠品
     */
    public EX buyEx(int exCode) {
        return ExFactory.create(exCode);  //调用工厂模式得到附赠品
    }

    /**
     * 结账
     */
    public void checkout(Book book){
        book.setStore(book.getStore() - book.getNum());  //减少库存数量
        double price = book.cost();  //计算价格
        System.out.println("总价格: " + price+"\n");
    }

    /**
     * 查询图书是否存在
     * @param id
     * @return
     */
    public Book findBookById(int id) {
        for (int i = 0; i < books.length; i++) {  //遍历书架
            if (books[i] == null){  //如果书架为空，结束查找
                return null;
            }
            if (id == books[i].getId()) {  //若找到图书，则返回
                return books[i];
            }
        }
        return null;
    }
}
```

12.4.2 用户、角色、权限模式的实现

用户、角色、权限模式的分析可参考难点分析部分。

（1）用户类的代码如下。

```
public class User {
    private Role role = null;

    /**
     * 登录
     * @param username
     * @param password
     * @return
     */
    public boolean login(String username, String password){
        if(username.equals(password)){
            return true;
```

```
        }
        return false;
    }

    /**
     * 图书入库
     * @param bookId
     * @param num
     */
    public void in(int bookId,int num){
        role.in(bookId, num);
    }

    /**
     * 图书出库
     * @param bookId
     * @param num
     */
    public void out(int bookId,int num){
        role.out(bookId, num);
    }

    /**
     * 新增图书
     * @param book
     */
    public void save(Book book){
        role.save(book);
    }

    /**
     * 查看图书信息
     */
    public void query(){
        role.query();
    }

    /**
     * 结账
     * @param book
     */
    public void checkout(Book book){
        role.checkout(book);
    }

    /**
     * 购买图书
     * @param bookId
     * @param num
     * @return
     */
    public Book buy(int bookId, int num){
        return role.buy(bookId, num);
    }
```

```
    /**
     * 购买附赠品
     * @param exCode
     * @return
     */
    public EX buyEx(int exCode){
        return role.buyEx(exCode);
    }

    public Role getRole() {
        return role;
    }
    public void setRole(Role role) {
        this.role = role;
    }
}
```

（2）角色类的代码如下。

```
public abstract class Role {

    private String description;// 角色名
    private StoreMgr storeMgr = null;//库管权限
    private Normal normal = null;//顾客权限

    /**
     * 入库
     * @param bookId
     * @param num
     */
    public void in(int bookId,int num){
        if(storeMgr == null){
            System.out.println("您没有库存管理员权限");
            return;
        }
        storeMgr.in(bookId,num);
    }

    /**
     * 出库
     * @param bookId
     * @param num
     */
    public void out(int bookId,int num){
        if(storeMgr == null){
            System.out.println("您没有库存管理员权限");
            return;
        }
        storeMgr.out(bookId,num);
    }

    /**
     * 新增图书
     * @param book
```

```
    */
    public void save(Book book) {
        if(storeMgr == null){
            System.out.println("您没有库存管理员权限");
            return;
        }
        storeMgr.save(book);
    }

    /**
     * 查询图书
     */
    public void query(){
        if(normal == null&&storeMgr==null){
            System.out.println("您还没有登录，请登录后再操作");
            return;
        }else if(normal!=null){
            normal.query();
        }else{
            storeMgr.query();
        }
    }

    /**
     * 结账
     * @param book
     */
    public void checkout(Book book){
        if(normal == null){
            System.out.println("您还没有登录，请登录后再操作");
            return;
        }
        normal.chekout(book);
    }

    /**
     * 购买图书
     * @param bookId
     * @param num
     * @return
     */
    public Book buy(int bookId,int num){
        if(normal == null){
            System.out.println("您还没有登录，请登录后再操作");
            return null;
        }
        return normal.buy(bookId, num);
    }

    /**
     * 购买附赠品
     * @param exCode
     * @return
     */
```

```
    public EX buyEx(int exCode){
        if(normal == null){
            System.out.println("您还没有登录，请登录后再操作");
            return null;
        }
        return normal.buyEx(exCode);
    }

    public String getDescription() {
        return description;
    }
    public void setDescription(String description) {
        this.description = description;
    }
    public StoreMgr getStoreMgr() {
        return storeMgr;
    }
    public void setStoreMgr(StoreMgr storeMgr) {
        this.storeMgr = storeMgr;
    }
    public void setNormal(Normal normal) {
        this.normal = normal;
    }

    public Normal getNormal() {
        return normal;
    }

}
```

（3）顾客类继承于角色类，代码如下。

```
public class Customer extends Role {
    public Customer(){
        this.setDescription("普通顾客");
    }
}
```

（4）库管类代码如下。

```
public class StoreManager extends Role {
    public StoreManager(){
        this.setDescription("库存管理员");
    }
}
```

（5）顾客权限接口类的代码如下。

```
public interface Normal {
    public void query();                     //查询图书
    public Book buy(int bookId,int num);     //买书
    public EX buyEx(int exCode);             //买赠品
    public void chekout(Book book);          //结账
}
```

（6）库管权限接口类的代码如下。

```
public interface StoreMgr {
    public void in(int bookId,int num);      //入库
    public void out(int bookId,int num);     //出库
    public void save(Book book);             //新书
    public void query();                     //查询库存
}
```

（7）顾客权限的实现类代码如下。

```
public class DefaultCustomer implements Normal {
    /**
     * 重写查询图书
     */
    public void query() {
        BookBiz bookBiz=new BookBiz();
        bookBiz.query();
    }

    /**
     * 重写买赠品
     */
    public EX buyEx(int exCode) {
        BookBiz bookBiz=new BookBiz();
        return bookBiz.buyEx(exCode);
    }
    /**
     * 重写购买图书
     */
    public Book buy(int bookId, int num) {
        BookBiz bookBiz=new BookBiz();
        return bookBiz.buyBook(bookId,num);
    }

    /**
     * 重写结账
     */
    public void chekout(Book book) {
        BookBiz bookBiz=new BookBiz();
        bookBiz.checkout(book);
    }
}
```

（8）库管权限的实现类代码如下。

```
public class DefaultStoreMgr implements StoreMgr {
    /**
     * 重写图书入库
     */
    public void in(int bookId, int num) {
        BookBiz bookBiz=new BookBiz();
        bookBiz.inBook(bookId, num);
    }
    /**
     * 重写新增图书
     */
```

```
    public void save(Book book) {
        BookBiz bookBiz=new BookBiz();
        bookBiz.saveBook(book);
    }

    /**
     * 重写出库
     */
    public void out(int bookId, int num) {
        BookBiz bookBiz=new BookBiz();
        bookBiz.outBook(bookId, num);
    }

    /**
     * 重写库存查询
     */
    public void query() {
        BookBiz bookBiz=new BookBiz();
        bookBiz.query();
    }
}
```

12.4.3 测试类的实现

测试类中首先要求用户进行登录。登录成功后按照用户名分配为顾客用户或者库管用户。这一过程的代码如下。

```
Scanner input = new Scanner(System.in);
public static void main(String[] args) {
    Test test = new Test();
    User user = new User();  //创建用户
    System.out.println("欢迎使用星云图书书店");
    test.accreditRole(user);  //授权角色
    BookBiz.makeData();  //初始化图书信息
    if (user.getRole() instanceof StoreManager)  //如果是库存管理员
        test.doStoreMgr(user);  //执行库管操作
    else if (user.getRole() instanceof Customer)  //如果是顾客
        test.doCustomer(user);  //执行顾客操作
}

/**
 * 授权角色（判断登录用户，授权相应角色）
 */
public void accreditRole(User user) {
    System.out.print("请输入用户名：");
    String username = input.next();
    System.out.print("请输入密码：");
    String password = input.next();
    if (user.login(username, password)) {
        if (username.equals("admin")) {
            Role storeManager = new StoreManager();  //创建库管角色
            StoreMgr dfStoreMgr=new DefaultStoreMgr();  //创建库管权限
```

```
                storeManager.setStoreMgr(dfStoreMgr);  //分配权限
                user.setRole(storeManager);  //为用户授权角色
            } else {
                Role customer = new Customer();  //创建顾客角色
                Normal dfCustomer=new DefaultCustomer();  //创建库管权限
                customer.setNormal(dfCustomer);  //分配权限
                user.setRole(customer);  //为用户授权角色
            }
            System.out.println("登录成功！");
        } else {
            System.out.println("登录失败，请重新登录");
            accreditRole(user);
        }
    }
```

（1）库管人员登录成功后，系统提示库管人员的相关操作，代码如下。

```
public void doStoreMgr(User user) {
    System.out.println("*****欢迎登录库存管理系统*****");
    user.query();  //查询库存
    System.out.println("请选择进行的操作：1.图书入库 2.图书出库 3.查询全部图书 4.新增图书 5.退出");
    int codeId = input.nextInt();
    try {
        switch (codeId) {
        case 1:
            inBook(user);  //图书入库
            doStoreMgr(user);  //再次调用库管操作
            break;
        case 2:
            outBook(user);  //图书出库
            doStoreMgr(user);  //再次调用库管操作
            break;
        case 3:
            doStoreMgr(user);  //再次调用库管操作
            break;
        case 4:
            Book book = inputBookInfo();  //录入图书信息
            user.save(book);  //新增图书
            doStoreMgr(user);  //再次调用库管操作
            break;
        case 5:
            System.out.println("谢谢使用！");
            return;
        default:
            throw new Exception();
        }
    } catch (Exception e) {
        System.out.println("请输入正确格式的数字 1～5");
        doStoreMgr(user);
    }
}
```

```
/**
 * 图书入库
 */
public void inBook(User user) {
    System.out.println("请输入图书信息");
    try {
        System.out.print("请输入图书 ID: ");
        int bookId = input.nextInt();
        System.out.print("请输入入库的数量: ");
        int num = input.nextInt();
        user.in(bookId, num);  //入库
    } catch (Exception e) {
        System.out.println("请输入正确格式的信息! 注意: 图书 ID、数量为整数");
        inBook(user);
    }
}

/**
 * 图书出库
 */
public void outBook(User user) {
    Scanner input = new Scanner(System.in);
    System.out.println("请输入图书信息");
    try {
        System.out.print("请输入 ID: ");
        int id = input.nextInt();
        System.out.print("请输入出库的数量: ");
        int num = input.nextInt();
        user.out(id, num);  //出库
    } catch (Exception e) {
        System.out.println("请输入正确格式的信息! 注意: 图书 ID、数量为整数");
        outBook(user);
    }
}

/**
 * 新增图书信息
 */
public Book inputBookInfo() {
    Scanner input = new Scanner(System.in);
    Book book = new Book();
    System.out.println("请输入图书信息");
    try {
        System.out.print("请输入书名: ");
        String name = input.next();
        System.out.print("请输入作者: ");
        String author = input.next();
        System.out.print("请输入出版时间: ");
        String pub_date = input.next();
        System.out.print("请输入价格: ");
        double price = input.nextDouble();
        System.out.print("请输入数量: ");
```

```
            int store = input.nextInt();
            book.setName(name);
            book.setAuthor(author);
            book.setPub_date(pub_date);
            book.setPrice(price);
            book.setStore(store);
        } catch (Exception e) {
            System.out.println("请重新输入正确格式的信息！注意：图书ID、数量为整数，价格为double");
            inputBookInfo();
        }
        return book;
    }
```

（2）顾客登录成功后，系统提示顾客的相关操作，代码如下。

```
    public void doCustomer(User user) {
        Scanner input = new Scanner(System.in);
        System.out.println("*****欢迎光临星云图书系统*****");
        user.query();  //查询图书
        System.out.println("请选择进行的操作：1.查询图书    2.结账    3.退出");
        try {
            int code_id = input.nextInt();
            switch (code_id) {
            case 1:
                doCustomer(user);
                break;
            case 2:
                buyBook(user);  //买书结账
                doCustomer(user);
                break;
            case 3:
                System.out.println("谢谢光临，再见！");
                return;
            default:
                throw new Exception();
            }
        } catch (Exception e) {
            System.out.println("请重新输入正确格式的数字1～3");
            doCustomer(user);
        }
    }

    /**
     * 购买图书
     * @return 图书
     */
    public void buyBook(User user) {
        Book book = null;
        System.out.println("请输入欲购买的图书信息");
        try {
            System.out.print("请输入图书ID：");
            int id = input.nextInt();
            System.out.print("请输入购买数量：");
            int num = input.nextInt();
```

```
            book = user.buy(id, num);
        } catch (Exception e) {
            System.out.println("请重新输入正确格式的信息！注意：图书 ID、数量为整数");
            buyBook(user);
        }
        if (book != null) {
            while (true) {
                try {
                    System.out.print("1.CD 27.50 元 2.包装 2.70 元 3.钢笔 10 元 4.不需要
\n 请输入需要购买的附赠品：");
                    int exCode = input.nextInt();
                    if (exCode >= 1 && exCode <= 4) {
                        EX ex = user.buyEx(exCode);
                        book.setEx(ex);
                        user.checkout(book);
                        return;
                    }
                    System.out.println("请输入 1～4 的数字！");
                } catch (Exception e) {
                    System.out.println("请重新输入正确格式的信息！注意：购买的附赠品为整数");
                }
            }
        }
    }
```

课 后 习 题

1. 什么是工厂模式？
2. 什么是权限管理？
3. 修改图书管理程序，增加会员积分管理功能。

第 13 章 文件操作

本章学习目标：

- 会使用 File 类操作文件或目录的属性；
- 熟练使用字节流读写文件；
- 熟练使用字符流读写文件；
- 会使用字节流读写二进制文件。

文件 1

13.1 操作文件或目录的属性

程序的主要任务是操作数据，通过允许程序读取文件的内容或向文件写入数据，可以使程序应用更为广泛。一般情况下，当数据位于内存中并属于特定的类型时，程序才能操作它们。然而，大多数数据并不都在内存中，而是以文件的形式存放在外部的存储介质中，如硬盘、光盘、U 盘等。文件是指相关记录或存放在一起的数据集合。目前我们熟悉的文件类型有很多，如扩展名为.txt、.doc、.xls、.jpg、.java、.class 等的文件。

如何在 Java 程序中操作这些保存数据的文件呢？java.io 包提供了一些接口和类，可以用来对文件进行基本的操作，包括对文件和目录属性的操作，对文件读写的操作等。

下面学习如何使用 File 类操作文件或目录。

File 对象既可以表示文件，也可以表示目录。在程序中，一个 File 对象可以代表一个文件或目录。利用它可对文件或目录进行基本操作。它可以查出与文件相关的信息，如名称、最后修改日期、文件大小等。

创建一个 File 对象的语法格式为

```
File file = new File(String pathName);
```

其中，pathName 表示所指向的文件路径名。

例如，“File file = new File("C:\\test.txt");” 创建了一个指向 C 盘根目录下 test.txt 文本文件的对象。

需要注意的是，在 Windows 操作系统中，文件路径名中的分隔符可以使用正斜杠“/”，如“C:/test.txt”，也可以使用反斜杠“\”，但必须写成“\\”，其中第一个\表示转义字符，如“C:\\test.txt”。

File 对象是 java. io 包中引用磁盘文件的唯一对象。File 类仅仅是描述 File 对象的属性，而并未说明数据是如何存储的。File 类提供了一些重要的方法来管理文件或目录的属性，常用方法如表 13.1 所示。

表 13.1　　File 类的常用方法

方法名称	说明
boolean exists()	判断文件或目录是否存在
boolean isFile()	判断是否是文件
boolean isDirectory()	判断是否是目录
String getPath()	返回此对象表示的文件的相对路径名
String getAbsolutePath()	返回此对象表示的文件的绝对路径名
String getName()	返回此对象表示的文件或目录的名称
boolean delete()	删除此对象指定的文件或目录
boolean createNewFile()	创建名称的空文件，不创建文件夹
long length()	返回文件的长度，单位为字节，如果文件不存在，则返回 0L

下面来看一下 File 类是如何获取文件属性的。代码如示例 1 所示。

示例 1

```
import java.io.*;
public class FileMethods {
    public static void main(String[] args) {
        FileMethods fm=new FileMethods();
        File file=new File("D:\\myDoc\\test.txt");
        fm.showFileInfo(file);
    }

    /**
     * 显示文件信息
     * @param file 文件对象
     */
    public void showFileInfo(File file){
        if(file.exists()){ //判断文件是否存在
            if(file.isFile()){ //如果是文件
                System.out.println("名称:" +file .getName());
                System.out.println("相对路径: " + file.getPath());
                System.out.println("绝对路径: " + file.getAbsolutePath());
                System.out.println("文件大小:" + file.length()+ " 字节");
            }
            if(file.isDirectory()){
                System.out.println("此文件是目录");
            }
        }else
            System.out.println("文件不存在");
    }
}
```

运行示例 1 前，请在 D:\myDoc\hello.txt 的文件中保存“How are you, Michael”，运行结果如图 13.1 所示。

在示例 1 代码的 showFileInfo(File file)方法中，首先使用 exists()方法对文件对象进行判断，如果文件或目录存在，继续使用 isFile()方法进一步判断是文件还是目录，若是文件，则显示文件名称、路径及大小。

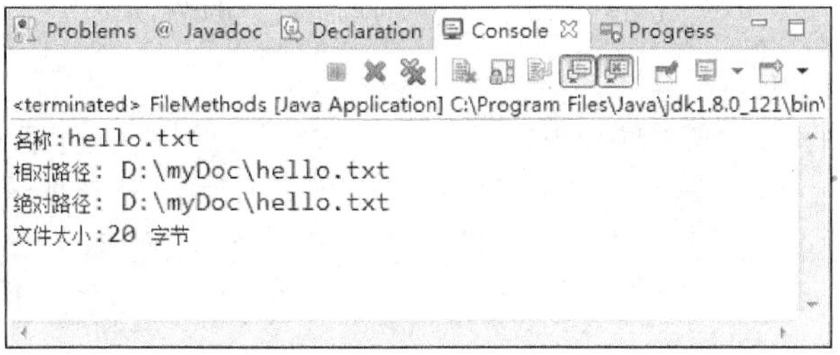

```
名称:hello.txt
相对路径: D:\myDoc\hello.txt
绝对路径: D:\myDoc\hello.txt
文件大小:20 字节
```

图 13.1　运行结果

学会如何查看文件属性后，再来学习如何创建、删除文件或目录。修改示例 1 实现文件或目录的创建与删除，代码如示例 2 所示。

示例 2

```
import  java.io.*;
public class FileMethods {
     public static void main(String[] args) {
          FileMethods fm=new FileMethods();
          File file = new File("D:\\myDoc\\test.txt");
          fm.create(file);
          fm.showFileInfo(file);
          //fm.delete(file);
     }
     /**
      * 创建文件的方法
      * @param file 文件对象
      */
     public void create(File file){
          if(!file.exists()){
                 try {
                      file.createNewFile();
                      System.out.println("文件已创建! ");
                 } catch  (IOException e)  {
                      e.printStackTrace();
                 }
          }
     }
     /**
      * 删除文件
      * @param file 文件对象
      */
     public void delete(File file){
          if(file.exists()){
                 file.delete();
                 System.out.println("文件已删除! ");
          }
     }

     /**
      * 显示文件信息
      * @param file 文件对象
      */
     public void showFileInfo(File file){
```

```
            if(file.exists()){ //判断文件是否存在
                    if(file.isFile()){ //如果是文件
                            System.out.println("名称:" +file.getName());
                            System.out.println("相对路径: " + file.getPath());
                            System.out.println("绝对路径: " + file.getAbsolutePath());
                            System.out.println("文件大小:" + file.length()+ " 字节");
                    }
                    if(file.isDirectory()){
                            System.out.println("此文件是目录");
                    }
            }else
                    System.out.println("文件不存在");
        }
}
```

假设 D:\myDoc 目录下并不存在 test.txt 文件，则运行结果如图 13.2 所示。

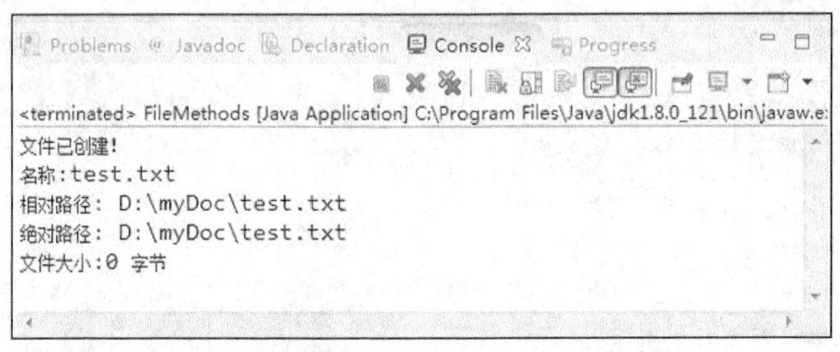

图 13.2　运行结果

在示例 2 的代码的 create(File file)方法中，首先使用 exists()方法判断文件是否存在，若不存在，则使用 createNewFile()方法创建一个文件。从结果中可以看到，createNewFile()方法创建的是一个空文件。

现在再看一下如何删除文件或目录。在示例 2 代码的 delete(File file)方法中，同样先判断文件或目录是否存在，如果存在，则使用文件对象的 delete()方法进行删除。可取消“//fm.delete(file);”行的注释，再次运行示例 2，观察运行结果并查看 D:\myDoc\test.txt 是否已删除。

13.2　Java 流

前面讲述了如何利用 File 类对文件或目录的属性进行操作，但 File 类不能访问文件的内容，即不能从文件中读取数据或向文件里写数据，下面我们来学习对文件的读写。

读文件是指把文件中的数据读取到内存中。反之，写文件是把内存中的数据写到文件中。那通过什么去读写文件呢？答案就是流。

流是指一连串流动的字符，是以先进先出的方式发送和接收数据的通道，如图 13.3 所示。

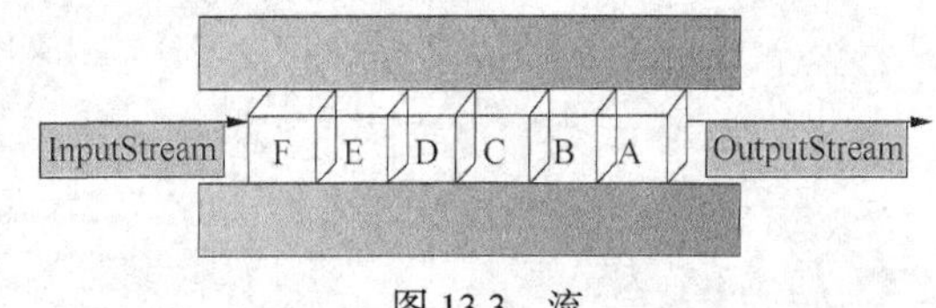

图 13.3　流

一个流是一个输入设备或输出设备的抽象表示。可以写数据到流中，也可以从流中读数据。可以把流想象为程序中流进或流出的一个字节序列。

流有明确的方向性。当向一个流写入数据时，这个流被称为输出流。输出流可以将信息送往程序的外部，如硬盘上的文件、打印机上的文件等。可以从一个输出流读取数据，原则上这些数据可以是任何串行的数据源，如磁盘文件、键盘或远程的计算机。

在 java.io 包中，封装了许多输入/输出流的 APl。在程序中，这些输入/输出流的类的对象称为流对象。可以通过这些流对象将内存中的数据以流的方式写入文件，也可以通过流对象将文件中的数据以流的方式读取到内存。

构造流对象的时候往往会和数据源（如文件）联系起来。数据源分为源数据源和目标数据源。输入流联系的是源数据源，如图 13.4 所示。

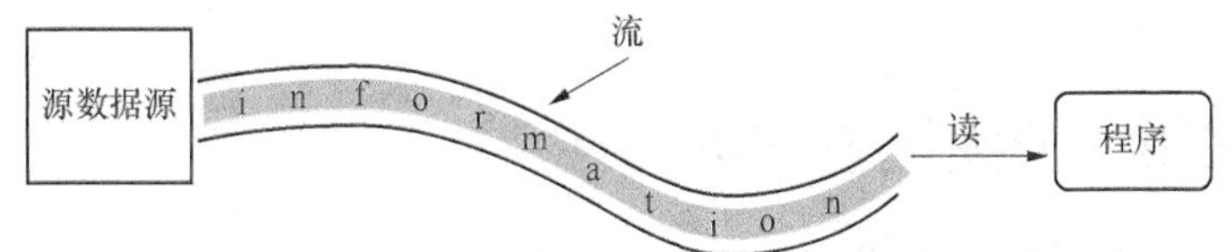

图 13.4　流与源数据源和程序之间的关系

输出流联系的是目标数据源，如图 13.5 所示。

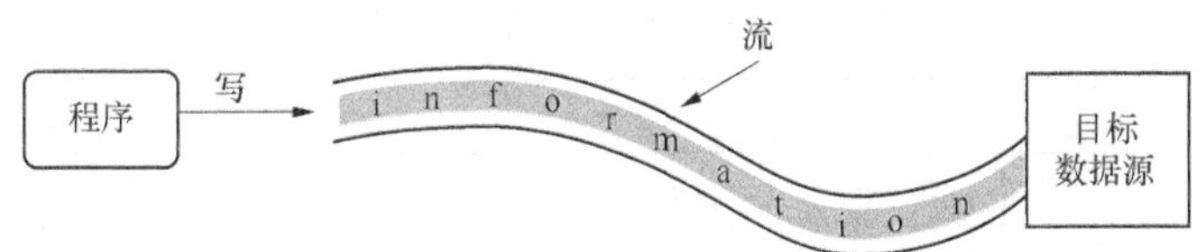

图 13.5　流与目标数据源和程序之间的关系

可以按不同的分类方式将流分为不同的类型，下面我们从不同的角度来对流进行分类。它们从概念上可能存在重叠的地方。

（1）流按照流向分为输入流和输出流，如图 13.6 所示。

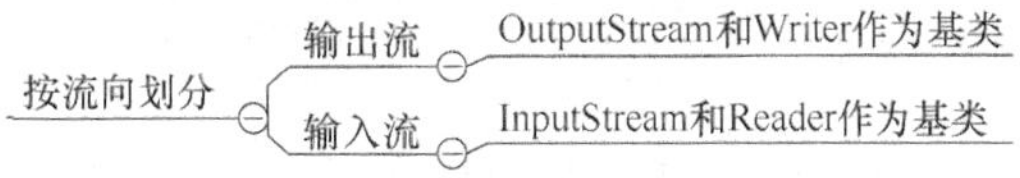

按流向划分
输出流　OutputStream和Writer作为基类
输入流　InputStream和Reader作为基类

图 13.6　输入流和输出流

输入流：只能从中读取数据，而不能向其中写入数据。

输出流：只能向其中写入数据，而不能从中读取数据。

例如，数据从内存到硬盘，通称为输出流。也就是说，这里的输入和输出，都是从程序运行所在的内存角度来划分的。

Java 的输出流主要由 OutputStream 和 Writer 作为基类，而输入流则主要由 InputStream 和 Reader 作为基类。

（2）流按照所操作的数据单元分为字节流和字符流。

字节流操作的最小数据单元为 8 位的字节，而字符流操作的最小数据单元是 16 位的字符。

字节流和字符流的区分非常简单，字节流建议用于二进制数据，而字符流用于文本，它们的用法几乎是完全一样的。

按照流的流向，我们还可以对字节流和字符流继续进行划分，分出字节输入流、字节输出流，字符输入流、字符输出流，如图 13.7 所示。

这 4 个基类都是抽象类，我们知道，不能创建一个抽象类的实例，因为这 4 个抽象类只用作实现更具体的输入或输出功能子类的基类。它们都定义了一组方法，来定义它们代表的流的操作的一个基本集，一个被访问的流的基本特征都是通过实现这 4 个抽象类的方法来建立的。

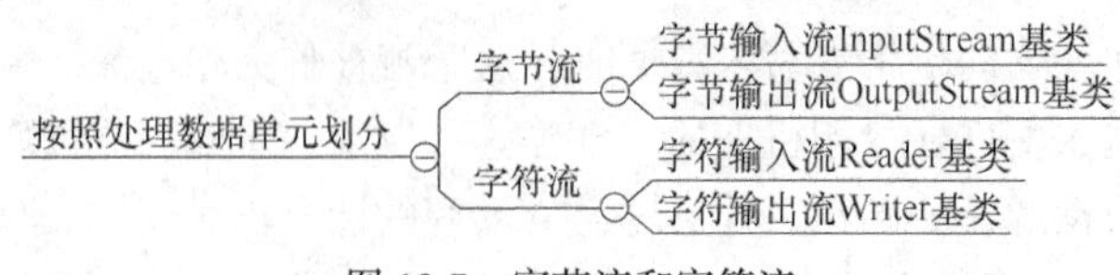

图 13.7　字节流和字符流

由于最常见的文件读写是对文本文件和二进制文件的读写，下面从这两个方面进行讲解。

13.3　读写文本文件

13.3.1　使用字节流读取文本文件

文件 2

1. 字节输入流 InputStream 类

字节输入流 InputStream 类的作用就是将文件中的数据输入内部存储器（简称内存）中，它提供了一系列和读取数据有关的方法。读取数据的常用方法如表 13.2 所示。

表 13.2　读取数据的常用方法

方法名称	说明
int read()	读取一个字节数据
int read(byte[] b)	将数据读取到字节数组中
int read(byte[] b,int off,int len)	从输入流中读取最多 len 长度的字节，保存到字节数组 b 中，保存的位置从 off 开始
void close()	关闭输入流
int available()	返回输入流读取的估计字节数

无参的 read()方法从输入流读取一个 8 位的字节，把它转换为 0～255 的整数返回。

有参的两个 read()方法从输入流批量读取若干字节。在从文件或键盘读取数据时，采用 read(byte[] b)或 read(byte[] b, int off, int len)方法可以减少进行物理读取文件或键盘的次数，提高输入/输出操作的效率。

2. 字节输入流 FileInputStream 类

在实际应用中，我们通常使用 InputStream 类的子类 FileInputStream 类来实现文本文件内容的读取，常用的构造方法有以下两个。

（1）FileInputStream(File file)。其中，file 指定文件数据源。使用此构造方法创建文件输入流对象的代码如下。

```
File file = new File("C:\\test. txt");
InputStream fileobject = new FileInputStream(file);
```

此时的文件输入流对象 fileobject 就和源数据源（C:\test.txt 文件）联系起来了。

（2）FileInputStream(String name)。其中，name 指定文件数据源，包含路径信息。使用此构造方法创建文件输入流对象的代码如下。

```
InputStream in = new FileInputStream("C:\\test. txt");
```

3. 使用 FileInputStream 类读取文本文件

使用 FileInputStream 类读取文本文件的具体步骤如下。

（1）引入相关的类。

```
import java.io.IOException;
import java.io. InputStream;
import java.io. FileInputStream;
```

（2）创建一个文件输入流对象。

```
InputStream fileobject = new FileInputStream("C:\\test. txt");
```

（3）利用文件输入流的方法读取文本文件的数据。

```
fileobject.available();
fileobject.read();
```

（4）关闭文件输入对象流。

```
fileobject.close();
```

下面通过实例来学习如何利用 FileInputStream 类读取文本文件的数据。首先创建 D:\myDoc\hello.txt 文件，文件中保存的内容为“abc”，然后使用 FileInputStream 类将文件内容读取并输出到控制台。具体代码如示例 3 所示。

示例 3

```
public class FileInputStreamTest {
    public static void main(String[] args) {
        FileInputStream fis=null;
        try {
            fis = new FileInputStream("D:\\myDoc\\hello.txt");
            int data;
            System.out.println("可读取的字节数:"+fis.available());
            System.out.print("文件内容: ");
            while((data = fis.read())!=-1){
                System.out.print(data + " ");
            }
        } catch (FileNotFoundException e) {
            e.printStackTrace();
        } catch (IOException e) {
            e.printStackTrace();
        }finally{
            try {
                if(fis!=null)
                    fis.close();
            } catch (IOException e) {
                e.printStackTrace();
            }

        }
    }
}
```

在示例 3 的代码中，首先创建流对象 fis，该对象指向 hello.txt 文件；然后定义整型变量 data，用来接收读取到的数据，利用 while 循环读取文件的内容，进行输出；最后关闭流。运行结果如图 13.8 所示。

从结果中可以看出，读出的内容与文件中保存的内容并不一致，文件中保存了“abc”，而输出的结果是“97 98 99”，这是什么原因呢？InputStream 的 read()方法是从输入流读取一个 8 位的字节，把它转换为 0～255 的整数返回。a、b、c 这 3 个字母的字符编码各占一字节，转成整数就是 97、98、99。

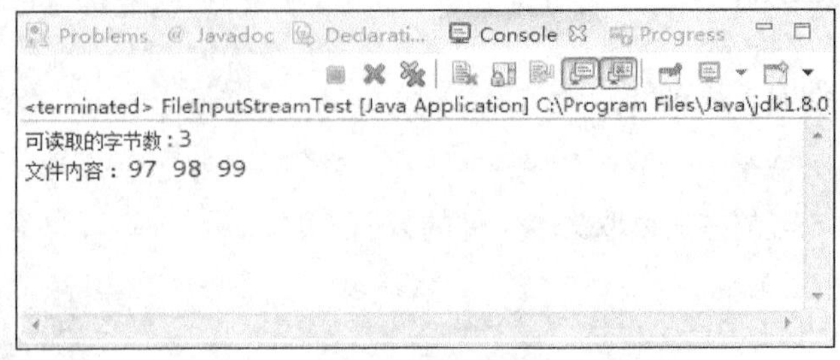

图 13.8 运行结果

使用 FileInputStream 类读文件数据时应注意以下几个方面。

（1）read()方法返回整数，若读取的字符串，则需进行强制类型转换。例如，在示例 3 中，若想正确输出“a b c”，则需将输出语句修改为“System.out.print((char)data + " ");”。

（2）流对象使用完毕后需要关闭。

13.3.2 使用字节流写文本文件

1. 字节输出流 OutputStream 类

字节输出流 OutputStream 类的作用是把内存中的数据输出到文件中，它提供了一系列向文件中写数据的有关方法，常用方法如表 13.3 所示。

表 13.3 OutputStream 类的常用方法

方法名称	说明
int write(int c)	写入一个字节数据
int write (byte[] buf)	写入数组 buf 的所有字节
int write (byte[] b,int off,int len)	将字节数组中从 off 位置开始，长度为 len 的字节数据输出到输出流中
void close()	关闭输出流

2. 字节输出流 FileOutputStream 类

在实际应用中，我们通过使用 OutputStream 类的子类 FileOutputStream 类向文本文件写入数据，常用的构造方法有以下 3 个。

（1）FileOutputStream(File file)。其中，file 指定文件目标数据源。使用此构造方法创建文件输出流对象的代码如下。

```
File file = new File("C:\\test.txt");
FileOutputStream fos = new FileOutputStream(file);
```

此时的文件输出流对象 fos 就和目标数据源（C:\\test.txt 文件）联系起来了。

（2）FileOutputStream (String name)。其中，name 指定文件目标数据源，包含路径信息。使用此构造方法创建文件输出流对象的代码如下。

```
FileOutputStream fos = new FileOutputStream("C:\\test.txt");
```

（3）FileOutputStream(String name,boolean append)。其中，name 指定文件目标数据源，包含路径信息。spend 表示是否在文件末尾添加数据，若设置为 true，则在文件末尾添加数据。使用此构造方法创建输出流对象如下。

```
FileOutputStream fos = new FileOutputStream("C:\\test.txt",true);
```

需要注意的是，第一种和第二种构造方法在向文件写数据时将覆盖文件中原有的内容。另外在使用 FileOutputStream 的构造方法创建 FileOutputStream 实例时，如果相应的文件并不存在，就会自动创建一个空文件。若参数 file 或 name 表示的文件路径存在，但是代表一个文件目录，则会抛出 FileNotFoundException 异常。

3. 使用 FileOutputStream 写文本文件

使用 FileOutputStream 向文本文件中写入数据的具体步骤如下。

（1）引入相关的类。

```
import java.io.IOException;
import java.io.OutputStream;
import java.io.FileOutputStream;
```

（2）构造一个文件输出流对象。

```
OutputStream fos = new FileOutputStream("C:\\test.txt");
```

（3）利用文件输出流的方法把数据写入文本文件中。

```
String str ="好好学习 Java";
byte[] words = str.getBytes();
//利用 write 方法将数据写入文件中
Fos.write(words,0,words.length);
```

（4）关闭文件输出流。

```
fos.close();
```

下面通过实例介绍如何使用 FileOutputStream 类向文本文件中写入数据，关键代码如示例 4 所示。

示例 4

```
public class FileOutputStreamTest {
    public static void main(String[] args) {
        FileOutputStream fos=null;
         try {
              String str ="好好学习 Java";
              byte[] words = str.getBytes();
              fos = new FileOutputStream("D:\\myDoc\\hello.txt");
              fos.write(words, 0, words.length);
              System.out.println("hello.txt 文件已更新!");
          }catch (IOException obj) {
              System.out.println("创建文件时出错!");
          }finally{
               try{
                   if(fos!=null)
                         fos.close();
               }catch (IOException e) {
                   e.printStackTrace();
               }
          }
    }
}
```

在示例 4 的代码中，首先将要写入文件的字符串通过 getBytes()方法转换成字节数组 words，然后调用输出流对象的 write()方法，将字节数组 words 中的内容添加到文件 C:\myDoc\hello.txt 的末尾。

运行示例 4，系统会在控制台输出“hello.txt 文件已更新！”，打开 hello.txt 文件，会发现“好好学习 Java”这个字符串已写入 hello.txt 文件，并且新写入的内容追加在原有内容的后面。如果 hello.txt 这个文件不存在，则程序运行后，将首先创建此文件，然后写入数据。

13.3.3 使用字符流读取文本文件

1. 字符输入流 Reader 类

Reader 类是读取字符流的抽象类，常用方法如表 13.4 所示。

表 13.4 Reader 类的常用方法

方法名称	说明
int read()	从输入流中读取单个字符
int read(byte[] c)	从输入流中读取 c.length 长度的字符，保存到字符数组 c 中，返回实际读取的字符数
int read(byte[] c,int off,int len)	从输入流中读取最多 len 长度的字符，保存到字符数组 c 中，返回实际读取的字符数
void close()	关闭流

2. 字符输入流 FileReader 类

FileReader 类是 Reader 类的子类，常用的构造方法的格式如下。

```
FileReader(String fileName)
```

其中，fileName 是指要从中读取数据的文件的名称。使用此构造方法创建字符输入流对象的代码如下。

```
Reader fr = new FileReader("C:\\myTest.txt");
```

3. 使用 FileReader 读取文件

使用字符流类 FileReader 读取文本文件的具体步骤如下。

（1）引入相关的类。

```
import java.io.Reader;
import java.io. FileReader;
import java.io.IOException;
```

（2）创建一个 FileReader 对象。

```
Reader fr = new FileReader("C:\\myTest.txt");
```

（3）利用 FileReader 类的方法读取文本文件的数据。

```
int read();
```

（4）关闭相关的流对象。

```
fr.close();
```

下面通过实例介绍如何使用 FileReader 类读取文件。首先创建 D:\myDoc\简介.txt 文件，向文件写入内容，然后使用 FileReader 类读取文件数据并输出到控制台，关键代码如示例 5 所示。

示例 5

```
public class FileReaderTest {
    /**
     * @param args
     */
    public static void main(String[] args) {
        //创建 FileReader 对象
        Reader fr=null;
        StringBuffer sbf=null;
        try {
            fr = new FileReader("D:\\myDoc\\简介.txt");
            char ch[]=new char[1024];  //创建字符数组作为中转站
            sbf=new StringBuffer();
            int length=fr.read(ch);  //将字符读入数组
            //循环读取并追加字符
            while ((length!= -1)) {
                sbf.append(ch);   //追加到字符串
                length=fr.read();
            }
        } catch (FileNotFoundException e) {
            e.printStackTrace();
        } catch (IOException e) {
            e.printStackTrace();
        } finally{
            try {
                if(fr!=null)
                    fr.close();
            } catch (IOException e) {
                e.printStackTrace();
            }
        }
        System.out.println(sbf.toString());
    }
}
```

在示例 5 的代码中，创建字符数组 ch 作为中转站，存入每次读取的内容，然后调用 FileReader 对象的 read()方法将字符读入数组 ch，并追加到字符串 sbf 中。运行结果如图 13.9 所示。

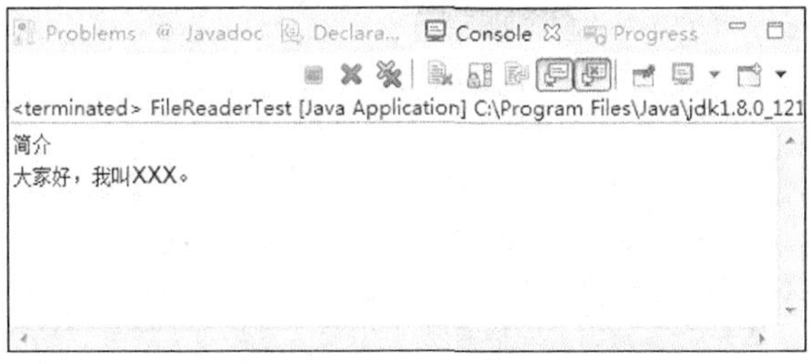

图 13.9　运行结果

示例 5 演示了如何使用 FileReader 类读取文件。而在开发中，我们通常会将 FileReader 类与 BufferedReader 类结合使用，以提高读取文件的效率，下面介绍 BufferedReader 类。

4. 字符输入流 BufferedReader 类

BufferedReader 类是 Reader 类的子类。与 FileReader 类的区别在于，BufferedReader 类带有缓冲

区，它可以先把一批数据读到缓冲区，接下来的读操作就从缓冲区内获取数据，避免每次都从数据源读取数据进行字符编码转换，从而提高读取操作的效率。BufferedReader 类常用的构造方法如下。

```
BufferedReader(Reader in)
```

使用此构造方法创建字符输入对象如下。

```
Reader fr = new FileReader("C:\\myTest.txt");
BufferedReader br = new BufferedReader(fr);
```

其中，br 就是创建的一个使用默认大小输入缓冲区的缓冲字符输入流。

5. 使用 FileReader 类和 BufferedReader 类读取文本文件

使用字符流类 FileReader 类和 BufferedReader 类读取文本文件的具体步骤如下。

（1）引入相关的类。

```
import java.io. FileReader;
import java.io. BufferedReader;
import java.io.IOException;
```

（2）创建一个 BufferedReader 对象。

```
Reader fr = new FileReader("C:\\myTest.txt");
BufferedReader br = new BufferedReader(fr);
```

（3）利用 BufferedReader 类的方法读取文本文件的数据。

```
br.readLine();
```

readLine()方法是 BufferedReader 类特有的方法，用来按行读取内容。

（4）关闭相关的流对象。

```
br.close();
fr.close();
```

下面通过实例介绍如何使用 BufferedReader 类和 FileReader 类读取文本文件数据，首先创建文本文件 D:\myDoc\hello.txt，并在文件中保存内容为“我爱学习 Java！”。关键代码如示例 6 所示。

示例 6

```
public class BufferedReaderTest {
    /**
     * @param args
     */
    public static void main(String[] args) {
        FileReader fr=null;
        BufferedReader br=null;
        try {
            //创建一个 FileReader 对象
            fr=new FileReader("D:\\myDoc\\hello.txt");
            //创建一个 BufferedReader 对象
            br=new BufferedReader(fr);
            //读取一行数据
            String line=br.readLine();
            while(line!=null){
                System.out.println(line);
                line=br.readLine();
            }
        }catch(IOException e){
```

```
                System.out.println("文件不存在！");
        }finally{
            try {
                //关闭流
                if(br!=null)
                    br.close();
                if(fr!=null)
                    fr.close();
            } catch (IOException e) {
                e.printStackTrace();
            }
        }
    }
}
```

在示例 6 的代码中，首先创建一个 FileReader 类对象 fr，然后创建 BufferedReader 缓冲对象 br，将 fr 读取到的内容存放在该缓冲区对象中。接下来利用 BufferedReader 的 readLine()方法来按行读取内容，利用 while 循环来按行读取并输出到控制台。运行结果如图 13.10 所示。

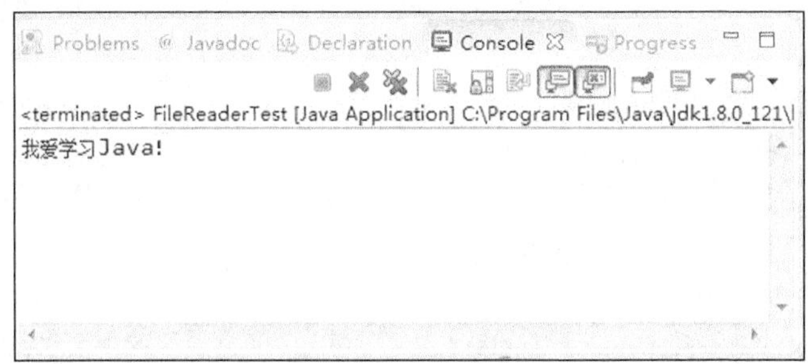

图 13.10　运行结果

13.3.4　使用字符流写文本文件

1. 字符输出流 Writer 类

Writer 类是向文件写入数据的字符流，常用方法如表 13.5 所示。

表 13.5　Writer 类的常用方法

方法名称	说明
write(String str)	将 str 字符串里包含的字符输出到指定的输出流中
write (String str,int off,int len)	将 str 字符串里从 off 位置开始长度为 len 的字符串输出到输出流中
void close()	关闭输出流
void flush()	刷新输出流

2. 字符输出流 FileWriter 类

FileWriter 类是 Reader 类的子类，常用的构造方法的格式如下。

```
FileWriter(String fileName)
```

其中，fileName 表示与系统有关的文件名，使用此构造方法创建字符输出流对象的代码如下。

```
Writer fw = new FileWriter("C:\\myTest.txt");
```

3. 使用 FileWriter 写文本文件

使用字符流类 FileWriter 将数据写入文本文件的具体操作步骤如下。

（1）引入相关的类。

```
import java.io.FileWriter;
import java.io.IOException;
```

（2）创建一个 FileWriter 对象。

```
Writer fw = new FileWriter("C:\\myTest.txt");
```

（3）利用 FileWriter 类的方法写文本文件。

```
fw.write ("hello");
```

（4）相关流对象的清空和关闭。

```
fw.flush();
fw.close();
```

下面通过示例介绍如何使用 FileWriter 类写文件。首先创建 D:\mydoc\my Credo.txt 文件，然后通过 FileWriter 类向文件写入“我热爱我的团队!”，关键代码如示例 7 所示。

示例 7

```
public class WriterFiletTest {
    /**
     * @param args
     */
    public static void main(String[] args) {
        Writer fw=null;
        try {
              //创建一个 FileWriter 对象
              fw=new FileWriter("D:\\myDoc\\简介.txt");
              //写入信息
              fw.write("我热爱我的团队! ");
              fw.flush();  //刷新缓冲区

        }catch(IOException e){
              System.out.println("文件不存在!");
        }finally{
              try {
                  if(fw!=null)
                      fw.close();  //关闭流
              } catch (IOException e) {
                  e.printStackTrace();
              }
        }
    }
}
```

运行示例 7，查看 D:\mydoc\my Credo.txt 文件，将会发现“我热爱我的团队!”已被写入文件中。而在开发中，为了提高效率，我们通常会将 FileWriter 类与 BufferedWriter 类结合使用，来实现向文本文件写入数据。接下来就介绍 BufferedWriter 类。

4. 字符输出流 BufferedWriter 类

BufferedWriter 类是 Writer 的子类。BufferedWriter 类与 BufferedReader 类的流方向正好相反，

BufferedWriter 类是把一批数据写到缓冲区，当缓冲区写满的时候，再把缓冲区的数据写到字符输出流中。这样可以避免每次都执行物理写操作，从而提高输入/输出的效率。BufferedWriter 类的常用构造方法如下。

```
BufferedWriter(Writer out)
```

使用此构造方法创建字符输出流对象的代码如下。

```
Writer fw = new FileWriter("C:\\myTest.txt");
BufferedWriter bw = new BufferedWriter(fw);
```

其中，bw 就是创建的使用默认大小输出缓冲区的缓冲字符输出流。

5. 使用 BufferedWriter 类和 FileWriter 类写文本文件

使用字符流类 BufferedWriter 类和 FileWriter 类将数据写入文本文件的具体操作步骤如下。

（1）引入相关的类。

```
import java.io. FileWriter;
import java.io. BufferedWriter;
import java.io.IOException;
```

（2）创建一个 BufferedWriter 对象。

```
Writer fw = new FileWriter("C:\\myTest.txt");
BufferedWriter bw = new BufferedWriter(fw);
```

（3）利用 BufferedWriter 类的方法写文本文件。

```
bw.write ("hello");
```

（4）相关流对象的清空和关闭。

```
bw.flush();
fw.close();
```

下面通过实例介绍如何使用 BufferedWriter 类及 FileWriter 类向文本文件中写数据，并将写入文件的数据读取出来显示在控制台上。其关键代码如示例 8 所示。

示例 8

```
public class BufferedWriterTest {
    public static void main(String[] args) {
        FileWriter fw=null;
        BufferedWriter bw=null;
        FileReader fr=null;
        BufferedReader br=null;
        try {
            //创建一个 FileWriter 对象
            fw=new FileWriter("D:\\myDoc\\hello.txt");
            //创建一个 BufferedWriter 对象
            bw=new BufferedWriter(fw);
            bw.write("大家好! ");
            bw.write("我正在学习 BufferedWriter");
            bw.newLine();
            bw.write("请多多指教! ");
            bw.newLine();
            bw.flush();
```

```
                //读取文件内容
                 fr=new FileReader("D:\\myDoc\\hello.txt");
                 br=new BufferedReader(fr);
                 String line=br.readLine();
                 while(line!=null){
                      System.out.println(line);
                      line=br.readLine();
                 }

                 fr.close();
                }catch(IOException e){
                     System.out.println("文件不存在!");
                }finally{
                    try{
                        if(fw!=null)
                             fw.close();
                        if(br!=null)
                             br.close();
                        if(fr!=null)
                             fr.close();
                    }catch(IOException ex){
                           ex.printStackTrace();
                    }
                }
        }
    }
```

在示例 8 的代码中，使用了“bw.newLine()”，bw.newLine()方法是 BufferedWriter 类中的方法，作用是插入一个换行符。运行结果如图 13.11 所示。

图 13.11　运行结果

文件 3

13.4　读写二进制文件

前面已经介绍了如何读写文本文件，但常见的文件读写中还有一种二进制文件的读写，接下来介绍如何读写二进制文件。读写二进制文件常用的类有 DataInputStream 和 DataOutputStream。

13.4.1　使用字节流类 DataInputStream 读二进制文件

DataInputStream 类是 FileInputStream 类的子类，它是 FileInputStream 类的扩展。利用 DataInputStream 类读取二进制文件的实现步骤与用 FileInputStream 类读取文本文件的步骤极其

相似，而且要用到 FileInputStream 类。

具体步骤如下。

（1）引入相关的类。

```
import java.io. FileInputStream;
import java.io. DataInputStream;
```

（2）创建一个数据输入流对象。

```
FileInputStream fis = new FileInputStream("C:\\HelloWorld. class");
DataInputStream dis = new DataInputStream(fis);
```

（3）利用数据输入流的方法读取二进制文件的数据。

```
dis.read();
```

（4）关闭数据输入流。

```
dis.close();
```

这里暂时不举例，在 13.4.2 节中将结合写二进制文件的操作来介绍二进制文件的读取操作。

13.4.2　使用字节流类 DataOutputStream 写二进制文件

DataOutputStream 类是 FileOutputStream 类的子类，它是 FileOutputStream 类的扩展。利用 DataOutputStream 类写二进制文件的实现步骤与用 FileOutputStream 类写文本文件的步骤极其相似，而且要用到 FileOutputStream 类。

具体步骤如下。

（1）引入相关的类。

```
import java.io. FileOutputStream;
import java.io. DataOutputStream;
```

（2）创建一个数据输出流对象。

```
FileOutputStream outFile = new FileOutputStream ("C:\\temp. class");
DataOutputStream out = new DataOutputStream (fis);
```

（3）利用数据输出流的方法读取二进制文件的数据。

```
out.write(1);
```

（4）关闭数据输出流。

```
out.close();
```

下面通过实例介绍 DataInputStream 类和 DataOutputStream 类的用法，实现从一个二进制文件 FileCopy.class 读取数据，然后将数据写入另一个二进制文件 temp.class 的过程。其关键代码如示例 9 所示。

示例 9

```
public class ReadAndWriteBinaryFile {
    public static void main(String[] args) {
        DataInputStream dis = null;
        DataOutputStream out =null;
        try {
            //创建输出流对象
            FileInputStream fis = new FileInputStream("D:\\myDoc\\FileCopy.class");
```

```
                dis = new DataInputStream(fis);
                //创建输入流对象
              FileOutputStream outFile = new FileOutputStream("D:\\myDoc\\temp.class");
                out = new DataOutputStream(outFile);
                int temp;
                //读取文件并写入文件
                while ( (temp = dis.read()) != -1) {
                    out.write(temp);
                }
            }catch (IOException ioe) {
              ioe.printStackTrace();
            }finally{
                try{
                    if(dis!=null)
                          dis.close();
                    if(out!=null)
                          out.close();
                }catch(IOException ex){
                    ex.printStackTrace();
                }
            }
      }
}
```

运行完示例 9，查看 D:\\myDoc\\FileCopy.class 是否存在。

13.5　序列化和反序列化

前面介绍了如何通过 Java 程序读写文件，事实上，在开发中，经常需要将对象的信息保存到磁盘中，便于以后检索。我们可逐一对对象的属性信息进行操作，但是这样做通常很烦琐，而且容易出错。可以想象一下编写包含大量对象的大型业务应用程序的情形，程序员不得不为每一个对象编写代码，以便将字段和属性保存至磁盘并从磁盘还原这些字段和属性。序列化为我们提供了轻松实现这个目标的快捷方法。

13.5.1　序列化概述

简单地说，序列化就是将对象的状态存储到特定的存储介质中的过程，也就是将对象状态转换为可保存或传输格式的过程。在序列化过程中，系统会将对象的公有成员、私有成员（包括类名）转换为字节流，然后再把字节流写入数据流，存到存储介质中，这里说的存储介质通常指文件。

使用序列化的意义在于将 Java 对象序列化后，将对象的信息转换为字节序列，这些字节序列可以保存在磁盘上，也可以借助网络进行传输。同时序列化后的对象保存的是二进制状态，这样实现了平台无关性，即可以将在 Windows 操作系统中实现序列化的一个对象，传输到 UNIX 操作系统的计算机上，通过反序列化后得到对象，无须担心数据因平台问题而显示异常。

13.5.2　用序列化保存对象信息

序列化机制允许将实现序列化的 Java 对象转换为字节序列，这个过程需要借助 I/O 流来实现。

在 Java 中，只有实现了 java.io.Serializable 接口的类的对象才能被序列化，Serializable 表示可串行的、可序列化的，所以对象序列化在某些文献中也称为串行化。JDK 类库中一些类如 String 类、包装类和 Date 类等，都实现了 Serializable 接口。

对象序列化的步骤很简单，可以概括成两大步。

（1）创建一个对象输出流（ObjectOutputStream），它可以包装一个其他类型的输出流，如文件输出流 FileOutputStream。例如：

```
ObjectOutputStream oos=new ObjectOutputStream(new FileOutputStream("C:\\myDoc\\stu.txt") );
```

它创建了对象输出流 oos，包装了一个文件输出流，即 C 盘文件夹 myDoc 中的 stu.txt 文件流。

（2）通过对象输出流的 writeObject()方法写对象，也就是输出可序列化对象。

例如，使用序列化将学生对象保存到文件中，实现步骤如下。

① 创建学生类，实现 Serializable 接口。

② 引入相关类。

③ 创建对象输出流。

④ 调用 writeObject()方法将对象写入文件。

⑤ 关闭对象输出流。

代码如示例 10 所示。

示例 10

```
public class student implements java.io Serializable {
     // Student 类的字段和方法省略
     public class Serializableobj {
       public static void main(String[] args){
            ObjectOutputStream oos = null;
            try{
               //创建 ObjectOutputStream 输出流
               oos = new ObjectOutputStream(new FileOutputStream("C: \\mydoc\\stu. txt"));
               Student stu = new student("安娜",30,"女");//对象序列化，写入输出流
            }catch(IOException ex){
                 ex.printstacktrace();
            }finally{
                 If(oos!=null){
                       try{
                            oos.close();
                         }catch(IOException e){
                            e.printstacktrace();
                         }
                       }
                 }
            }
     }
}
```

示例 10 执行完毕后，stu 这个学生对象将被保存到 stu.txt 文件中。

示例 10 是将一个学生对象保存到文件中，如果需要保存多个学生对象，该如何做呢？我们可以使用集合保存多个学生对象，然后将集合中所有的对象写入文件。例如，将示例 10 的关键代码修改为如下代码，即可将两个学生对象写入文件中。

```
oos = new ObjectOutputStream(new FileOutputstream("C: \\mydoc\\stu. txt));
```

```
Student stu = new student("安娜",30,"女");
Student stu1 = new student("李惠",20,"女");
ArrayList<Student> list = new ArrayList<Student>();
list.add(stu);
list.add(stu1);
oos.writeObject(list);
```

13.5.3 使用反序列化获取对象信息

既然能将对象的状态保存到存储介质（如文件）中，那么如何将这些对象状态读取出来呢？这就要用到反序列化。顾名思义，反序列化就是与序列化相反，序列化是将对象的状态信息保存到存储介质中，反序列化则是从特定存储介质中获取数据并重新构建对象的过程。通过反序列化，可以将存储在文件中的对象信息读取出来，然后重新构建为对象。这样就不需要将文件中的信息一一读取、分析再组织为对象。

反序列化大致概括为以下两步。

（1）创建一个对象输入流（ObjectInputStream），它可以包装一个其他类型的输入流，如文件输入流 FileInputStream。

（2）通过对象输入流的 readObject()方法读取对象。该方法返回一个 object 类型的对象，如果程序知道该 Java 对象的类型，则可以将该对象强制转换成其真实的类型。下面接着刚才的 Student 类的对象序列化信息，进行反序列化处理。

使用反序列化读取文件中的学生对象。

① 引入相关类。

② 创建对象输出流。

③ 调用 readObject()方法读取对象。

④ 关闭对象输入流。

示例 11

```
ObjectInputStream ois = null;
    try{
        //创建 ObjectInputStream 输出流
        ois = new ObjectInputStream (new FileInputStream("C: \\mydoc\\stu. txt"));
        Student stu = (Student) ois.readObject();
        System.out.println("姓名为"+stu.getName());
        System.out.println("年龄为"+stu.getAge());
        System.out.println("性别为"+stu.getGender());
    }catch(IOException ex){
            ex.printstacktrace();
    }finally{
          If(ois!=null){
                try{
                    ois.close();
                 }catch(IOException e){
                    e.printstacktrace();
                 }
             }
       }
```

输出结果如下。

```
姓名为安娜
年龄为 30
性别为女
```

同样，前面我们以集合的方式将两个学生对象写入文件，此时该如何反序列化呢？很简单，可编写如下代码。

```
ois = new ObjectInputStream (new FileInputStream("C: \\mydoc\\stu. txt"));
ArrayList<Student> list = (ArrayList<Student>) ois.readObject();
for(Student stu : list){
     System.out.println("姓名为"+stu.getName());
     System.out.println("年龄为"+stu.getAge());
     System.out.println("性别为"+stu.getGender());
}
```

输出结果如下。

```
姓名为安娜
年龄为 30
性别为女
姓名为李惠
年龄为 20
性别为女
```

通常，对象中的所有属性都会被序列化，但是对于一些比较敏感的信息，如用户的密码，一旦序列化后，人们完全可以通过读取文件或拦截网络传输数据的方式，获得这些信息。因此，出于对安全的考虑，某些属性应限制被序列化。解决的办法是使用 transient 来修饰，可以通过查阅 Java API 帮助文档或网上资料了解其用法。

课后习题

1. 编写一个程序，将 file1.txt 文件中的内容复制到 file2.txt 文件中。
2. 编写一个 Java 程序，读取 Windows 目录下的 win.ini 文件，并输出其内容。
3. 编写一个程序，运行 Java 控制台程序，检测本地是否保存学生对象（反序列化），如果保存，则输出学生信息；如果没有保存，则通过学生类 Student 创建一个学生对象，将学生信息输出并保存到本地文件（序列化）中。

第 14 章 注解与多线程

本章学习目标：

- 理解注解和注解的分类；
- 掌握线程的创建和启动方法；
- 掌握线程同步的实现方法；
- 掌握线程的调度方法；
- 了解线程间的通信。

14.1 注　　解

14.1.1 认识注解

注解

Java 注解也就是 Annotation，是 Java 代码里的特殊标记，它为 Java 程序代码组建了一种形式化的方法，用来表达额外的某些信息，这些信息代码本身是无法表示的。我们可以方便地使用注解修饰程序元素，这里的程序元素包括类、方法、成员变量等。

注解以标签的形式存在于 Java 代码中，注解的存在并不影响程序代码的编译和执行，它只是用来生成其他的文件或使我们在运行代码时知道被运行代码的描述信息。

注解的语法很简单，只需在程序元素前面加上“@”符号，并把该注解当成一个修饰符使用，用于修饰它支持的程序元素。

注解使用的语法格式如下。

```
@Annotation(参数)
```

其中，Annotation 为注解的类型。

注解的参数可以没有，也可以有一个或多个。

例如，下面 3 行代码分别为不带参数的注解、带一个参数的注解及带两个参数的注解。

```
@Override
@SuppressWarning(value="unused")
@MyTag(name="Jack",age=20)
```

使用注解语法时，需要注意以下规范。

（1）应将注解置于所有修饰符之前。

（2）通常将注解单独放置在一行。

（3）默认情况下，注解可用于修饰任何程序元素，包括类、方法和成员变量等。

14.1.2　注解分类

在 Java 中，根据注解的使用方法和用途，可将注解分为 3 类，分别是内建注解、元注解及自定义注解。

1. 内建注解

JDK 5.0 版本的 java.lang 包提供了 3 种标准的注解类型，称为内建注解，分别是@Override 注解、@Deprecated 注解及@SuppressWarnings 注解。

（1）@Override 注解

@Override 注解被用来标注方法，用来表示该方法是重写父类的某方法。@Override 注解的用法非常简单，只要在重写的子类方法前加上@Override 即可。以下程序就使用了@Override 注解来标识子类 Apple 的 getObjectInfo()方法是重写的父类的方法。

```
public class Fruit {
    public void getObjectInfo(){
        System.out.println("水果的 getObjectInfo 方法");
    }
}
public class Apple extends Fruit{
    //使用@override 指定下面的方法必须重写父类方法
    @Override
    public void getObjectInfo(){
        System.out.println("苹果重写水果的 getObjectInfo 方法");
    }
}
```

（2）@Deprecated 注解

@Deprecated 注解被用来标注程序元素已过时。如果一个程序元素被@Deprecated 注解修饰，则表示此程序元素已过时，编译器将不再鼓励使用这个被标注的程序元素。如果使用，编译器会在该程序元素上面画一条斜线，表示此程序元素已过时。例如，下面的代码中，getObjectInfo()将被标识为已过时的方法。

```
@Deprecated
public void getObjectInfo(){
    System.out.println("苹果重写水果的 getObjectInfo 方法");
}
```

（3）@SuppressWarnings 注解

@SuppressWarnings 注解被用来标识阻止编译器警告，被用于有选择地关闭编译器对类、方法和成员变量等程序元素及其子元素的警告，@SuppressWarnings 注解会一直作用于该程序元素的所有子元素。例如，下面的代码使用@SuppressWarnings(value="unchecked")来标志 Fruit 类取消类型检查的编译器警告。

```
@SuppressWarnings(value="unchecked")
public class Fruit {
…
}
```

上述代码中，"unchecked"是@SuppressWarnings 注解的参数。@SuppressWarnings 注解常用的

参数如下。

deprecation：使用了过时的程序元素。

unchecked：执行了未检查的转换。

unused：有程序元素未被使用。

fallthrough：switch 语句块直接通往下一种情况而没有 break。

path：在类路径、源文件路径等中有不存在的路径。

serial：在可序列化的类上缺少 serialVersionUID 定义。

finally：任何 finally 子句不能正常完成。

all：所有情况。

若注解类型里只有一个 value 成员变量，使用该注解时可以直接在注解后的括号中指定 value 成员变量的值，而无须使用 name=value 结构对的形式，例如：

```
@SuppressWarnings("unchecked","fallthrough");
```

如果@SuppressWarnings 注解所声明的被禁止的警告个数只有一个时，则可不用大括号，例如：

```
@SuppressWarnings("unchecked");
```

2. 元注解

Java.lang.annotation 包提供了 4 个元注解，它们用来修饰其他的注解定义。这 4 个元注解分别是@Target 注解、@Retention 注解、@Documented 注解及@Inherited 注解。

（1）@Target 注解

@Target 注解用于指定被其修饰的注解能用于修饰哪些程序元素，@Target 注解类型有唯一的 value 作为成员变量。这个成员变量是 java.lang.Anotation.ElementType 类型，ElementType 类型是可以被标注的程序元素的枚举类型。@Target 注解的成员变量 value 为如下值时，可指定被修饰的注解只能按如下声明进行标注，当 value 为 FIELD 时，被修饰的注解只能用来修饰成员变量。

ElementType.ANNOTATION_TYPE：注解声明。

ElementType.CONSTRUCTOR：构造方法声明。

ElementType.FIELD：成员变量声明。

ElementType.LOCAL_VARIABLE：局部变量声明。

ElementType.METHOD：方法声明。

ElementType.PACKAG：包声明。

ElementType.PARAMETER：参数声明。

ElementType.TYPE：类、接口（包括注解类型）或枚举声明。

（2）@Retention 注解

@Retention 注解描述了被其修饰的注解是否被编译器丢弃或者保留在 class 文件中，默认情况下，注解被保存在 class 文件中，但在运行时并不能反射访问。

@Retention 注解包含一个 RetentionPolicy 类型的 value 成员变量，其取值来自 java.lang.annotation. RetentionPolicy 的枚举类型值，有如下 3 个取值。

① RetentionPolicy.CLASS：@Retention 注解中 value 成员变量的默认值，表示编译器会把被修饰的注解记录在 class 文件中，但当运行 Java 程序时，Java 虚拟机不再保留注解，从而无法通过反射对注解进行访问。

② RetentionPolicy.RUNTIME：表示编译器将注解记录在 class 文件中，当运行 Java 程序时，Java 虚拟机会保留注解，程序可以通过反射获取该注解。

③ RetentionPolicy.SOURCE：表示编译器将直接丢弃被修饰的注解。

下面是定义@Retention 注解类型的示例代码，通过将 value 成员变量的值设为 RetentionPolicy.RUNTIME，指定@Retention 注解在运行时可以通过反射进行访问。

```
@Retention(RetentionPolicy.RUNTIME)
@Target(ElementType.ANNOTATION_TYPE)
public @interface Retention{
      RetentionPolicy value();
}
```

（3）@Documented 注解

@Documented 注解用于指定被其修饰的注解将被 JavaDoc 工具提取成文档。如果在定义某注解时使用了@Documented 修饰，则所有使用该注解修饰的程序元素的 API 文档都将包含该注解说明。另外，@Documented 注解类型没有成员变量。

（4）@Inherited 注解

@Inherited 注解用于指定被其修饰的注解将具有继承性。也就是说，如果一个使用了@inherited 注解修饰的注解被用于某个类，则这个注解也将被用于该类的子类。

3. 自定义注解

前面介绍了 JDK 提供的 3 种内建注解及 4 种元注解，下面介绍自定义注解。

注解类型是一种接口，但它又不同于接口。定义一个新的注解类型与定义一个接口非常相似，定义新的注解类型要使用@interface 关键字，如下代码定义了一个简单的注解类型。

```
public @interface AnnotationTest(){}
```

注解类型定义之后，就可以用它来修饰程序中的类、接口、方法和成员变量等程序元素。

自定义注解在实际的开发中使用的频率不是很多，能够理解其基本用法即可。

14.1.3　读取注解信息

java.lang.reflect 包主要包含一些实现反射功能的工具类，另外也提供了对读取运行时注解的支持，java.lang.reflect 包下的 AnnotatedElement 接口代表程序中可以接受注解的程序元素，该接口有如下几个实现类。

Class：类定义。

Constructor：构造方法定义。

Field：类的成员变量定义。

Method：类的方法定义。

Package：类的包定义。

java.lang.reflect.AnnotatedElement 接口是所有程序元素的父接口，程序通过反射获得某个类的 AnnotatedElement 对象（如类、方法和成员变量），调用该对象的 3 个方法就可以访问注解信息。

getAnnotation()方法：用于返回该程序元素上存在的、指定类型的注解，如果该类型的注解不存在，则返回 null。

getAnnotations()方法：用来返回该程序元素上存在的所有注解。

isAnnotationPresent()方法：用来判断该程序元素上是否包含指定类型的注解，如果存在则返回 true，否则返回 false。

例如，下面代码获取了 MyAnnotation 类的 getObjectInfo 方法的所有注解，并输出。

```
    public class MyAnnotation {
        //获取 MyAnnotation 类的 getObjectInfo 方法的注解
        Annotation[] arr=Class.forName("MyAnnotation").getMethod("getObjectInfo").get
Annotations();
        //遍历所有注解
        for(Annotation an:arr){
            System.out.println(an);
        }
    }
```

需要注意，这里得到的注解，都是被定义为运行时的注解，即都是用@Retention(RetentionPolicy.RUNTIME)修饰的注解。否则，通过反射得不到这个注解信息。因为当一个注解类型被定义为运行时注解，该注解在运行时才是可见的。当 class 文件被装载时，保存在 class 文件中的注解才会被 Java 虚拟机所读取。

有时候需要获取某个注解里的元数据，这时可以将注解强制类型转换成所需的注解类型，然后通过注解对象的抽象方法来访问这些元数据。

14.2 多 线 程

14.2.1 认识线程

计算机的操作系统大多采用多任务和分时设计，多任务是指在一个操作系统中可以同时运行多个程序，例如，可以在使用 QQ 聊天的同时听音乐，即有多个独立运行的任务，每个任务对应一个进程，每个进程又可产生多个线程。

多线程 1

1. 进程

认识进程先从程序开始。程序（Program）是对数据描述与操作的代码的集合，如 Word、暴风影音等应用程序。

进程（Process）是程序的一次动态执行过程，它对应了从代码加载、执行至执行完毕的一个完整过程。这个过程也是进程本身从产生、发展至消亡的过程。操作系统同时管理一个计算机系统中的多个进程，让计算机系统中的多个进程轮流使用 CPU 资源，或者共享操作系统的其他资源。

进程有如下特点。

（1）进程是系统运行程序的基本单位。

（2）每一个进程都有自己独立的一块内存空间、一组系统资源。

（3）每一个进程的内部数据和状态都是完全独立的。

当一个应用程序运行的时候会产生一个进程，如图 14.1 所示。

2. 线程

线程是进程中执行运算的最小单位，一个进程在其执行过程中可以产生多个线程，而线程必须在某个进程内执行。

线程是进程内部的一个执行单元，是可完成一个独立任务的顺序控制流程。如果一个进程中同时运行了多个线程，用来完成不同的工作，则称之为多线程。

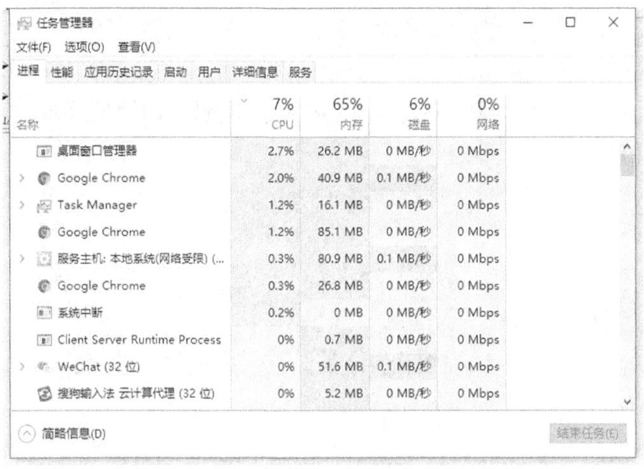

图 14.1　系统中当前存在的进程

线程按处理级别分为核心级线程和用户级线程。

（1）核心级线程

核心级线程是和系统任务相关的线程，它负责处理不同进程之间的多个线程，允许不同进程中的线程按照同一相对优先调度方法对线程进行调度，使它们有条不紊地工作，可以发挥多处理器的并发优势，以充分利用计算机的软/硬件资源。

（2）用户级线程

在开发程序时，由于程序的需要而编写的线程即用户级线程，这些线程的创建、执行和消亡都是在编写应用程序时进行控制的。对于用户级线程的切换，通常发生在一个应用程序的诸多线程之间。“迅雷”中的多线程下载就属于用户级线程。

多线程可以改善用户体验。具有多个线程的进程能更好地表达和解决现实世界的具体问题，可以说，多线程是计算机应用开发和程序设计的一项重要的实用技术。

线程和进程既有联系又有区别，具体如下。

① 一个进程中至少要有一个线程。

② 资源分配给进程，同一进程的所有线程共享该进程的所有资源。

③ 处理机分配给线程，即真正在处理机上运行的是线程。

3. 多线程的优势

多线程有着广泛的应用，“迅雷”是一款典型的多线程应用程序，在这个下载工具中，可以同时执行多个下载任务。这样不但能够加快下载的速度，减少等待时间，而且还能够充分利用网络和系统资源。

多线程的好处如下。

（1）多线程程序可以带来更好的用户体验，避免因程序执行过慢而出现计算机死机或者白屏的情况。

（2）多线程程序可以最大限度地提高计算机系统的利用效率，如迅雷的多线程下载。

14.2.2　编写线程类

每个程序至少自动拥有一个线程，称为主线程，当程序加载到内存时启动主线程。Java 程序中的 public static void main()方法是主线程的入口，运行 Java 程序时，系统会先执行这个方法。

开发中，用户编写的线程一般都是指除了主线程之外的其他线程。

使用一个线程的过程可以分为如下 4 个步骤。

（1）定义一个线程，同时指明这个线程所要执行的代码，即期望完成的功能。

（2）创建线程对象。

（3）启动线程。

（4）终止线程。

定义一个线程通常有两种方法，分别是继承 java.lang.Thread 类和实现 java.lang.Runnable 接口。

1. 使用 Thread 类创建线程

Java 提供了 Thread 类支持多线程编程，该类提供了大量的方法来控制和操作线程，常用方法如表 14.1 所示。

表 14.1　　Thread 类的常用方法

方法名称	说明
void run()	执行操作任务的方法
void start()	使该线程开始执行
void sleep(long millis)	在指定的毫秒数内让当前正在执行的线程休眠（暂停执行）
String getName()	返回该线程的名称
Int getPriority()	返回线程的优先级
void setPriority(int newPriority)	更改线程的优先级
Thread.State getState	返回该线程的状态
Boolean isAlive	测试线程是否处于活动状态
void join()	等待该线程终止
void interrupt()	中断线程
void yield()	暂停当前正在执行的线程对象，并执行其他线程

创建线程时继承 Thread 类并重写 Thread 类的 run()方法。Thread 类的 run()方法是线程要执行操作任务的方法，所以线程要执行的操作代码都需要写在 run()方法中，并通过调用 start()方法来启动线程。

示例 1　使用继承 Thread 类的方式创建线程，在线程中输出 1～100 的整数。

实现步骤如下。

（1）定义 MyThread 类继承 Thread 类，重写 run()方法，在 run()方法中实现数据的输出。

（2）创建线程对象。

（3）调用 start()方法启动线程。

关键代码如下。

```
//通过继承 Thread 类创建线程
public class MyThread extends Thread{
      private int count=0;
      public void run(){
            while(count<100){
                  count++;
                  System.out.println("count 的值是"+count);
            }
      }
```

```
}
public class Test {
      public static void main(String[] args) {
            MyThread m=new MyThread();      //实例化线程对象
            m.start();
      }
}
```

输出结果（部分）如图 14.2 所示。

由示例 1 可以看出，创建线程对象时不会执行线程，必须调用线程对象的 start()方法才能使线程开始执行。

```
Console ☒
<terminated> Test (2) [Java Application]
count的值是1
count的值是2
count的值是3
count的值是4
count的值是5
count的值是6
count的值是7
count的值是8
count的值是9
count的值是10
count的值是11
count的值是12
count的值是13
count的值是14
count的值是15
count的值是16
count的值是17
count的值是18
count的值是19
count的值是20
count的值是21
```

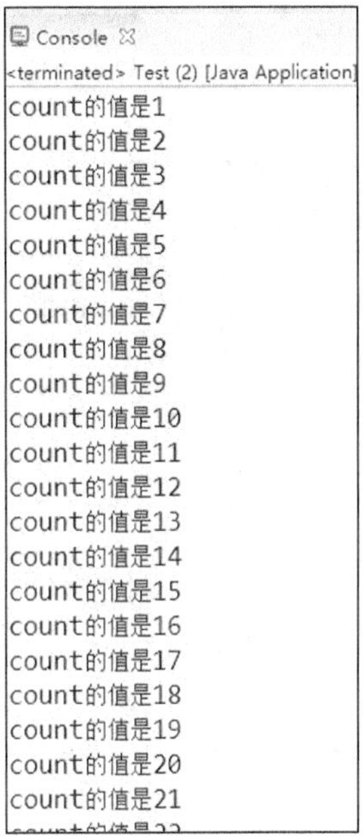

图 14.2　输出结果（部分）

2. 使用 Runnable 接口创建线程

使用继承 Thread 类的方式创建线程简单明了，符合大家的习惯，但它也有一个问题：如果定义的类已经继承了其他类，则无法再继承 Thread 类。使用 Runnable 接口创建线程的方式可以解决上述问题。

Runnable 接口中声明了一个 run()方法，即 public void run()。一个类可以通过实现 Runnable 接口并实现其 run()方法完成线程的所有活动，已实现的 run()方法称为该对象的线程体。任何实现 Runnable 接口的对象都可以作为一个线程的目标对象。

示例 2　使用 Runnable 接口创建线程，在线程中输出 1～100 的整数。

实现步骤如下。

（1）定义 MThread 类实现 java.lang.Runnable 接口，并实现 Runnable 接口的 run()方法，在 run()方法中输出数据。

（2）创建线程对象。

（3）调用 start()方法启动线程。

关键代码如下。

```
public class MThread implements Runnable{
     private int count=0;
     @Override
     public void run() {
          while(count<100){
               count++;
               System.out.println("count 的值是"+count);
          }
     }
}
public class Test {
     public static void main(String[] args) {
          MyThread m=new MyThread();      //实例化线程对象
          m.start();
     }
}
```

输出结果（部分）如图 14.2 所示。

两种创建线程的方式有各自的特点和应用领域，直接继承 Thread 类的方式比较简单，可以直接操作线程，适用于单重继承的情况；当一个线程已经继承了一个类时，只能使用 Runnable 接口的方式来创建线程，而且这种方式可以使多个线程共用一个 Runnable 对象。

14.2.3　线程的状态

多线程 2

线程的生命周期可以分成 4 个阶段，即线程的 4 种状态，分别为新生状态（New Thread）、可运行状态（Runnable）、阻塞状态（Blocked）和死亡状态（Dead）。一个具有生命的线程，总是处于这 4 种状态之一。线程的生命周期如图 14.3 所示。

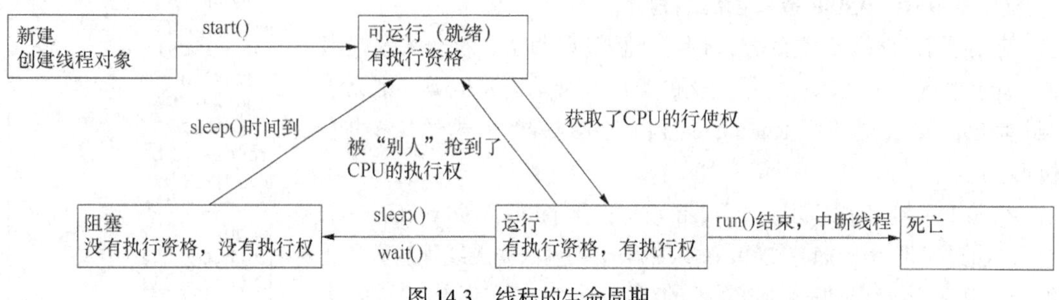

图 14.3　线程的生命周期

1. 新生状态

创建线程对象之后，尚未调用其 start()方法之前，这个线程就有了生命，此时线程仅仅是一个空对象，系统没有为其分配资源。此时只能启动和终止线程，任何其他操作，都会引发异常。

2. 可运行状态

当调用 start()方法启动线程之后，系统为该线程分配除 CPU 外的所需资源，这个线程就有了运行的机会，线程处于可运行的状态。在这个状态中，该线程对象可能正在运行，也可能尚未运行。对于只有一个 CPU 的机器而言，任何时刻只能有一个处于可运行状态的线程占用处理机，获得 CPU 资源，此时系统真正运行线程的 run()方法。

3. 阻塞状态

一个正在运行的线程因某种原因不能继续运行时，进入阻塞状态。阻塞状态是一种“不可运行”的状态，而处于这种状态的线程在得到一个特定的事件之后会转回可运行状态。导致一个线程被阻塞有以下原因。

（1）调用了 Thread 类的静态方法 sleep()。

（2）一个线程执行到一个 I/O 操作时，如果 I/O 操作尚未完成，则线程将被阻塞。

（3）如果一个线程的执行需要得到一个对象的锁，而这个对象的锁正被别的线程占用，那么此线程会被阻塞。

（4）线程的 suspend()方法被调用而使线程被挂起时，线程进入阻塞状态。但 suspend()容易导致死锁，已经被 JDK 列为过期方法，基本不再使用。

处于阻塞状态的线程可以转回可运行状态，例如，在调用 sleep()方法之后，这个线程的睡眠时间已经达到了指定的间隔，那么它就有可能重新回到可运行状态。如果一个线程等待的锁变得可用时，这个线程也会从被阻塞状态转入可运行状态。

4. **死亡状态**

一个线程的 run()方法运行完毕、stop()方法被调用或者在运行过程中出现未捕获的异常时，线程进入死亡状态。

14.2.4 线程调度

多线程 3

当同一时刻有多个线程处于可运行状态，它们需要排队等待 CPU 资源，每个线程会自动获得一个线程的优先级（priority），优先级的高低反映线程的重要或紧急程度。可运行状态的线程按优先级排队，线程调度依据建立在优先级基础上的“先到先服务”原则。

线程调度管理器负责线程排队和在线程间分配 CPU，并按线程调度算法进行调度。当线程调度管理器选中某个线程时，该线程获得 CPU 资源，进入运行状态。

线程调度是抢占式调度，即在当前线程执行过程中，如果有一个更高优先级的线程进入可运行状态，则这个更高优先级的线程立即被调度执行。

1. **线程优先级**

线程的优先级用 1～10 表示，10 表示优先级最高，默认值是 5。每个优先级对应一个 Thread 类的公用静态常量。例如：

```
public static final int NORM_PRIORITY=5;
public static final int MIN_PRIORITY=1;
public static final int MAX_PRIORITY=10;
```

每个线程优先级都介于 MIN_PRIORITY 和 MAX_PRIORITY 之间。

线程的优先级可以通过 setPriority(int grade)更改，此方法的参数表示要设置的优先级，它必须是一个 1～10 的整数，例如，“myThread.setPriority(3);”将线程对象的优先级设置为 3。

2. **实现线程调度的方法**

（1）join()方法

join()方法使当前线程暂停执行，等待调用该方法的线程结束后再继续执行本线程。它有 3 种重载形式。

```
public final void join()
public final void join(long mills)
public final void join(long mills,int nanos)
```

下面通过示例具体介绍 join()方法的应用。

示例 3　使用 join()方法阻塞线程。实现步骤如下。

① 定义线程类，输出 5 次当前线程的名称。

② 定义测试类，使用 join()方法阻塞主线程。

关键代码如下。

```
 //通过继承 Thread 类创建线程
public class MyThread extends Thread{
    public MyThread(String name) {
        super(name);
    }
    public void run(){
        for(int i=0;i<5;i++){
            //输出当前线程的名称
            System.out.println(Thread.currentThread().getName()+""+i);
```

```
            }
        }
    }
    public class Test {
        public static void main(String[] args) {
            for(int i=0;i<10;i++){
                if(i==5){           //主线程运行5次后，开始MyThread线程
                    MyThread temp=new MyThread("MyThread");
                    try{
                        temp.start();
                        temp.join();        //把该线程通过join 方法插入到主线程前面
                    }catch (Exception e) {
                        e.printStackTrace();
                    }
                }
                System.out.println(Thread.currentThread().getName()+""+i);
            }
        }
    }
```

输出结果如图 14.4 所示。

```
Console
<terminated> Test (2) [Java Application] D:\Program
main0
main1
main2
main3
main4
MyThread0
MyThread1
MyThread2
MyThread3
MyThread4
main5
main6
main7
main8
main9
```

图 14.4 使用 join()阻塞线程的输出结果

在示例 3 中，使用 join()方法阻塞指定的线程直到另一个线程完成以后再继续执行。其中 temp.join()表示让当前线程即主线程加到 temp 的末尾，主线程被阻塞，temp 执行完以后主线程才能继续执行。Thread.currentThread().getName()用于获取当前线程的名称。

从线程返回数据时也经常用到 join()方法。

示例 4 使用 join()方法实现两个线程间的数据传递。

实现步骤如下。

① 定义线程类，为变量赋值。

② 定义测试类。

关键代码如下。

```
public class Test {
    public static void main(String[] args) throws InterruptedException{
        MyThread thread=new MyThread();
        thread.start();
        System.out.println("value1:"+thread.value1);
        System.out.println("value2:"+thread.value2);
    }
}
public class MyThread extends Thread{
    public String value1;
    public String value2;
    public void run(){
        value1="value1 已赋值";
        value2="value2 已赋值";
    }
}
```

输出结果如下。

```
value1: null
value2: null
```

在示例 4 中，run()方法已经对 value1 和 value2 赋值，而返回的却是 null，出现这种情况的原因是在主线程中调用 start()方法后就立刻输出了 value1 和 value2 的值，而 run()方法可能还没有执行到为 value1 和 value2 赋值的语句。要避免这种情况的发生，需要等到 run()方法执行完后才执行输出 value1 和 value2 的代码，可以使用 join()方法来解决这个问题，修改示例 4 的代码，在 "thread.start();" 后添加 "thread.join();"。

重新运行程序，则可以得到如下输出结果。

```
value1:value1 已赋值
value2:value2 已赋值
```

（2）sleep()方法

sleep()方法的语法格式如下。

```
public static void sleep(long mills)
```

sleep()方法会让当前线程睡眠（停止执行 mills 毫秒），线程由运行中的状态进入不可运行状态，睡眠时间过后线程会再次进入可运行状态。

示例 5　使用 sleep()方法阻塞线程。

实现步骤如下。

① 定义线程。

② 在 run()方法中使用 sleep()方法阻塞线程。

③ 定义测试类。

关键代码如下。

```
public class Wait {
      public static void bySec(long s){
            for(int i=0;i<s;i++){
                  System.out.println(i+1+"秒");
                  try{
                        Thread.sleep(1000);
                  }catch (Exception e) {
                        e.printStackTrace();
                  }
            }
      }
}
public class Test {
      public static void main(String[] args){
            System.out.println("wait");//提示等待
            Wait.bySec(5);//让主线程等待 5 秒再执行
            System.out.println("start");//提示恢复
      }
}
```

输出结果如图 14.5 所示。

示例 5 的代码中，在执行主线程以后，首先输出了 wait，然后主线程等待 5 秒后继续执行。

```
Console
<terminated> Test (2) [Java Application] D:\Program Files\
wait
1秒
2秒
3秒
4秒
5秒
start
```

图 14.5　使用 sleep 方法阻塞线程的输出结果

（3）yield()方法

yield()方法的语法格式如下。

```
public static void yield()
```

yield()方法可让当前线程暂停执行，允许其他线程执行，但该线程仍处于可运行状态，并不变为阻塞状态，此时，系统选择其他相同或更高优先级线程执行，若无其他相同或更高优先级线程，则该线程继续执行。

示例 6　使用 yield()方法暂停线程。

实现步骤如下。

① 定义两个线程。

② 在 run()方法中使用 yield()方法暂停线程。

③ 定义测试类。

关键代码如下。

```
public class FirstThread extends Thread{
     public void run(){
          for(int i=0;i<5;i++){
               System.out.println("第一个线程的第"+(i+1)+"次运行");
               Thread.yield();  //暂停线程
          }
     }
}
public class SecondThread extends Thread{
     public void run(){
          for(int i=0;i<5;i++){
               System.out.println("第二个线程的第"+(i+1)+"次运行");
               Thread.yield();
          }
     }
}
public class Test {
     public static void main(String[] args){
          FirstThread ft=new FirstThread();
          SecondThread st=new SecondThread();
          ft.start();
          st.start();
     }
}
```

输出结果如图 14.6 所示。

```
Problems  @ Javadoc  Declaration
<terminated> Homework [Java Application]
第一个线程的第1次运行
第二个线程的第1次运行
第一个线程的第2次运行
第二个线程的第2次运行
第一个线程的第3次运行
第二个线程的第3次运行
第一个线程的第4次运行
第二个线程的第4次运行
第一个线程的第5次运行
第二个线程的第5次运行
```

图 14.6　使用 yield()方法暂停线程的输出结果

sleep()方法和 yield()方法在使用时容易混淆，这两个方法之间的区别如表 14.2 所示。

表 14.2　sleep()方法与 yield()方法的区别

sleep()方法	yield()方法
使当前线程进入被阻塞的状态	将当前线程转入暂停执行的状态
即使没有其他等待运行的线程，当前线程也会等待指定的时间	如果没有其他等待的线程，当前线程会马上恢复执行
其他等待执行的线程的机会是均等的	会运行优先级相同或更高的线程

14.3　线程同步

14.3.1　线程同步的必要性

前面介绍的线程都是独立的，而且异步执行，也就是说每个线程都包含了运行时所需要的数据或方法，而不需要外部资源或方法，也不必关心其他线程的状态或行为。但是经常有一些同时运行的线程需要共享数据，此时就要考虑其他线程的状态和行为，否则就不能保证程序运行结果的正确性。

示例 7　张三和他的妻子各拥有一张银行卡和存折，可以对同一个银行账户进行存取款的操作，请使用多线程模拟张三和他的妻子同时取款的过程。

实现步骤如下。

（1）定义银行账户 Account 类。

（2）定义取款线程类。

（3）定义测试类，实例化张三取款的线程实例和他的妻子取款的线程实例。

关键代码如下。

```
public class Account{
    private int balance=500;
    public int getBalance(){
        return balance;
    }
    //取款
    public void withdraw(int amount) {
        balance=balance-amount;
```

```
        }
    }
    //取款的线程类
    public class TestAccount implements  Runnable {
        private Account acct=new Account();
        public void run() {
            for(int i=0;i<5;i++){
                makeWithdrawal(100);
                if(acct.getBalance()<0){
                    System.out.println("账户透支了！");
                }
            }
        }
        private void makeWithdrawal(int amt) {
            if(acct.getBalance()>=amt){
                System.out.println(Thread.currentThread().getName()+"准备取款");
                try {
                    Thread.sleep(500);  //0.5 秒后实现取款
                } catch (InterruptedException e) { }
                acct.withdraw(amt);
                System.out.println(Thread.currentThread().getName()+"完成取款");
            }else{
                //给出余额不足的提示
                System.out.println("余额不足支付"+Thread.currentThread().getName()+"
的取款，余额为"+acct.getBalance());
            }
        }
    }
    public class TestWithdrawal{
        public static void main(String[] args) {
            TestAccount r=new TestAccount();
            Thread one=new Thread(r);
            Thread two=new Thread(r);
            one.setName("张三");
            two.setName("张三的妻子");
            //启动线程
            one.start();
            two.start();
        }
    }
```

输出结果如图 14.7 所示。

在示例 7 的代码中，首先定义了一个 Account 类模拟银行账户，然后定义了 TestAccount 类实现 Runnable 接口，在此类中有一个账户对象 acct，即所有通过此类创建的线程都共享一个账户对象。在测试类中，创建了两个线程，分别用于实现张三和他的妻子的取款操作。通过程序的运行结果可以看到，虽然在程序中对余额做了判断，但仍然出现了透支的情况，原因就是在取款方法中，先检查余额是否足够，如果余额足够才取款，而有可能在查余额之后取款之前的这一小段时间里，另外一个人已经完成了一次取款，因而此时的余额发生了变化，但是当前线程却还以为余额是足够的。例如，查询余额时发现还有 100 元钱，正当他打算取钱但是还没有取时他的妻子已经把这 100 元钱取走了，可张三并不知道，所以他也去取钱便发生了透支的情况。在开发中，要避免这种情况的发生，就要使用线程同步。

```
Problems  Javadoc  Declaration  Console
<terminated> Homework [Java Application] D:\jdk\jdk1.8.0_6
张三的妻子准备取款
张三准备取款
张三的妻子完成取款
张三完成取款
张三准备取款
张三的妻子准备取款
张三完成取款
张三准备取款
张三的妻子完成取款
张三的妻子准备取款
张三完成取款
余额不足支付张三的取款，余额为0
余额不足支付张三的取款，余额为0
张三的妻子完成取款
账户透支了!
余额不足支付张三的妻子的取款，余额为-100
账户透支了!
余额不足支付张三的妻子的取款，余额为-100
账户透支了!
```

图 14.7　不使用线程同步的银行取款的输出结果

14.3.2　线程同步的实现

当两个或多个线程需要访问同一资源时，需要以某种顺序来确保该资源在某一时刻，只能被一个线程使用的方式称为线程同步。

采用同步来控制线程的执行有两种方式，即同步方法和同步代码块。这两种方式都使用 synchronized 关键字实现。

1. 同步方法

通过在方法声明中加入 synchronized 关键字来声明同步方法。

使用 synchronized 修饰的方法控制对类成员变量的访问。每个类实例对应一把锁，方法一旦执行，就独占该锁，直到该方法返回时才将锁释放，此后被阻塞的线程方能获得该锁，重新进入可执行状态。这种机制确保了同一时刻对应每一个实例，其所有声明 synchronized 的方法只能有一个处于可执行状态，从而有效地避免了类成员变量的访问冲突。

同步方法的语法格式如下。

```
访问修饰符 synchronized 返回类型方法名()
```

或者

```
synchronized 访问修饰符 返回类型 方法名()
```

synchronized 是同步关键字。

访问修饰符指 public、private 等。

示例 8　使用同步方法解决示例 7 的访问冲突问题。

关键代码如下。

```
//取款
    private synchronized void makeWithdrawal(int amt){
        //省略与示例 7 相同的部分
    }
```

输出结果如图 14.8 所示。

```
Console ⊠
<terminated> TestWithdrawal [Java Application] D:\Progra
张三准备取款
张三完成取款
张三的妻子准备取款
张三的妻子完成取款
张三的妻子准备取款
张三的妻子完成取款
张三准备取款
张三完成取款
张三的妻子准备取款
张三的妻子完成取款
余额不足支付张三的取款，余额为0
余额不足支付张三的取款，余额为0
余额不足支付张三的取款，余额为0
余额不足支付张三的妻子的取款，余额为0
余额不足支付张三的妻子的取款，余额为0
```

图 14.8　银行取款的输出结果

在示例 8 中，使用 synchronized 修饰取款方法 makeWithdrawal()。makeWithdrawal()方法成为同步方法后，当一个线程已经在执行此方法时，这个线程就得到了当前对象的锁，该方法执行完毕之后才会释放这个锁，在它释放这个锁之前，其他的线程是无法同时执行此对象的 makeWithdrawal()方法的。这就完成了对这个方法的同步。

同步方法的缺陷：如果将一个运行时间比较长的方法声明成 synchronized，将会影响效率。例如，将线程中的 run()方法声明成 synchronized，由于在线程的整个生命周期内它一直在运行，这样就有可能导致 run()方法执行很长时间，那么其他的线程就得一直等到 run()方法结束了才能执行。

2. 同步代码块

同步代码块的语法格式如下。

```
synchronized(syncObject){
        //需要同步访问控制的代码
}
```

synchronized 中的代码必须获得对象 syncObject 的锁才能执行，具体实现机制与同步方法一样。由于该方法可以针对任意代码块，且可任意指定上锁的对象，故灵活性较高。

示例 9　使用同步代码块的方式解决示例 7 的访问冲突问题。

关键代码如下。

```
private void makeWithdrawal(int amt) {
          synchronized (acct) {
               if(acct.getBalance()>=amt){
                      System.out.println(Thread.currentThread().getName()+"准备取款");
                      try {
                           Thread.sleep(500);  //0.5 秒后实现取款
                      } catch (InterruptedException e) { }
                      //余额足就取款
                      acct.withdraw(amt);
                      System.out.println(Thread.currentThread().getName()+"完成取款");
```

```
                }else{
                        //余额不足就给出提示
                        System.out.println("余额不足支付"+Thread.currentThread().
getName()+ "的取款，余额为"+acct.getBalance());
                }
        }
    }
```

输出结果如图 14.8 所示。

需要注意的是，多线程在使用同步机制时，存在“死锁”的潜在危险。如果多个线程都处于等待状态而无法唤醒，就构成了死锁（Deadlock），此时处于等待状态的多个线程占用系统资源，但无法运行，因此不会释放自身的资源。

在编程时应注意死锁的问题，避免死锁的有效方法：线程因某个条件未满足而受阻，不能让其继续占有资源；如果有多个对象需要互斥访问，应确定线程获得锁的顺序，并保证整个程序以相反的顺序释放锁。

14.4　线程间通信

14.4.1　线程间通信的必要性

前面介绍了多线程编程中使用同步机制的重要性，并介绍了如何通过同步来正确地访问共享资源。这些线程之间是相互独立的，并不存在任何的依赖关系。它们各自竞争 CPU 资源，互不相让，并且还无条件地阻止其他线程对共享资源的异步访问。然而，有很多现实问题不仅要求同步地访问同一共享的资源，而且要求线程间彼此牵制，相互通信。

经典的生产者和消费者问题描述了图 14.9 所示的情况。

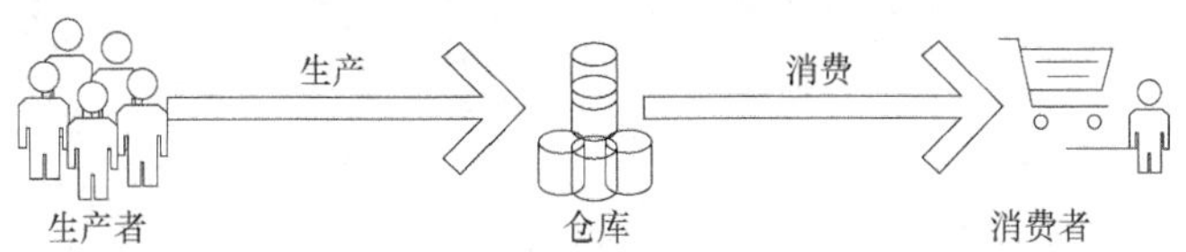

图 14.9　生产者和消费者问题

显然这是一个线程同步的问题，生产者和消费者共享同一个资源，并且生产者和消费者之间是相互依赖的。如何来解决这个问题呢？使用线程同步可以阻止并发更新同一个共享资源，但是不能用它来实现不同线程之间的消息传递，要解决生产者和消费者问题，需要使用线程通信。

14.4.2　线程间通信的实现

Java 提供了如下 3 个方法实现线程之间的通信。

（1）wait()方法：调用 wait()方法会挂起当前线程，并释放共享资源的锁。

（2）notify()方法：调用任意对象的 notify()方法会在因调用该对象的 wait()方法而阻塞的线程中随机选择一个线程解除阻塞，但要等到获得锁后才可真正执行。

（3）notifyAll()方法：调用了 notifyAll()方法会将因调用该对象的 wait()方法而阻塞的所有线

程一次性全部解除阻塞。

wait()、notify()和 notifyAll()这 3 个方法都是 Object 类中的 final 方法，被所有的类继承且不允许重写。这 3 个方法只能在同步方法或者同步代码块中使用，否则会抛出异常。

示例 10 使用 wait()方法和 notify()方法实现线程间通信。

实现步骤如下。

（1）使用 wait()方法挂起线程。

（2）使用 notify()方法唤起线程。

关键代码如下。

```
//测试线程间通信
public class CommunicateThread implements Runnable{
    public static void main(String[] args) {
        CommunicateThread thread=new CommunicateThread();
        Thread ta=new Thread(thread,"线程 a");
        Thread tb=new Thread(thread,"线程 b");
        ta.start();
        tb.start();
    }
    //同步 run 方法
    @Override
    synchronized public void run() {
        // TODO Auto-generated method stub
        for(int i=0;i<5;i++){
            System.out.println(Thread.currentThread().getName()+i);
            if(i==2){
                try{
                    wait();
                }catch (Exception e) {
                    // TODO: handle exception
                    e.printStackTrace();
                }
            }
            if(i==1){
                notify();
            }
            if(i==4){
                notify();
            }
        }
    }

}
```

输出结果如图 14.10 所示。

示例 10 的执行过程分析如下。

（1）在 main()方法中启动线程 ta 和 tb。

（2）由于 run()方法加了同步，线程 ta 先执行 run()方法，执行 for 循环语句输出 3 条数据。

（3）当 i 等于 2 时，执行 wait()方法，挂起当前线程，并释放共享资源的锁。

（4）线程 tb 开始运行，执行 for 循环语句输出数据。

（5）当 i 等于 1 时，调用 notify()方法，从等待队列唤醒一个线程。

（6）ta 等待 tb 释放对象锁，当 i 等于 2 时，线程 tb 输出完 3 行数据后执行 wait()方法，挂起线程，释放对象锁。

（7）线程 ta 获得对象锁，继续执行输出操作。

（8）当 i 等于 4 时，调用 notify()方法唤醒线程 tb。

（9）当 ta 执行完 run()方法后释放对象锁，tb 获得对象锁，继续执行打印操作直至结束。

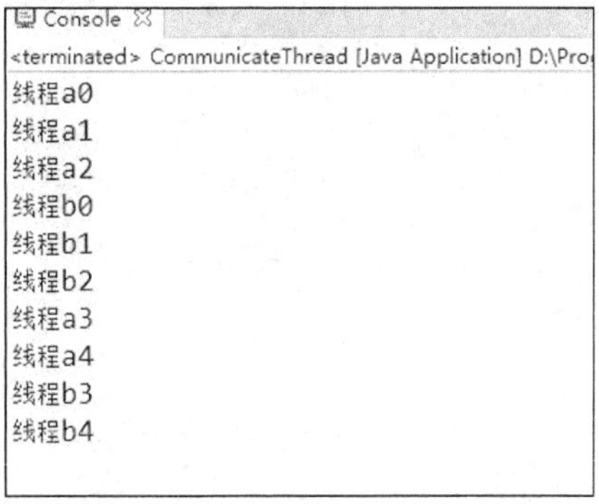

```
Console
<terminated> CommunicateThread [Java Application] D:\Pro
线程a0
线程a1
线程a2
线程b0
线程b1
线程b2
线程a3
线程a4
线程b3
线程b4
```

图 14.10　线程间通信的输出结果

示例 11　使用线程间通信解决生产者和消费者问题。实现步骤如下。

（1）定义共享资源类。

（2）定义生产者线程类。

（3）定义消费者线程类。

（4）定义测试类。

关键代码如下。

```
public class SharedData {
  private char c ;
  private boolean isProduced=false;//信号量
  public synchronized void putShareChar(char c){
       //如果产品还未消费，则生产者等待
       if(isProduced){
             try{
                   System.out.println("消费者还未消费，因此生产者停止生产");
                   wait();             //生产者等待
             }catch (Exception e) {
                   e.printStackTrace();
             }
       }
       this.c=c;
       isProduced=true;  //标记已经生产
       notify();            //通知消费者已经生产，可以消费
       System.out.println("生产了产品"+c+"，通知消费者消费");
  }

  //同步方法 getShareChar()
  public synchronized char getShareChar(){
       //如果产品还未生产，则消费者等待
       if(!isProduced){
             try{
                   System.out.println("生产者还未生产，因此消费者停止消费");
                   wait();             //消费者等待
             }catch (Exception e) {
                   e.printStackTrace();
             }
       }
       isProduced=false;              //标记已经消费
```

```
        notify();           //通知需要生产
        System.out.println("消费者消费了产品"+c+"，通知生产者生产");
        return this.c;
    }
}
public class Producer extends Thread{
    private SharedData s;
    public Producer(SharedData s) {
        // TODO Auto-generated constructor stub
        this.s=s;
    }
    public void run(){
        for(char ch='A';ch<='D';ch++){
            try{
                Thread.sleep((int)Math.random()*3000);
            }catch (Exception e) {
                // TODO: handle exception
                e.printStackTrace();
            }
            s.putShareChar(ch);  //将产品放入仓库
        }
    }
}
public class Consumer extends Thread{
    private SharedData s;
    public Consumer(SharedData s){
        this.s=s;
    }
    public void run(){
        char ch;
        do{
            try{
                Thread.sleep((int)Math.random()*3000);
            }catch (Exception e) {
                // TODO: handle exception
                e.printStackTrace();
            }
            ch=s.getShareChar();            //从仓库中取出产品
        }while(ch!='D');
    }
}
public class CommunicationDemo {
    public static void main(String[] args) {
        // TODO Auto-generated method stub
        //共享同一个资源
        SharedData s=new SharedData();
        //消费者线程
        new Consumer(s).start();
        //生产者线程
        new Producer(s).start();
    }
}
```

输出结果如图 14.11 所示。

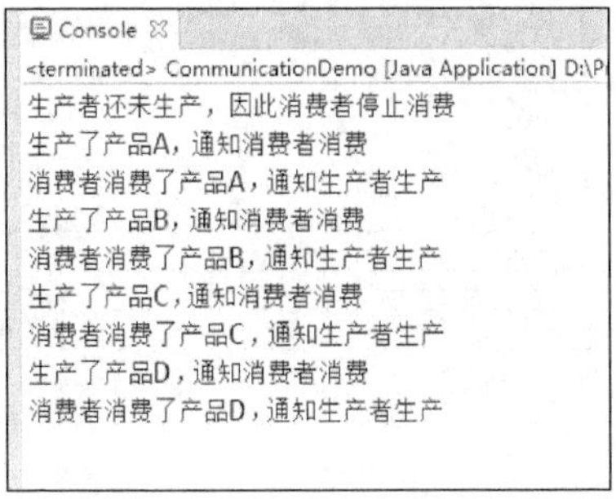

```
Console ⊠
<terminated> CommunicationDemo [Java Application] D:\P
生产者还未生产，因此消费者停止消费
生产了产品A，通知消费者消费
消费者消费了产品A，通知生产者生产
生产了产品B，通知消费者消费
消费者消费了产品B，通知生产者生产
生产了产品C，通知消费者消费
消费者消费了产品C，通知生产者生产
生产了产品D，通知消费者消费
消费者消费了产品D，通知生产者生产
```

图 14.11　解决生产者和消费者问题的输出结果

在示例 11 中，首先启动的是消费者线程，此时生产者线程还没有启动，也就是说此时消费者没有产品可以消费，所以消费者线程只能等待。在生产者生产了产品 A 后就通知消费者过来消费，消费者线程停止等待，到仓库中领取产品进行消费。而当生产者发现消费者还没有把上次生产的产品消费掉时它就停止生产，并通知消费者消费。消费者消费了产品以后，系统通知生产者继续生产。

课 后 习 题

1. 在 Java 应用程序中，请使用两个线程分别输出 100 以内的奇数和偶数，并按从小到大的顺序输出。

2. 员工张三有两个主管，主管 A 和主管 B 经常会根据张三的表现给他调工资，有可能增加或减少。试用两个线程来执行主管 A 和主管 B 给张三调工资的工作（使用线程同步解决数据完整性问题）。

3. 编写 Java 程序，使用 JDK 5.0 的注解特性并实现方法的重写。

第 15 章 反射机制

本章主要学习目标：

- 使用反射获取类的信息；
- 使用反射创建对象；
- 使用反射访问属性和方法；
- 使用 Array 动态创建和访问数组。

15.1 认识反射

15.1.1 反射机制

Java 的反射机制是 Java 的特性之一，反射机制是构建框架技术的基础所在。灵活掌握 Java 反射机制，对以后学习框架技术有很大的帮助。

Java 反射机制是指在运行状态中，动态获取信息及动态调用对象方法的功能。

Java 反射有 3 个动态性质。

反射的概念

（1）运行时生成对象实例。

（2）运行期间调用方法。

（3）运行时更改属性。

如何理解 Java 反射的原理呢？首先回顾一下 Java 程序的执行过程，如图 15.1 所示。要想 Java 程序能够运行，Java 类必须被 Java 虚拟机加载。运行的程序都是在编译时就已经加载了所需要的类。

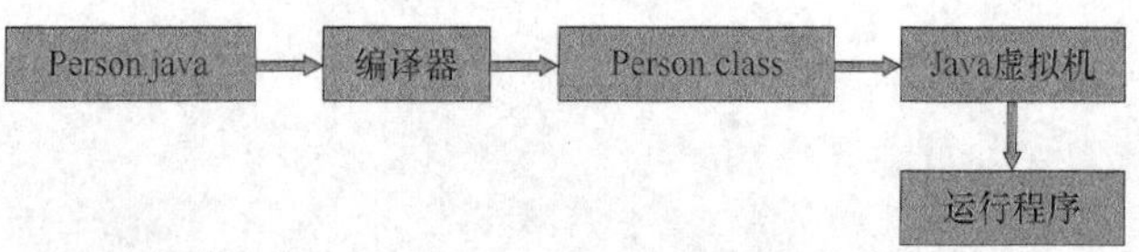

图 15.1 Java 程序的执行过程

Java 反射机制在编译时并不确定是哪个类被加载了，而是在程序运行时才加载、探知、使用，如图 15.2 所示，这样的特点就是反射，类似于光学中的反射概念。所以把 Java 的这种机制称为反射机制。在计算机科学领域，反射是指一类应用，它们

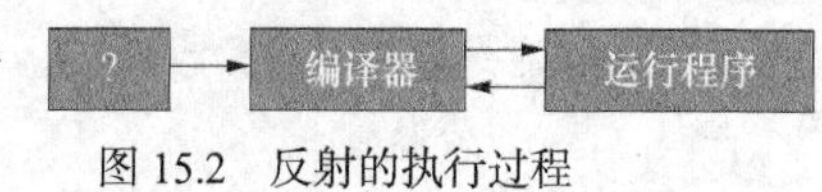

图 15.2 反射的执行过程

能够自描述和自控制。

Java 反射机制能够知道类的基本结构，这种对 Java 类结构探知的能力，称为 Java 类的“自审”。使用 Eclipse 时，Java 代码的自动提示功能（见图 15.3）就利用了 Java 反射的原理，是对所创建对象的探知和自审。

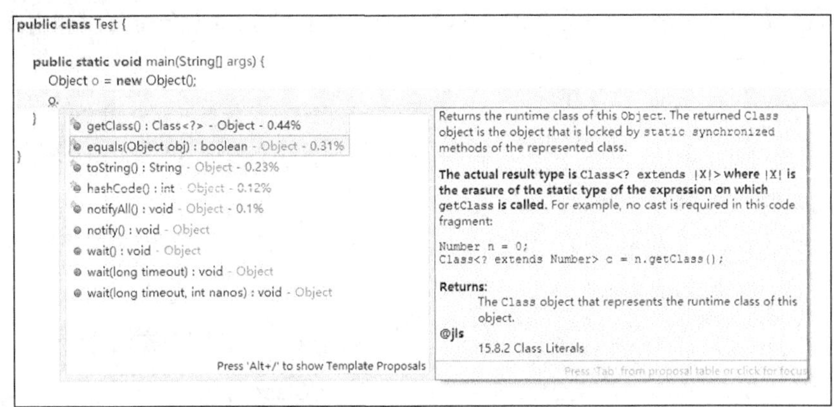

图 15.3　Java 代码的自动提示功能

通过 Java 反射，可以实现以下功能。

（1）在运行时判断任意一个对象所属的类。

（2）在运行时构造任意一个对象的类。

（3）在运行时判断任意一个类所具有的方法和属性。

（4）在运行时调用任意一个对象的方法。

获取类的信息

15.1.2　Java 反射常用 API

使用 Java 反射技术的常用的类如下。

（1）Class 类：反射的核心类，所有的反射操作都是围绕该类来生成的。通过 Class 类，可以获取类的属性、方法等信息。

（2）Field 类：表示类的属性，可以获取和设置类中属性的值。

（3）Method 类：表示类的方法，可以用来获取类中方法的信息，或者执行方法。

（4）Constructor 类：表示类的构造方法。

在 Java 程序中，使用反射的基本步骤如下。

（1）导入 java.lang.reflect.*。

（2）获得需要操作的类的 java.lang.Class 对象。

（3）调用 Class 的方法获取 Field、Method 等对象。

（4）使用反射 API 进行操作。

15.2　反射的应用

15.2.1　获取类的信息

通过反射获取类的信息分为两步，首先获取 Class 对象，然后通过 Class 对象获取信息。

1. 获取 Class 对象

每个类被加载后，系统就会为该类生成一个对应的 Class 对象，通过该 Class 对象就可以访问 Java 虚拟机中的这个类。Java 程序中获得 Class 对象通常有如下 3 种方式。

（1）调用对象的 getClass()方法

getClass()方法是 java.lang.Object 类中的一个方法，所有的 Java 对象都可以调用该方法。该方法会返回该对象所属类对应的 Class 对象。使用方式如以下代码所示。

```
Student p=new Student();                    //Student 为自定义的学生类型
Class cla=p.getClass();                     //cla 为 Class 对象
```

（2）调用类的 class 属性

调用某个类的 class 属性可获取该类对应的 Class 对象，这种方式需要在编译期间就知道类的名称。使用方式如以下代码所示。

```
Class cla=Student.class;                    //Student 为自定义的学生类型
```

上述代码中，Student.class 将会返回 Student 类对应的 Class 对象。

（3）调用类的 forName()静态方法

使用 Class 类的 forName()静态方法也可以获取该类对应的 Class 对象。该方法需要传入字符串参数，该字符串参数的值是某个类的全名，即要在类名前添加完整的包名。

```
Class cla=Class.forName("com.[b.jadv.reflection.Student"];          //正确
Class cla=Class.forName("Student");                                  //错误
```

在上述代码中，如果传入的字符串不是类的全名，系统就会抛出一个 ClassNotFoundException 异常，如图 15.4 所示。

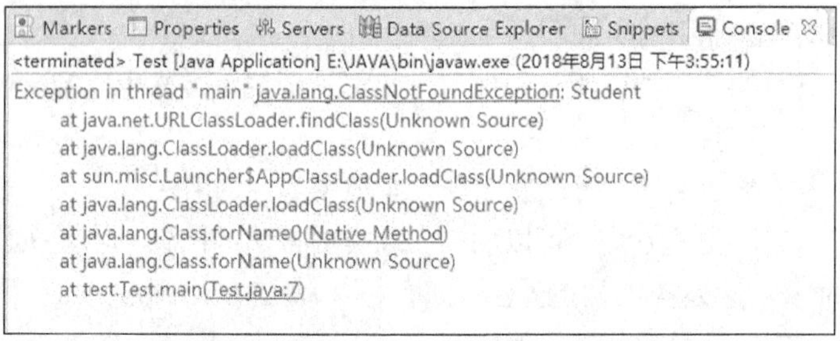

```
Markers  Properties  Servers  Data Source Explorer  Snippets  Console
<terminated> Test [Java Application] E:\JAVA\bin\javaw.exe (2018年8月13日 下午3:55:11)
Exception in thread "main" java.lang.ClassNotFoundException: Student
	at java.net.URLClassLoader.findClass(Unknown Source)
	at java.lang.ClassLoader.loadClass(Unknown Source)
	at sun.misc.Launcher$AppClassLoader.loadClass(Unknown Source)
	at java.lang.ClassLoader.loadClass(Unknown Source)
	at java.lang.Class.forName0(Native Method)
	at java.lang.Class.forName(Unknown Source)
	at test.Test.main(Test.java:7)
```

图 15.4　ClassNotFoundException 异常

后两种方式都是直接根据类来获取该类的 Class 对象，相比之下调用某个类的 class 属性来获取该类对应的 Class 对象这种方式更有优势，原因有如下两点。

（1）因为程序在编译阶段就可以检查需要访问的 Class 对象是否存在，所以代码更安全。

（2）因为这种方式无须调用方法，所以程序性能更好。

因此，大部分时候都应该使用调用某个类的 class 属性的方式来获取指定类的 Class 对象。

2. 从 Class 对象获取信息

在获取了某个类所对应的 Class 对象之后，程序就能以调用 Class 对象的方法来获取该类的详细信息。Class 类提供了大量实例方法来获取 Class 对象所对应类的详细信息。

（1）访问 Class 对应的类所包含的构造方法，常用方法如表 15.1 所示。

表 15.1　　访问类包含的构造方法的常用方法

方法名称	说明

Constructor getConstructor(Class[] params)	返回此 Class 对象所包含的类的指定的 public 构造方法，params 参数是按声明顺序指定该方法参数类型的 Class 对象的一个数组。构造方法的参数类型与 params 所指定的参数类型匹配。例如：
	`Constructor co=c.getConstructor(String.class,List.class);`
	`//c 为某 Class 对象`

Constructor getConstructors()	返回此 Class 对象所包含的类的所有 public 构造方法
Constructor getDeclaredConstructor (Class[] params)	返回此 Class 对象所包含的类的指定构造方法，与构造方法的访问级别无关
Constructor[] getDeclaredConstructors()	返回此 Class 对象所包含的类的所有构造方法，与构造方法的访问级别无关

（2）访问 Class 对应的类所包含的方法，常用方法如表 15.2 所示。

表 15.2　　访问类包含的方法的常用方法

方法名称	说明

Methdo getMethod(String name, Class[] params)	返回此 Class 对象所包含的类的指定的 public 方法，name 参数用于指定方法名称，params 参数是按声明顺序标志该方法参数类型的 Class 对象的一个数组。例如：
	`c.getMethod("info",String.class);//c 为某 Class 对象`
	`c.getMethod (info", String.class,Integer.class);`

Method[]getMethods()	返回此 Class 对象所包含的类的所有 public 构造方法
Method getDeclaredMethod(Class[] params)	返回此 Class 对象所包含的类的指定方法，与方法的访问级别无关
Method[] getDeclaredMethods()	返回此 Class 对象所包含的类的全部方法，与方法的访问级别无关

（3）访问 Class 对应的类所包含的属性，常用方法如表 15.3 所示。

表 15.3　　访问类包含的属性的常用方法

方法名称	说明
Field getField(String name)	返回此 Class 对象所包含的类的指定的 public 属性，name 参数用于指定属性名称。例如： `c.getField("age");//c 为某 Class 对象，age 为属性名`
Field[] getFields()	返回此 Class 对象所包含的类的所有 public 属性
Field getDeclaredField(String name)	返回此 Class 对象所包含的类的指定属性，与属性的访问级别无关
Field[] getDeclaredFields()	返回此 Class 对象所包含的类的全部属性，与属性的访问级别无关

（4）访问 Class 对应的类所包含的注解，常用方法如表 15.4 所示。

表 15.4　　访问类包含的注解的常用方法

方法名称	说明
<A extends Annotation>A getAnnotation (Class<A> annotationClass)	试图获取该 Class 对象所表示类上指定类型的注解，如果该类型的注解不存在，则返回 null。其中 annotationClass 参数对应于注解类型的 Class 对象
Annotation[] getAnnotations()	返回此类上存在的所有注解
Annotation[] getDeclaredAnnotations()	返回直接存在于此类上的所有注解

（5）访问 Class 对应的类的其他信息，常用方法如表 15.5 所示。

表 15.5　　　　访问类的其他信息的常用方法

方法名称	说明
Class[] getDeclaredClasses()	返回该 Class 对象所对应类里包含的全部内容类
Class[] getDeclaringClass()	访问 Class 对应的类所在的外部类
Class[] getInterfaces()	返回该 Class 对象对应类所实现的全部接口
Int getModifiers()	返回此类或接口的所有修饰符，返回的修饰符由 public、protected、private、final、static 和 abstract 等对应的常量组成，返回的整数应使用 Modifier 工具类的方法来解码，这样才可以获取真实的修饰符
Package getPackager()	获取此类的包
String getName()	以字符串形式返回此 Class 对象所表示的类的名称
String getSimpleName()	以字符串形式返回此 Class 对象所表示的类的简称
Class getSuperClass()	返回该 Class 对象所表示的类的超类对应的 Class 对象

Class 对象可以获得该类里的成员，包括方法、构造方法及属性。其中，方法由 Method 对象表示，构造方法由 Constructor 对象表示，属性由 Field 对象表示。

Method、Constructor、Field 这 3 个类都定义在 java.lang.reflect 包下，并实现了 java.lang.reflect.Member 接口，程序可以通过 Method 对象来执行对应的方法，通过 Constructor 对象来调用相应的构造方法创建对象，通过 Field 对象直接访问并修改对象的属性值。

15.2.2　创建对象

通过反射来创建对象有如下两种方式。

（1）使用 Class 对象的 newInstance()方法创建对象。

（2）使用 Constructor 对象创建对象。

创建对象

使用 Class 对象的 newInstance()方法来创建该 Class 对象对应类的实例，这种方式要求该 Class 对象的对应类有默认构造方法，而执行 newInstance()方法时，实际上是利用默认构造方法来创建该类的实例。而使用 Constructor 对象创建对象，要先使用 Class 对象获取指定的 Constructor 对象，再调用 Constructor 对象的 newInstance()方法创建该 Class 对象对应类的实例。通过这种方式可以选择使用某个类的指定构造方法来创建实例。

使用 newInstance()方法创建对象，关键代码如下。

```
import java.util.Date;
public class Test{
public static void main(String[] args)throws Exception{
Class cla=Date.class;
Date d=(Date)clas.newInstance();
System.out.println(d.toString());
}
}
```

如果创建 Java 对象时不是利用默认构造方法，而是使用指定的构造方法，则可以利用 Constructor 对象，每个 Constructor 对应一个构造方法。指定构造方法创建 Java 对象需要如下几个步骤。

（1）获取该类的 Class 对象。

（2）利用 Class 对象的 getConstructor()方法来获取指定构造方法。

（3）调用 Constructor 的 newInstance()方法创建 Java 对象。

利用 Constructor 对象指定的构造方法创建对象，关键代码如下。

```
import java.lang.reflect.Constructor;
import java.util.Date;
public class Test{
  public static void main(String[] args)throws Exception{
     //获取 Date 对应的 Class 对象
Class cla = Date.class;
//获取 Date 中带一个长整型参数的构造方法
Constructor cu=cla.getConstructor(long.class);
//调用 Constructor 的 newInstance()方法创建对象
Date d=(Date)cu.newInstance(1987);
System.out.println(d.toString());
}
}
```

上述代码中，要使用 Date 类中带一个 long 类型参数的构造方法，首先要在获取 Constructor 时指定参数值为 long.class，然后在使用 newInstance()方法时传递一个实际的值 1987。

15.2.3　访问类的属性

使用 Field 对象可以获取对象的属性。通过 Field 对象可以对属性进行取值或赋值操作，主要方法如表 15.6 所示。

表 15.6　　访问类的属性的主要方法

方法名称	说明

Xxx getXxx(Object obj)	该方法中 Xxx 对应 8 个基本数据类型，如 int。obj 为该属性所在的对象。例如：
	`Student p=new Student();`
	`nameField.getInt(p); //nameFiled 为 Field 对象`

Object get(Object obj)	得到引用类型属性值。例如：
	`Student p=new Student();`
	`nameField.get(p); //nameFiled 为 Field 对象`

void setXxx(Object obj,Xxx val)	将 Object 对象的属性设置成 val 值。此处的 Xxx 对应 8 个基本数据类型
void set(Object obj,object val)	将 Object 对象的属性设置成 val 值。针对引用类型赋值
void setAccessible(bool flag)	对获取到的属性设置访问权限。参数为 true，可以对私有属性取值和赋值

访问学生（Student）类的私有属性并赋值，关键代码如下。

```
import java.lang.reflect.*;
/*自定义学生类*/
class Student{
private String name;                        //姓名
private int age;                            //年龄
public String toStirng(){
return"name is"+name+",age is"+age;
}
```

```
}
/*测试类*/
public class Test{
public static void main(String[] args)throws Exception{
//创建一个 Student 对象
Student p=new Student();
//获取 Student 对应的 Class 对象
Class cla=Student.class;

//获取 Student 类的 name 属性，使用 getDeclaredField()方法可获取各种访问级别的属性
Field nameField=cla.getDeclaredField("name");
//设置通过反射访问该 Field 时取消权限检查
nameField.setAccessible(true);
//调用 set()方法为 p 对象的指定 Field 设置值
nameField.set(p, "Jack");

//获取 Student 类的 age 属性，使用 getDeclaredField()方法可获取各种访问级别的属性
Field ageField=cla.getDeclaredField("age");
//设置通过反射访问该 Field 时取消权限检查
ageField.setAccessible(true);
//调用 setInt()方法为 p 对象的指定 Field 设置值
ageField.setInt(p,20);
System.out.println(p);
}
}
```

通常情况下，Student 类的私有属性 name 和 age 只能在 Student 里访问，但示例代码通过反射修改了 Student 对象的 name 和 age 属性值。在这里，并没有用 getField()方法来获取属性，因为 getField()方法只能获取 public 访问权限的属性，而使用 getDeclaredField()方法则可以获取所有访问权限的属性。

另外，为 name 和 age 赋值的方式不同，为 name 赋值只用了 set()方法，而为 age 赋值则使用了 setInt()方法，因为前者是引用类型（String），后者为值类型（int）。

程序输出结果如图 15.5 所示，Student 类中的私有属性 name 和 age 分别被设成了 Jack 和 20。

Markers Properties Servers Data Source Explorer Snippets Console
<terminated> Test [Java Application] E:\JAVA\bin\javaw.exe (2018年8月13日 下午4:02:51)
name isJack,age is20

图 15.5　通过反射修改私有属性的输出结果

15.2.4　访问类的方法

使用 Method 对象可以调用对象的方法。Method 类包含一个 invoke()方法，方法定义如下。

```
Object invoke(Object obj,Object args)
```

其中，obj 是执行该方法的对象，args 是执行该方法时传入该方法的参数。

通过反射调用 Student 类的方法，关键代码如下。

```
import java.lang.reflect.*;
class Student{
```

```
private String name;                    //姓名
private int age;                        //年龄
public String getName(){
return name;
}
public void setName(String name){
this.name=name;
}
public int getAge(){
return age;
}
public void setAge(int age){
this.age=age;
}
public String toString(){
return "name is"+name+",age is"+age;
}
}

public class Test{
public static void main(String []args)throws Exception{
//获取 Student 对应的 Class 对象
Class cla=Student.class;
//创建 Student 对象
Student p=new Student();
//得到 setName 方法
Method met1=cla.getMethod("setName",String.class);
//调用 setName，为 name 赋值
met1.invoke(p, "Jack");

//得到 getName 方法
Method met=cla.getMethod("getName",null);
//调用 getName，获取 name 的值
Object o=met.invoke(p,null);
System.out.println(o);
}
}
```

如果把 Student 类的 setName()方法的访问权限设为私有再运行程序，则会抛出图 15.6 所示的 NoSuchMethodException 异常。这是因为当通过 Method 的 invoke()方法调用对应的方法时，Java 会要求程序必须有调用该方法的权限。如果程序确实需要调用某个对象的 private 方法，可以先调用 setAccessible()方法，将 Method 对象的 accessible 标志设置为指示的布尔值，值为 true 则表示该 Method 在使用时应该取消 Java 语言访问权限检查；值为 false 则表示该 Method 在使用时应该进行 Java 语言访问权限检查。

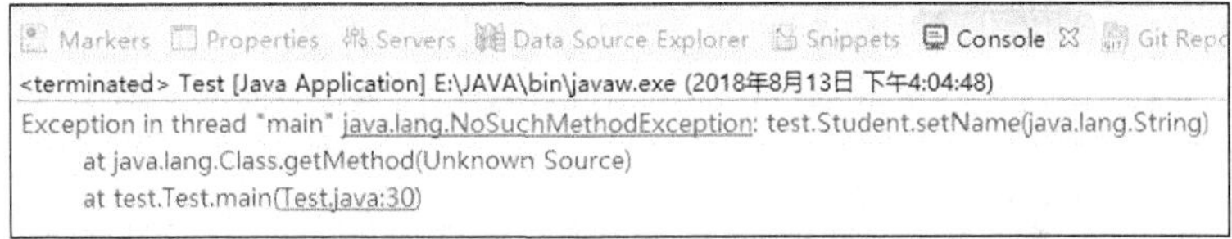

图 15.6　通过反射修改私有属性

15.2.5 使用 Array 类动态创建和访问数组

动态创建和访问数组

java.lang.reflect 包还提供了一个 Array 类，此 Array 类的对象可以代表所有的数组。程序可以通过使用 Array 类来动态地创建数组、操作数组元素等。例如，下面的代码创建了数组 arr，并为元素赋值。

```
//创建一个数组元素类型为 String，长度为 10 的数组
Object arr=Array.newInstance(String.class,10);
//依次为 arr 数组中 index 为 5、6 的元素赋值
Array.set(arr,5, "Jack");
Array.set(arr,6, "John");
//依次取出 arr 数组中 index 为 5、6 的元素
Object o1=Array.get(arr,5);
Object o2=Array.get(arr,6);
```

使用 Array 类动态地创建和操作数组很方便，大大简化了程序。Array 类更多的方法，可以在使用时查看 API。

使用反射虽然会很大程度上提高代码的灵活性，但是不能滥用反射，因为通过反射创建对象时性能要稍微低一些。实际上，只有当程序需要动态创建某个类的对象时才会考虑使用反射，通常在开发通用性比较广的框架、基础平台时可能会大量使用反射。因为在很多 Java 框架中都需要根据配置文件信息来创建 Java 对象，从配置文件读取的只是某个类的字符串类名，程序需要根据字符串来创建对应的实例，就必须使用反射。

在实际开发中，没有必要使用反射来访问已知类的方法和属性，只有当程序需要动态创建某个类的对象的时候才考虑使用。例如，从配置文件中读取以字符串形式表示的类时，就要使用反射来获取它的方法和属性。

课 后 习 题

1. 编写一个类 A，增加一个实例方法 showString，用于打印一个字符串，再编写一个类 TestA，作为客户端，用键盘输入一个字符串，该字符串就是类 A 的全名，使用反射机制创建该类的对象，并调用该对象中的方法 showString。

2. 编写一个类，增加一个实例方法用于打印一个字符串，并使用反射手段创建该类的对象，调用该对象中的方法。

3. 定义一个学生类，其中包含姓名、年龄、成绩的属性，之后由键盘输入学生的内容，并将内容保存在文件中，所有的操作要求全部使用反射机制完成，即不能使用通过关键字 new 创建学生类对象的操作。

4. 实例化一个 Persion 对象，步骤如下。

（1）根据一个对象获取一个 Class 对象。

（2）根据 Class 对象调用 getDeclaredFiled(String name)（参数为类的字段名）获取一个 Filed 对象。

（3）调用 Filed 对象的 get(对象实例)方法（参数为一个类的某一个实例对象）。

第 16 章 综合练习 4：橙梦体育业务大厅

本章学习目标：

- 会使用面向对象思想进行程序设计；
- 会使用异常处理机制抛出并处理异常；
- 会使用集合存储和操作数据；
- 会使用 I/O 技术读写文本文件；
- 会使用 Random 类、String 类等实用类实现业务功能。

体育业务大厅

16.1 项 目 需 求

当今时代，健康理念盛行，人们更愿意在身体健康方面投资。对此，橙梦体育馆响应趋势，提供了相应的套餐来吸引顾客，每种套餐都适应于不同的用户群，如半年卡、次卡、年卡、情侣卡、亲子卡等，每种套餐的内容和资费不同。橙梦体育馆提供了游泳套餐、羽毛球套餐、黄金套餐，各种套餐所包含的服务内容及资费如表 16.1 所示。

表 16.1 橙梦体育套餐的服务内容及资费

品牌套餐	游泳套餐	羽毛球套餐	黄金套餐
游泳时长（小时）	20	/	15
羽毛球时长（小时）	/	20	15
矿泉水数量（瓶）	10	10	20
资费（元/月）	100	80	120

如实际使用中超出套餐内包含的羽毛球时长、游泳时长或饮用矿泉水数量，则按以下规则计费。

（1）超出羽毛球时长的计费：4 元/小时。

（2）超出游泳时长的计费：5 元/小时。

（3）超出矿泉水数量的计费：3 元/瓶。

本任务实现的“橙梦体育业务大厅”提供了橙梦体育用户的常用功能，包括新用户注册、本月账单查询、套餐余量查询、打印消费详单、套餐变更、办理退卡、费用充值、查看消费记录、查看资费说明等功能。另外，它还可以模拟用户游泳、打羽毛球、喝矿泉水的场景进行相应的扣费并记录消费信息。功能描述如表 16.2 所示。

表 16.2　　功能描述

菜单级别	功能	描述
主菜单	用户登录	输入正确的会员卡号和密码可进入二级菜单列表
主菜单	用户注册	录入信息并开卡。用户输入的信息包括选择卡号、选择套餐类型、输入用户名和密码、预存费用金额（预存金额必须足以支付所选套餐一个月的资费）
主菜单	使用橙梦	输入正确的会员卡号和密码之后，随机进入本卡号所属套餐可支持的一个场景，消费套餐余量或费用余额，并记录消费信息。当费用余额不足时，抛出异常，提醒用户充值
主菜单	费用充值	输入正确的用户名和密码后，可为该卡号充值
主菜单	资费说明	提供各品牌套餐所包含的游泳时长、羽毛球时长、矿泉水数量等信息
主菜单	退出系统	退出本系统
二级菜单	本月账单查询	可查询该卡号的套餐资费、实际消费金额、账户余额
二级菜单	套餐余量查询	可查询该卡号的套餐余量
二级菜单	打印消费详单	输入正确的卡号和密码后，可打印当前卡号用户的消费详单
二级菜单	套餐变更	可变更为其他套餐类型，变更后费用余额需减去变更后的套餐资费，余额不足时需给出信息提示，套餐变更后重新统计卡中实际消费数据及当月消费金额
二级菜单	办理退卡	输入正确的卡号和密码后，可从已注册卡号列表中删除本卡号，并退出系统

16.2　项目环境准备

开发工具为 Eclipse，开发语言为 Java。

16.3　案例覆盖的技能点

（1）面向对象的思想。

（2）封装、继承、多态、接口的使用。

（3）异常处理的合理运用。

（4）集合框架存储数据。

（5）I/O 操作实现对文件的读写。

16.4　难 点 分 析

16.4.1　创建实体类和接口

本案例涉及的实体及功能较多，为实现程序的可维护性和可扩展性，应采用面向对象的思想进行整体架构的设计，锻炼面向对象的设计能力，分析各段功能代码放到什么位置更合理，为提升项目的设计能力打好基础。

面向对象设计的过程就是抽象的过程。与之前的设计过程一样，也是通过在需求中找出名词的方式来确定类和属性，通过找出动词的方式来确定方法；然后对找到的词语进行筛选，剔除无关、不重要的词语；最后对词语之间的关系进行梳理，从而确定类、属性和方法。根据上述分析，本任务所涉及的名词很多，每个功能又是一个动词，如查询套餐余额、办理退卡等，而这些功能所操作的数据即是本任务中的实体类，首先要找的就是这些实体类，再通过类与类的关系，采用面向对象的思想合理地组织和优化这些类。

1. 发现类

经过业务需求分析，不难发现，本项目所涉及的实体主要包括橙梦会员卡、游泳套餐、羽毛球套餐、黄金套餐、消费记录、使用场景，如图 16.1 所示。

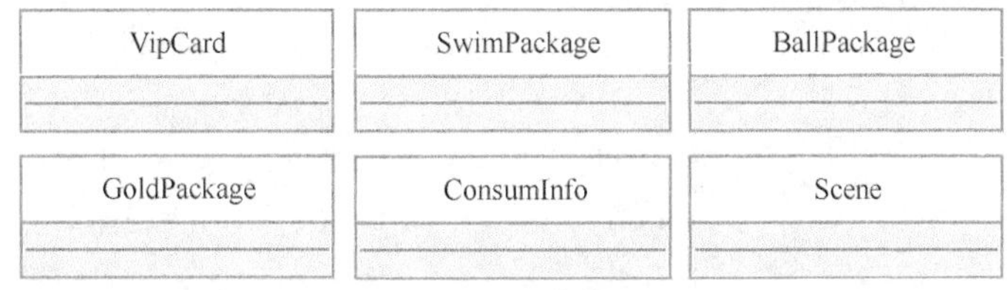

图 16.1　实体类定义

2. 初步创建实体类

根据表 16.1，由于所支持的服务不同，因此每种品牌套餐除包含月资（price）属性外，还有一些不同的属性。例如，游泳套餐还包含游泳时长（swimTime）、矿泉水数量（waterNum）属性，矿泉水套餐还包含羽毛球时长（ballTime）属性，而与 3 种服务相关的属性，黄金套餐都包含。

消费信息类中可记录卡号、消费类型（游泳、喝矿泉水、打羽毛球）、消费数据（游泳（小时）/羽毛球（小时）/矿泉水（瓶））。

参考表 16.2，也可列出其他实体类的属性。

进行整理并命名，得到如下结果。

（1）橙梦会员卡（VipCard）类的属性

卡号（cardNumber）、用户名（userName）、密码（passWord）、所属套餐（serPackage）、当月消费金额（consumAmount）、账户余额（money）、当月实际游泳时长（realSwimTime）、当月实际打羽毛球时长（小时）（realBallTime）、当月实际饮用矿泉水数量（realWaterNum）。

（2）游泳套餐（SwimPackage）类的属性

游泳时间（swimTime）、饮用矿泉水数量（waterNum）、套餐月资费（price）。

（3）羽毛球套餐（BallPackage）类的属性

羽毛球时间（ballTime）、饮用矿泉水数量（waterNum）、套餐月资费（price）。

（4）黄金套餐（GoldPackage）类的属性

游泳时间（swimTime）、羽毛球时间（ballTime）、饮用矿泉水数量（waterNum）、套餐月资费（price）。

（5）消费信息（ConsumInfo）类的属性

游泳时间（swimTime）、羽毛球时间（ballTime）、饮用矿泉水数量（waterNum）、套餐月资费（price）。

（6）使用场景（Scene）类的属性

场景类型（type）、场景消费数据（data）、场景描述（description）。

另外，在会员卡注册成功之后，若需显示本卡信息及所属套餐中包含的服务内容，可在卡类和各品牌套餐类中添加显示信息的方法。

相应的实体类图如图 16.2 所示。

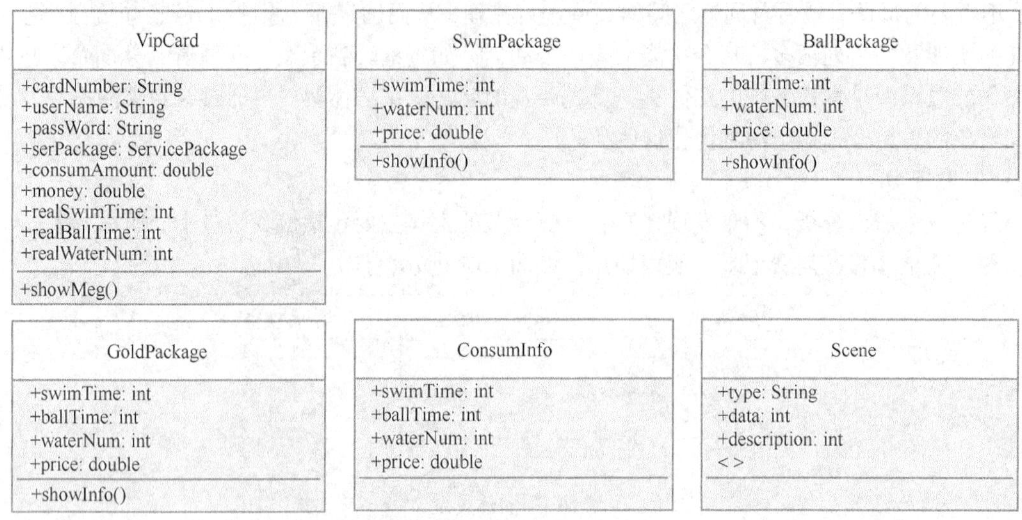

图 16.2 实体类图

3. 优化实体类

从图 16.2 中可以发现，3 个品牌套餐类的共同属性为月资费，共同方法为显示套餐信息（showInfo()），可以抽取出共同的父类——品牌套餐类（ServicePackage），在 3 个品牌套餐类中重写或实现父类的 showInfo()方法，便于后续运用面向对象的方式更加灵活地编写程序。优化后的类结构如图 16.3 所示。

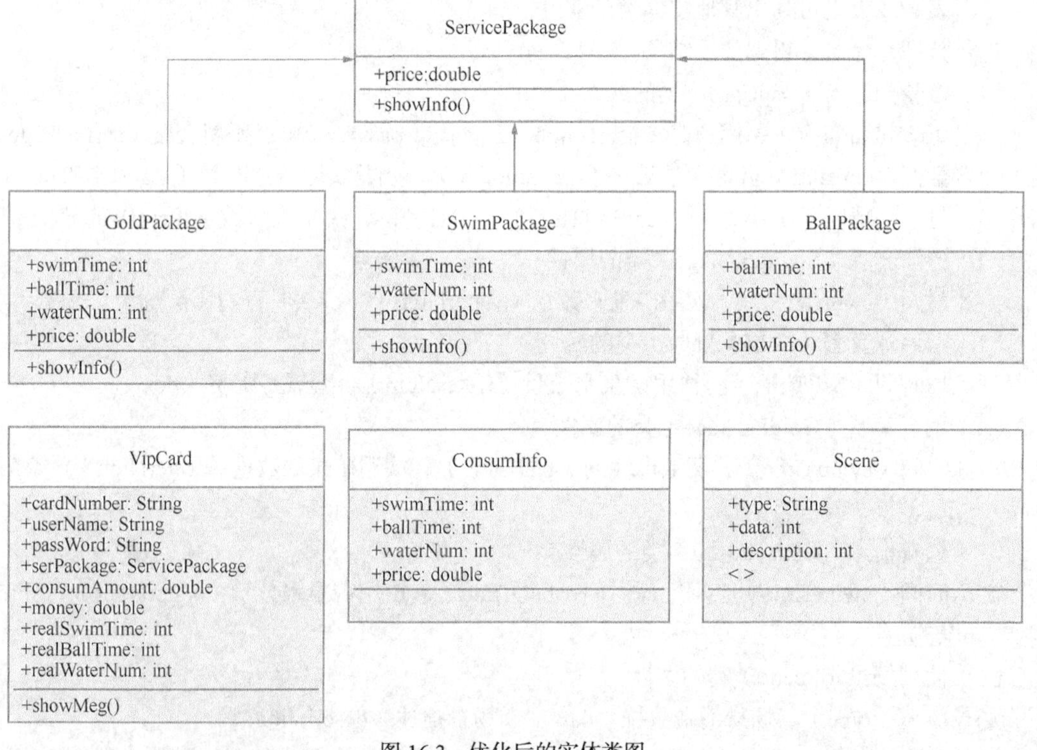

图 16.3 优化后的实体类图

4. **创建并实现接口**

由于各类品牌套餐所支持的服务有所不同，因此，可创建 3 个接口分别用来描述游泳套餐服务、羽毛球套餐服务、黄金套餐服务，在各接口中定义该类服务计费的抽象方法，各品牌套餐类实现其所支持服务对应的接口，并实现其抽象方法，即套餐内免费、套餐外收费，以及卡余额不足时抛出异常并提示充值。

以游泳服务举例，接口中的抽象方法可定义为

```
public void swim(int minCount,VipCard card);
```

其中的参数如下。

（1）int minCount：游泳分钟数。

（2）VipCard card：超出套餐内的游泳时长时需消费哪张卡的余额。

增加接口后的实体类图如图 16.4 所示，在编写各实体类时，还需对属性进行封装。

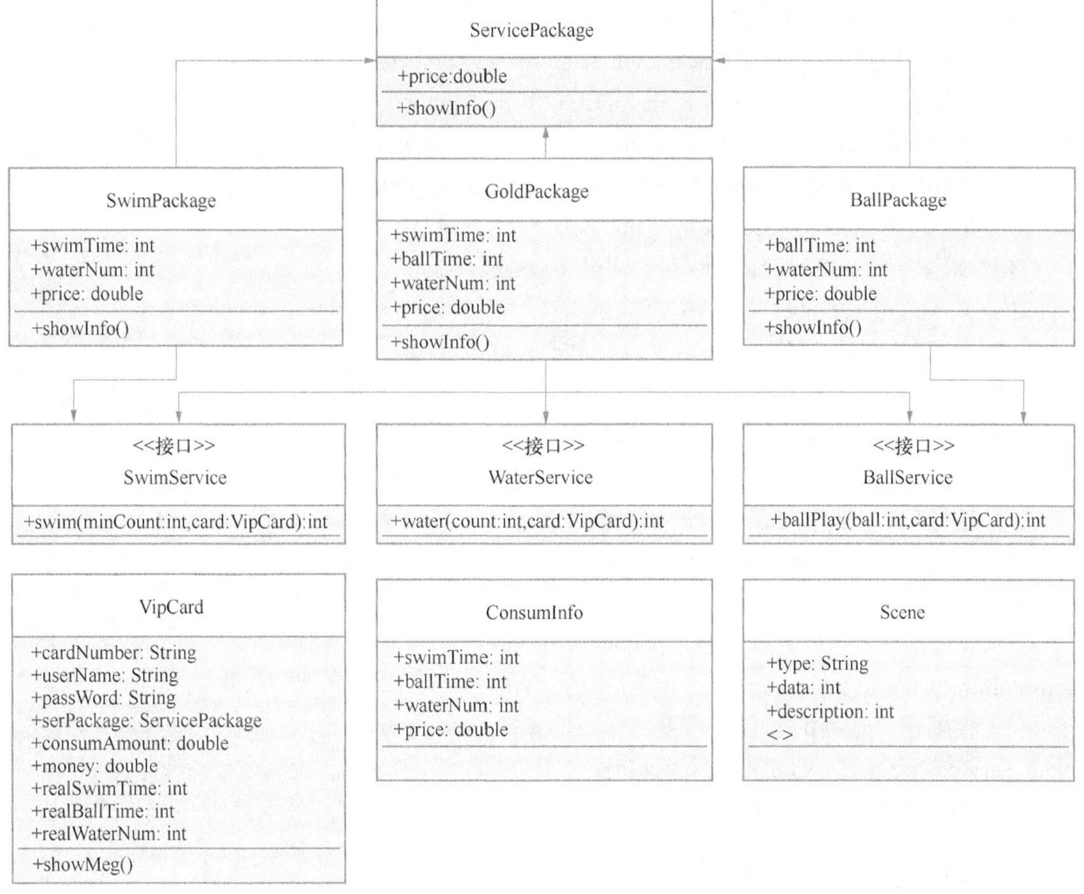

图 16.4　使用接口后的实体类图

16.4.2　创建工具类

表 16.2 列出了本任务的所有功能，这些功能所操作的共同数据即数据主体，最终得出结论，数据主体如下。

（1）已注册橙梦体育用户列表。

（2）所有卡号的消费记录列表。

因为是对象的集合，所以可以考虑使用集合来保存。为了方便使用卡号查找到所对应的卡对象或卡消费记录，选择使用 Map<K,V>集合来存储以上两类信息，作为工具类的属性，定义如下。

（1）已注册橙梦体育用户列表：Map<String, VipCard> card;。

（2）所有卡号的消费记录列表：Map<String, List<ConsumInfo>consumInfos;。

以上两个集合对象都是将卡号作为 Map 集合的键，方便使用卡号查询。在消费记录列表中，因为每张卡的消费记录也有多条，所以第二个 Map 集合中键-值对的值也是一个集合，集合中每个元素对应一条卡的消费记录。

工具类中的方法用来实现各个功能，主要方法大致梳理如下。

（1）注册新卡：void addCard(VipCard card)。

（2）费用充值：void chargeMoney(String number,double money)。

（3）使用橙梦：void userSport(String number)。

（4）资费说明：void showDescription()。

（5）本月账单查询：void showAmountDetail(String number)。

（6）套餐余量查询：void showRemainDetail(String number)。

（7）打印消费详单：void printAmountDetail(String number)。

（8）套餐变更：void changingPack(String number,String packNum)。

（9）办理退卡：void delCard(String number)。

（10）根据卡号和密码验证该卡是否注册：public void isExistCard(String number,String passWord)。

（11）根据卡号验证该卡是否注册：public void isExistCard(String number)。

为实现一些细节功能，可以再设计一些工具方法，使程序结构更加清晰。其他方法如下。

（1）生成随机卡号：public String createNumber()。

（2）生成指定个数的卡号列表：public Stringl getNewNumbers(int count)。

（3）添加指定卡号的消费记录：public void addConsumInfo(String Number, ConsumInfo info)。

（4）根据用户选择的套餐序号返回套餐对象：public Service Package createPack(int packId)。

工具类结构如图 16.5 所示。

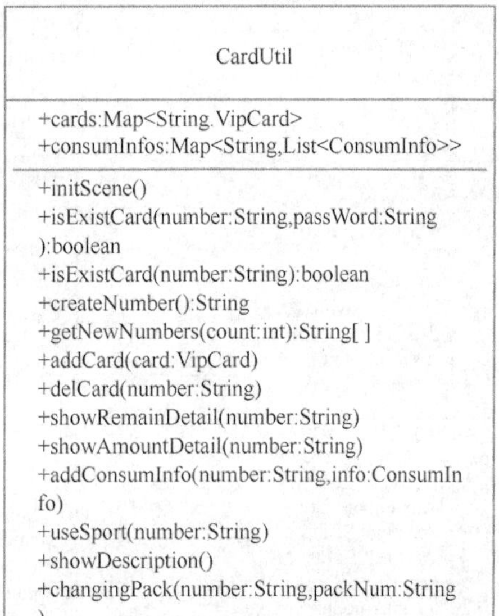

```
CardUtil
----------------------------------------------
+cards:Map<String.VipCard>
+consumInfos:Map<String,List<ConsumInfo>>
----------------------------------------------
+initScene()
+isExistCard(number:String,passWord:String
):boolean
+isExistCard(number:String):boolean
+createNumber():String
+getNewNumbers(count:int):String[ ]
+addCard(card:VipCard)
+delCard(number:String)
+showRemainDetail(number:String)
+showAmountDetail(number:String)
+addConsumInfo(number:String,info:ConsumIn
fo)
+useSport(number:String)
+showDescription()
+changingPack(number:String,packNum:String
)
+printConsumInfo(number:String)
+chargeMoney(number:String,money:double)
```

图 16.5 工具类结构

16.4.3 创建业务类

在业务类中要完成项目的主流程，即通过两级菜单，将项目所有的功能串接。可以在 main() 方法中直接编写全部菜单流程，但这样的结构不够清晰。可将整体结构再细分，让程序结构更加明了，如将主菜单和二级菜单的展示分别定义在不同的方法中。

另外，用户注册新卡的操作流程要求录入的信息较多，可以独立出来。因此，在业务类中要创建以下几种方法。

（1）主菜单：start()。

（2）二级菜单：cardMenu()。

（3）用户注册流程：registCard()。

除此之外，一些公共的方法还可以定义在公共（Common）类中，根据开发需要而创建，这里就不再赘述了。

16.5　项目实现思路

"橙梦体育业务大厅"的主要功能如表 16.2 所示。

16.5.1　搭建整体框架

搭建好类结构之后，可以先根据项目的主流程实现业务类，即实现功能菜单。就像一棵大树有了主干一样，接下来再实现具体功能，好像向这棵大树上添枝加叶，这样便于我们理清整个项目的脉络结构，也有利于在后续开发中随时进行调试。

功能分析如下。

橙梦体育项目的各个功能都是挂在功能菜单上的，其中主菜单包含 6 个功能，当用户输入 1～5 的功能编号后，验证卡号，如果该卡号已注册，则执行相应功能后返回主菜单；否则，退出系统。主菜单如下。

```
*************欢迎使用橙梦体育业务大厅***************
1.用户登录    2.用户注册    3.使用业务    4.费用充值   5.资费说明   6.退出系统
请选择：6
谢谢使用！
```

当已注册用户登录并通过验证后，即显示二级菜单，包含 5 个功能，当输入 1～5 之外的功能编号时，返回主菜单。

思路分析如下。

1. 实现主菜单

实现业务类 SportMgr 的 mainMenu 方法，使用 do-while 循环内嵌 switch 分支结构完成。当选择用户登录后，进入二级菜单。

```
*************欢迎使用橙梦体育业务大厅***************
1.用户登录    2.用户注册    3.使用业务    4.费用充值   5.资费说明   6.退出系统
请选择：1
请输入会员卡号：a887
请输入密码：123

*****橙梦体育用户菜单*****
1.本月账单查询
2.套餐余量查询
3.打印消费详单
4.套餐变更
5.办理退卡
请选择（输入 1～5 选择功能，按其他键返回上一级）：
```

2. 实现二级菜单

实现业务类 SportMgr 的 cardMenu()方法，二级菜单的实现方式与主菜单类似。

3. 实现用户登录身份验证

实现工具类 cardUtil 中的方法 isExistCard(String number, String passWord)，判断该卡是否存在，以验证是否可以进入二级菜单。

难点提示：实现登录前的验证，需对卡列表 cards 进行遍历，与每个元素的属性进行比较。

以下为 isExistCard(String number,String passWord)方法的代码。

```
public boolean isExistCard(String number, String passWord)
  Set<String> numbers= cards.keySet();
    Iterator<String> it=numbers.iterator();
    while(it.hasNext()){
      String searchNum=it.next();
      if(searchNum.equals(number)&&
      (cards,get(searchNum)).getPassWord().equals(passWord)){
      return true;
      }

  return false;
}
```

16.5.2 用户注册

该功能可以看作去体育馆办理新卡的过程，主要分成以下几个步骤。

（1）选择卡号（随机生成 9 个以“a”开头的卡号，从中选择一个，输入序号即可）。

（2）选择套餐（共 3 类套餐，选择其中一个，输入对应的序号即可）。

（3）输入用户名、密码信息（相当于现在各体育馆的实名登录，输入用户名和密码即可）。

（4）输入预存费用金额。这里预存的金额需足以支付一个月的套餐费用，否则将给出信息，提示：“您预存的费用金额不足以支付本月固定套餐资费，请重新充值!”

（5）向已注册卡号列表 cards 中添加一个元素，并显示卡信息。

实现效果如下。

```
*************欢迎使用橙梦体育业务大厅**************
1.用户登录    2.用户注册    3.使用业务    4.费用充值   5.资费说明   6.退出系统
请选择：2
*****可选择的卡号*****
1.a887       2.a842       3.a623
4.a611       5.a504       6.a578
7.a628       8.a157       9.a502
请选择会员卡号（输入 1~9 的序号）：1
1.游泳套餐  2.羽毛球套餐  3.黄金套餐  请选择套餐(输入序号)：1
请输入姓名：小明
请输入密码：123
请输入预存费用金额：200
注册成功! 卡号：a887 用户名：小明 当前余额：100.0 元。
游泳套餐：游泳时长为 20 小时/月，矿泉水数为 10 瓶/月，资费为 100.0 元/月。

*************欢迎使用橙梦体育业务大厅**************
```

```
1.用户登录   2.用户注册   3.使用业务   4.费用充值  5.资费说明  6.退出系统
请选择:
```

实现思路如下。

（1）实现 CardUtil 类中的 createNumber()方法，可返回一个以“a”开头的 4 位卡号。

（2）实现 CardUtil 类中的 getNewNumbers()方法，可返回指定个数的卡号列表，本项目要求一次显示 9 个供选择的卡号。

（3）完善 3 个品牌套餐类 SwimPackage、BallPackage、GoldPackage 的无参构造方法，使其能够初始化属性。各品牌套餐中的游泳时长、矿泉水数量、羽毛球时长可参考表 16.1。

（4）实现各品牌套餐中的 showInfo()方法。由于各品牌套餐的服务内容不同，因此显示的信息不同。

（5）实现 VipCard 类中的 showMeg()方法，除显示本卡信息之外，还需调用 serPackage 属性的 showInfo()方法显示套餐信息。

（6）实现 SportMgr 类中的 registCard()方法，提供用户注册的功能。除录入信息之外，还需要有如下细节的处理。

① 9 个供选择的卡号每行显示 3 个，可以使用循环加判断实现。

② 当用户选择了套餐类型编号之后，生成一个指定套餐类的对象，这里需要实现 cardUtil 类中的 createPack()方法，再将这个套餐类型对象赋值给当前卡对象的 serPackage 属性。

③ 当用户输入的预存金额不足以支付一个月的套餐费用时，需给出提示信息并要求重新充值（可使用 while 循环语句实现）。

（7）实现 cardUtil 类中的 addCard()方法，向 cards 中添加一个元素。

难点提示如下。

① 生成随机卡号。生成一个随机卡号的实现思路如下。

- 生成 3 位随机数。
- 在生成的随机数前添加“a”。
- 判断生成的随机数所表示的卡号是否已注册，如果已注册，则重新生成；否则，返回该卡号。

生成随机数需使用 java.util.Random()类。以下代码可生成一个 0（包括）～1000（不包括）之间的随机数。

```
Random random=new Random();
int temp=random.nextInt(1000);
```

由于生成的随机数位数可能小于 3 位，因此还需要过滤掉位数不满足要求的随机数，可以使用循环语句来完成，即当生成的随机数小于 100 时，重新生成，参考代码如下。

```
public String createNumbero
  Random random=new Random();
  //记录现有用户中是否存在此卡号用户。是——true，否——false
  boolean isExist=false;
  String number="";
  Int temp=0;
  do{
    isExist=false;//标志位重置为 false，用于控制外层循环
  //生成的随机数是 3 位，不能小于 100，否则重新生成
  do{
```

```
    temp=random.nextInt(1000);
    }while(temp<1000)
    //生成之前，前面加"a"
    number="a"+temp
    //和现有用户的卡号比较，不能重复
    Set<String>cardNumbers=cards.keySet();
    for(String cardNumber:cardNumbers){
      if(number.equals(cardNumber)){
        isExist=true;
        Break;
            }
          }
        }while(isExist);
        return number;
    }
```

② 实现注册成功后的信息显示（以套餐类型为黄金套餐举例）。

GoldPackage 类中的 showInfo()方法实现。

```
    public void showInfo() {
    System.out.println("黄金套餐：游泳时长为"+this.swimTime+"小时/月，提供饮品数为"+this.
waterNum+"瓶/月，羽毛球时间"+this.ballTime+"小时/月。");
    }
```

VipCard 类中的 showMeg()方法实现。

```
        public void showMeg(){
      System.out.println("卡号："+this.cardNumber+"用户名："+this.userName+"当前余额：
"+this.money+"元。");
          this.serPackage.showInfo();
      }
```

16.5.3　本月账单查询

本月账单可以显示以下信息。

（1）卡号。

（2）套餐月资费。

（3）合计，即套餐固定资费和超出套餐使用费用总和。

（4）账户余额。

运行结果如下。

```
*****橙梦体育用户菜单*****
1.本月账单查询
2.套餐余量查询
3.打印消费详单
4.套餐变更
5.办理退卡
请选择（输入 1~5 选择功能，按其他键返回上一级）：1

*****本月账单查询******
您的卡号：a118，当月账单：
套餐资费：100.0元
```

```
合计：100.0 元
账户余额：100.0 元
```

实现思路如下。

（1）本功能需实现 cardUtil 类的 showAmountDetail 方法，只需获取相应属性并显示即可。

（2）根据卡号，可以获取到 Map 集合中的一个元素，这里使用 Map 类的 get()方法获取，而无须遍历，这就是使用 Map 类的方便之处。

（3）使用 StringBuffer 类拼接字符串，最后统一显示信息。

关键代码如下。

```
    public void show AmountDetail(String searchNumber){
        VipCard card;//要查询的卡
        StringBuffer meg=new StringBuffer();
        card=card.get(searchNumber);//获取集合中一个元素
        meg.append("您的卡号："+card.getCardNumber()+",当月账单：\n");
        meg.append("套餐资费："+card.getSerPackage().getPrice0+"元\n");
      meg.append("合计："+Common.dataFormat(card.getConsumAmount())+"元\n");
        meg.append("账户余额："+Common.dataFormat(card.getMoney())+"元");
        //显示本月消费详细信息
        System.out.println(meg);
}
```

16.5.4　套餐余量查询

功能分析如下。

本功能用来显示该卡所属套餐内剩余的游泳时长、羽毛球时长、矿泉水数量，不同品牌套餐支持的服务不同，因此显示的内容不同。运行结果如下。

```
*****橙梦体育用户菜单*****
1.本月账单查询
2.套餐余量查询
3.打印消费详单
4.套餐变更
5.办理退卡
请选择（输入 1～5 选择功能，按其他键返回上一级）：2

*****套餐余量查询******
您的卡号是 a118，套餐内剩余：
游泳时长：20 小时
矿泉水数量：10 瓶
```

实现思路如下。

（1）类型判断：在 VipCard 类中品牌套餐属性（serPackage）为父类类型。

ServicePackage 显示的信息不同，因此需要使用 instanceof 关键字进行类型判断，根据所属套餐的类型显示相应的信息。

（2）向下转型：类型判断出来之后，需要将品牌套餐属性转换为具体的子类类型，才能访问子类特有成员。

（3）套餐余量的计算：套餐余量需获取当前卡实际使用的数据。以游泳时长举例，计算公式如下。

当实际游泳时长小于套餐所包含的游泳时长时：

套餐剩余游泳时长 = 套餐所包含的游泳时长 - 实际游泳时长

否则，说明套餐包含的游泳时长已用完，套餐剩余游泳时长为 0。

其余的羽毛球时长与矿泉水数量计算方法与游泳时长类似。

关键代码如下。

（1）实现 CardUtil 类中的 showRemainDetail()方法。

```
public void showRemainDetail(String searchNumber){
    VipCard card;//要查询的卡
    int remainSwimTime;
    int remainwaterNum;
    int remainBallTime;
    StringBuffer meg = new StringBuffer();
      card = cards.get(searchNumber);
      meg.append("您的卡号是" + searchNumber + "，套餐内剩余：\n");
      ServicePackage pack = card.getSerPackage();
      if (pack instanceof SwimPackage) {
        //向下转型为游泳套餐对象
        SwimPackage cardPack = (SwimPackage) pack;
            // 游泳套餐，查询套餐内剩余的游泳时长和矿泉水数量
            remainSwimTime = cardPack.getswimTime() > card.
getrealSwimTime() ? cardPack.getswimTime()- card.getrealSwimTime() : 0;
            meg.append("游泳时长：" + remainSwimTime + "小时\n");
            remainwaterNum = cardPack.getwaterNum() > card.getrealWaterNum() ? car
dPack.getwaterNum()
                - card.getrealWaterNum() : 0;
            meg.append("矿泉水数量：" + remainwaterNum + "瓶");
    } else if (pack instanceof BallPackage) {
                //省略羽毛球套餐的信息显示
            } else if (pack instanceof GoldPackage) {
                //省略黄金套餐的信息显示
            }
    System.out.println(meg);
}
```

（2）double 类信息的格式化方法。此方法可定义在公共类 Common 中。

```
public static String dataFormat(double data) {
    DecimalFormat formatData = new DecimalFormat("#.0");
    return formatData.format(data);
}
```

调用此方法的语句如下。

```
meg.append("账户余额：" + Common.dataFormat(card.getMoney()) + "元");
```

16.5.5 添加和打印消费清单

该功能实现向消费记录列表 consumInfos 中添加一条该卡的消费记录（该功能可在“使用橙梦”功能中调用），并实现打印该卡的消费记录的功能，打印前要先从 consumInfos 中查找是否

存在此卡的消费记录，如存在，则提示："已添加一条消费记录。"将消费记录输出到文本文件中，格式如下。

```
******a388 消费记录******
序号    类型     数据［游泳（小时）/羽毛球（小时）/矿泉水（瓶）］
1. 游泳     3
2. 游泳     1
3. 喝矿泉水     3
4. 喝矿泉水     1
5. 喝矿泉水     1
6. 喝矿泉水     1
7. 喝矿泉水     3
```

如不存在消费记录，则提示用户相应信息，格式如下。

```
*****橙梦体育用户菜单*****
1.本月账单查询
2.套餐余量查询
3.打印消费详单
4.套餐变更
5.办理退卡
请选择（输入 1～5 选择功能，按其他键返回上一级）：3

*****消费详单查询******
对不起，不存在此号码的消费记录，不能打印！
```

实现思路如下。

1. 添加消费记录

consumInfos 是 Map<String,List< ConsumInfo>>类型，其键-值对中的值也是 List<ConsumInfo>类型的集合，保存该卡所有消费记录。消费记录的存储形式如表 16.3 所示。

表 16.3　消费记录的存储形式

卡号（consumInfos 的 KEY）	消费记录（consumInfos 的 VALUE）
a138	游泳 3 小时
a299	羽毛球 2 小时
a366	矿泉水 1 瓶
a786	羽毛球 1 小时
a992	矿泉水 3 瓶

添加某卡的消费记录，可先从 consumInfos 中查找是否存在该卡的消费记录。

存在：向保存该卡的 List 集合对象中添加一条记录。

不存在：向 consumInfos 中添加一条记录，并保存此条消费记录。

2. 打印消费记录

使用 I/O 技术将信息写入文本文件。因为内容中包含中文信息，所以可使用字符流。

关键代码如下。

```
public void printConsumInfo(String number){
    Writer fileWriter= null;
```

```
    try{
        fileWriter= new FileWriter(number+"消费记录.txt");
        Set<String> numbers= consumInfos.keySet();
        Iterator<String>it=numbers.iterator();
        List<ConsumInfo> infos= new ArrayList<ConsumInfo>();
        //存储指定卡的所有消费记录
        //现有消费列表中是否存在此卡号消费记录。是——true，否——false
        boolean isExist= false;
        //省略从 consumInfos 中查找是否存在该卡消费记录的代码
    if(isExist)(
StringBuffer content=new StringBuffer("******"+number+"消费记录******\n");
content.append("序号\t 类型\t 数据 [ 游泳（小时）/羽毛球（小时）/矿泉水（瓶）] \n");
            for(int i=0;i<infos.size();i++){
                ConsumInfo info = infos.get(i);
content.append((i+1)+ ".\t"+info.getType()+"\t"+info.getConsumData()+"\n");
}
fileWriter.write(content.toString());
fileWriter.flush();
System.out.println("消费记录打印完毕！");
            }else{
System.out.println("对不起，不存在此号码的消费记录，不能打印！");
            }
      } catch(IOException e) {
            e.printStackTrace();
      }finally{
         //省略关闭流代码
      }
}
```

16.5.6 使用橙梦

1. 功能分析

（1）随机进入某个场景

模拟橙梦用户使用卡的过程。选择该功能后，输入当前卡号，通过验证后，可随机进入表 16.4 所示的 6 个场景（当然还可以再设计其他场景），要求所进入的场景的服务类型是该卡所属套餐支持的类型（如游泳套餐只能进入服务类型为“游泳”“矿泉水”的场景）。

表 16.4 模拟使用场景

序号	服务类型	描述
0	游泳	日常有氧训练，游泳 1 小时
1	游泳	教朋友学游泳，消耗 3 小时
2	喝矿泉水	自己饮用，消耗 1 瓶
3	喝矿泉水	帮别人带了两瓶，共消耗 3 瓶水
4	打羽毛球	独自前往羽毛球馆，与陌生人对打 1 小时
5	打羽毛球	和朋友一起玩得开心，打了 2 小时

（2）模拟消费

进入该场景之后，将按场景的描述要求消耗套餐余量，如套餐余量不足，则需按套餐外的资费规则扣费，成功消费后，添加一条消费记录。运行结果如下。

```
*************欢迎使用橙梦体育业务大厅***************
1.用户登录    2.用户注册    3.使用业务    4.费用充值  5.资费说明  6.退出系统
请选择：3
请输入会员卡号：a118
帮别人带了两瓶，共消耗 3 瓶水
不存在此卡的消费记录，已添加一条消费记录。
```

当余额不足时，提示信息。如本场景为“和朋友一起玩得开心，打了 2 小时羽毛球”，但羽毛球时间为零，余额不足，抛出异常，并提示用户：“本次已使用时间 0 小时，您的余额不足，请充值后再使用!”

（3）消费完毕，添加消费记录

消费完毕，在消费列表中添加一条消费记录，并提示用户：“已添加一条消费记录!”按实际消费添加消费记录，除非没有消费。以下情况表明，消费记录只记录了实际羽毛球时间 0 小时。

```
*************欢迎使用橙梦体育业务大厅***************
1.用户登录    2.用户注册    3.使用业务    4.费用充值  5.资费说明  6.退出系统
请选择：3
请输入会员卡号：a118
和朋友一起玩得开心，打了 2 小时
java.lang.Exception: 本次已使用时间 0 小时，您的余额不足，请充值后再使用!
已添加一条消费记录。

*************欢迎使用橙梦体育业务大厅***************
1.用户登录    2.用户注册    3.使用业务    4.费用充值  5.资费说明  6.退出系统
请选择：    at cn.sport.entity.BallPackage.ballPlay(BallPackage.java:85)
    at cn.sport.utils.CardUtil.userSport(CardUtil.java:465)
    at cn.sport.biz.SportMgr.mainMenu(SportMgr.java:70)
    at cn.sport.biz.SportMgr.main(SportMgr.java:22)
```

2. 实现思路

本功能先要使 3 种品牌套餐根据各自服务的类型实现不同的服务接口，并实现接口中提供服务的方法。为模拟真实的过程，并记录余额不足时当前的使用数据（如本场景是游泳 3 小时，当游泳 1 小时时余额不足，1 小时即为当前的使用数据），可以使用循环实现。

本功能涉及不同的场景，因为各场景所支持的服务类型不同，所以处理方式也不同，整体结构中需用到分支结构。每个分支中先判断此卡是否支持此类服务，如果支持，则调用各品牌套餐中该服务的方法实现模拟消费；如果不支持，则重新生成随机数，进入其他场景。因此，在分支结构外还需使用循环语句来实现重新生成随机数，以及重新进入相应场景的过程。

3. 实现步骤

（1）品牌套餐类实现服务接口

以游泳 3 小时举例。设计循环次数为 3 的循环，循环体为游泳 1 小时的操作。这又分为两种情况。

第一种情况：如果套餐剩余游泳时长可以支持 1 小时游泳，则卡中的实际游泳时长属性值（realSwimTime）加 1。

第二种情况：当套餐剩余游泳时长已用尽，判断余额是否能够支付额外 1 小时游泳的费用（5

元），如能够支付，则修改卡的实际游泳时长（realSwimTime）、余额（money）、本月消费金额（consumAmount）；否则记录当前消费数据，抛出异常信息。

（2）初始化场景信息

实现 CardUtil 类中的 initScenes()方法，初始化 6 个场景，注意初始化顺序，参考表 16.4。

（3）准备数据

根据卡号获取该卡对象，并获取该卡所属套餐对象，后续用来判断该卡所属套餐是否可以支持某个场景。

创建 Random 对象用来生成随机数。

（4）生成随机数

生成 0～5 的随机数，作为用户随机进入的场景序号。

（5）搭建分支结构

搭建 switch 分支结构。包含 6 个分支，上步生成的随机数将作为分支结构条件变量，在各分支中针对不同的服务类型做不同的处理。在调用各自消费的方法之前，需判断该卡是否实现了指定的服务接口。消费之后，需调用 addConsumInfo()方法添加消费记录。

4. 关键代码

以下为实现游泳服务接口中的抽象方法的关键代码。

```
public int swim(int minCount, VipCard card) throws Exception{
    int temp = minCount;
    for(int i=0;i<minCount;i++){
        if(this.swimTime-card.getrealSwimTime()>=1){
            //第一种情况：套餐剩余游泳时间可以支持游泳运动 1 小时
            card.setrealSwimTime(card.getrealSwimTime()+1); //实际游泳时间加 1 小时
        }else if(card.getMoney()>=5){
            //第二种情况:套餐游泳时间已用完，账户余额可以支付 1 小时游泳时间，使用账户余额支付
            card.setrealSwimTime(card.getrealSwimTime()+1); //实际游泳时长加 1 小时
            card.setMoney(Common.sub(card.getMoney(),5));//账户余额消费 5 元（1 小时游泳费用）
            card.setConsumAmount(card.getConsumAmount() + 5);
        }else{
            temp = i; //记录实际游泳小时数
            throw new Exception("本次已游泳"+i+"小时，您的余额不足，请充值后再使用！");
        }
    }
    return temp;
}
```

以下为 CardUtil 类中 utilSport()方法的关键代码。

```
public void userSport(String number)  {
        VipCard card = cards.get(number); // 获取此卡对象
        ServicePackage pack = card.getSerPackage(); // 获取此卡所属套餐
        Random random = new Random();
        int ranNum = 0;
        int temp = 0;  //记录各场景中实际消费数据
        do{
          ranNum = random.nextInt(6);// 生成一个 0～5 之间的随机数
        Scene scene = scenes.get(ranNum); //获取该序号所对应的场景
            switch (ranNum) {
```

```
            //序号为 0 或 1 为游泳场景
            case 0:
            case 1:
                // 判断该卡所属套餐是否支持游泳功能
                if (pack instanceof SwimService) {
                    // 执行游泳方法
                    System.out.println(scene.getDescription());
                    SwimService callService = (SwimService) pack;
                    try {
                        temp = callService.swim(scene.getData(),card);
                    } catch (Exception e) {
                        e.printStackTrace();
                    }
                    // 添加一条消费记录
                    addConsumInfo(number,new ConsumInfo(number,
                            scene.getType(),temp));
                    break;
                } else {
                //如果该卡套餐不支持游泳功能，则重新生成随机数，选择其他场景
                    continue;
                }
            case 2:
            case 3:
                //序号为 2 或 3 为矿泉水场景，省略代码
            case 4:
            case 5:
                //序号为 4 或 5 为羽毛球场景，省略代码
            }
            break;
        }while(true);
    }
```

16.5.7　办理退卡

本功能可实现将当前用户从已注册用户列表中删除，删除后直接退出系统。运行结果如下。

```
*****橙梦体育用户菜单*****
1.本月账单查询
2.套餐余量查询
3.打印消费详单
4.套餐变更
5.办理退卡
请选择（输入 1～5 选择功能，按其他键返回上一级）：5

*****办理退卡******
卡号 a118 办理退卡成功！
谢谢使用！
```

本功能实现相对容易，使用 CardUtil 类中的 delCard()方法遍历 cards，找到当前卡对象，从集合中移除即可。

16.5.8 套餐变更

本功能类似于我们去体育馆变更套餐。从这里我们可以充分体会使用面向对象后，代码更加灵活、可维护性更强的优点。

由于本任务中没有引入对日期的记录和处理，因此，这里默认套餐变更时间为本月的开始，选择变更后的套餐为当前套餐之外的其他类型，否则显示信息提示，格式如下。

```
*****橙梦体育用户菜单*****
1.本月账单查询
2.套餐余量查询
3.打印消费详单
4.套餐变更
5.办理退卡
请选择（输入 1～5 选择功能，按其他键返回上一级）：4

*****套餐变更******
1.游泳套餐   2.羽毛球套餐   3.黄金套餐   请选择（序号）：1
对不起，您已经是该套餐用户，无须换套餐！
```

套餐选择正确之后，还需判断当前余额是否足以支付一个月的套餐资费，如不足，则提示错误信息，格式如下。

```
*****橙梦体育用户菜单*****
1.本月账单查询
2.套餐余量查询
3.打印消费详单
4.套餐变更
5.办理退卡
请选择（输入 1～5 选择功能，按其他键返回上一级）：4

*****套餐变更******
1.游泳套餐   2.羽毛球套餐   3.黄金套餐   请选择（序号）：1
对不起，您的余额不足以支付新套餐本月资费，请充值后再办理更换套餐业务！
```

当上述两个条件都满足时，套餐变更成功，显示相应的信息，格式如下。当前卡实际使用数据（realSwimTime、realBallTime、realWaterNum）清零，当前卡所属套餐修改为变更后的套餐类型对象（serPeckage），当前卡余额（money）减去新套餐月资费，本月消费金额（consumAmount）修改为新套餐月资费。

```
*****橙梦体育用户菜单*****
1.本月账单查询
2.套餐余量查询
3.打印消费详单
4.套餐变更
5.办理退卡
请选择（输入 1～5 选择功能，按其他键返回上一级）：4

*****套餐变更******
```

```
1.游泳套餐　2.羽毛球套餐　3.黄金套餐　请选择（序号）：2
更换套餐成功！羽毛球套餐：羽毛球时间是 20 小时/月，矿泉水数为 10 瓶/月，资费为 80.0 元/月。
```

16.5.9　费用充值

可为指定卡号充值，要求充值金额最少 50 元，充值成功后提示信息。运行效果如下。

```
*************欢迎使用橙梦体育业务大厅***************
1.用户登录　 2.用户注册　 3.使用业务　 4.费用充值　5.资费说明　6.退出系统
请选择：4
请输入充值卡号：a777
请输入充值金额：100
充值成功，当前卡余额为 100.0 元。
```

此功能需实现 CardUtil 类中的 chargeMoney()方法，通过最少充值金额验证后，修改当前卡余额（money）属性即可。

16.5.10　查看资费说明

此功能需实现 CardUtil 类中的 showDescription()方法，将文本文件（套餐资费说明.txt）中的信息显示到控制台。

本功能需使用 I/O 操作实现文本文件的写入。

课 后 习 题

独立完成“橙梦体育业务大厅”综合实战，并在此基础上增加会员积分管理功能。

第 17 章 JDBC

本章学习目标：

- 理解 JDBC 的工作原理；
- 掌握 Connection 接口的使用方法；
- 掌握 Statement 接口的使用方法；
- 掌握 ResultSet 接口的使用方法；
- 掌握 PreparedStatement 接口的使用方法。

17.1 JDBC 简介

17.1.1 为什么需要 JDBC

JDBC 1

在 Java 中如何实现把各种数据存入数据库，从而长久保存呢？Java 是通过 JDBC 技术实现对各种数据库访问的。JDBC 是 Java 数据库连接（Java DataBase Connectivity）技术的简称，它充当了 Java 应用程序与各种不同数据库进行对话的媒介，它可以把数据持久保存，这就是一种持久化机制，这里涉及一个术语——持久化。持久化是将程序中的数据在瞬时状态和持久状态间转换的机制，通俗地讲，就是瞬时数据（如内存中的数据，是否能永久保存）持久化为持久数据（如持久化至数据库所在的磁盘中，能够长久保存）。

JDBC 由一组使用 Java 语言编写的类和接口组成，可以为多种关系数据库提供统一的访问方法。Sun 公司（现已被 Oracle 公司收购）提供了 JDBC 的接口规范——JDBC API。让各数据库开发商为 Java 程序员提供标准的数据库访问类和接口，使得独立于数据库的 Java 应用程序的开发成为可能，即使数据库的供应商变化了，应用程序也不需做太多的改变。

17.1.2 JDBC 的工作原理

JDBC 的工作原理如图 17.1 所示。

从图 17.1 中可以看到 JDBC 的几个重要组成要素。最顶层是我们自己编写的 Java 应用程序，Java 应用程序可以使用集成在 JDK 中的 java.sql 和 javax.sql 包中的 JDBC API 来连接和操作数据库。下面我们就采用从上到下的顺序依次讲解 JDBC 的组成要素。

1. JDBC API

JDBC API 是 Sun 公司提供的 Java 应用程序与各种不同数据库交互的标准接口，如 Connection

（连接）接口、Statement 接口、ResultSet（结果集）接口、PreparedStatement 接口等。开发者可以使用这些 JDBC 接口进行各类数据库操作。

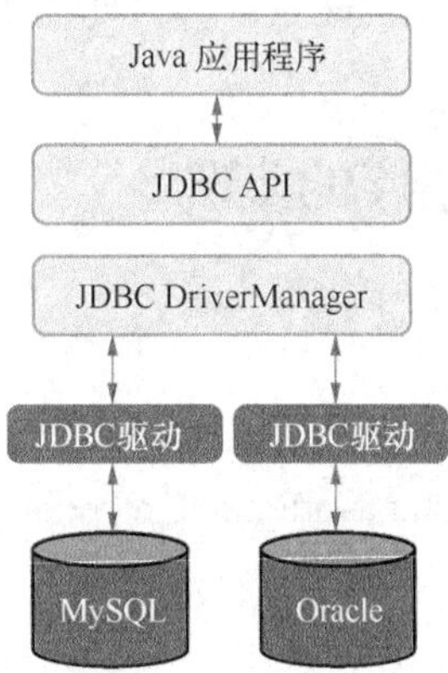

图 17.1　JDBC 的工作原理

2. JDBC DriverManager

JDBC DriverManager（驱动程序管理器）由 Sun 公司提供，是 JDBC 体系结构的支柱，负责管理各种不同的 JDBC 驱动，把 Java 应用程序连接到相应的 JDBC 驱动程序上，位于 JDK 的 java.sql 包中。

3. JDBC 驱动

JDBC 驱动由各个数据库厂商或第三方中间件厂商提供，负责连接各种不同的数据库。例如，图 17.1 中，访问 MySQL 和 Oracle 时需要不同的 JDBC 驱动，这些 JDBC 驱动都实现了 JDBC API 中定义的各种接口。

在开发 Java 应用程序时，我们只需正确加载 JDBC 驱动，正确调用 JDBC API，即可进行数据库的访问。

17.1.3　JDBC API 介绍

JDBC API 主要做 3 件事——与数据库建立连接，发送 SQL 语句，发送处理结果，如图 17.2 所示。

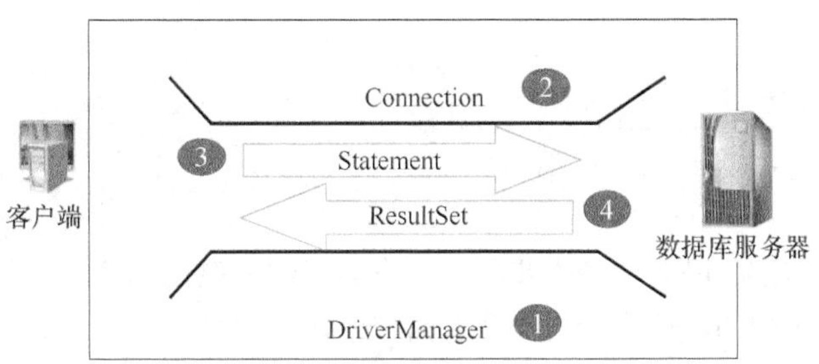

图 17.2　JDBC 的工作过程

图 17.2 为我们展示了 JDBC 的工作过程，同时也展示了 JDBC 的主要 API 及作用。

- DriverManager 类：装载驱动程序，并为创建新的数据库连接提供支持。
- Connection 接口：负责连接数据库并担任传送数据的任务。
- Statement 接口：由 Connection 产生，负责执行 SQL 语句。

- ResultSet 接口：负责保存和处理 Statement 执行后所产生的查询结果。
- PreparedStatement 接口：Statement 的子接口，也由 Connection 产生，同样负责执行 SQL 语句。与 Statement 接口相比，PreparedStatement 接口具有高安全性、高性能、高可读性和高可维护性的优点。

17.1.4 JDBC 访问数据库的步骤

开发一个 JDBC 应用程序，基本需要以下步骤。

1. 加载 JDBC 驱动

使用 Class.forname()方法将给定的 JDBC 驱动类加载到 Java 虚拟机中。若系统中不存在给定的类，则会引发异常，异常类型为 ClassNotFoundException。代码格式为

```
Class.forname("JDBC 驱动类的名称")
```

2. 与数据库建立连接

DriverManager 类是 JDBC 的管理层，作用于用户和驱动程序之间。DriverManager 类跟踪可用的驱动程序，并在数据库和相应的驱动程序之间建立连接。当调用 getConnection()方法时，DriverManager 类首先从已加载的驱动程序列表中找到一个可以接收该数据库 URL 的驱动程序，然后请求该驱动程序使用相关的 URL 用户名和密码连接到数据库，于是就建立了与数据库的连接，创建连接对象，并返回引用。代码格式为

```
Connection con= DriverManager.getConnection(数据连接字符串，数据库用户名，密码);
```

3. 发送 SQL 语句，并得到返回结果

一旦建立连接，系统就使用该连接创建 Statement 接口的对象，并将 SQL 语句传递给它所连接的数据库。如果是查询操作，将返回类型为 ResultSet 的结果集，它包含执行 SQL 查询的结果。若是其他操作，则将根据调用方法的不同返回布尔值或操作影响的记录数目。代码格式为

```
statement stmt=con.createstatement()
ResultSet rs = stmt.executequery("SELECT id,name FROM petoOwner");
```

4. 处理返回结果

处理返回结果主要是针对查询操作的结果集，通过循环取出结果集中的每条记录并做相应处理，处理结果的代码示例如下。

```
while (rs.next()){
  int id=rs.getint ("id");
  string name=rs.getstring("name");
  System.out.println(id+ ""+name);
}
```

一定要明确使用 JDBC 的 4 个基本步骤，本章后续部分就使用这 4 个步骤实现对数据库的各种访问。而对于 4 个步骤的代码示例只需要有简单的印象即可，后续部分会进行详细讲解。

17.2 连接数据库

JDBC 驱动由数据库厂商或第三方中间件厂商提供。在实际编程过程中，有两种较为常用的

驱动方式。第一种是 JDBC-ODBC 桥连方式，适用于个人开发与测试，它通过 ODBC 与数据库进行连接。另一种是纯 Java 驱动方式，它直接同数据库进行连接。在生产型开发中，推荐使用纯 Java 驱动方式。

这两种连接方式如图 17.3 所示。

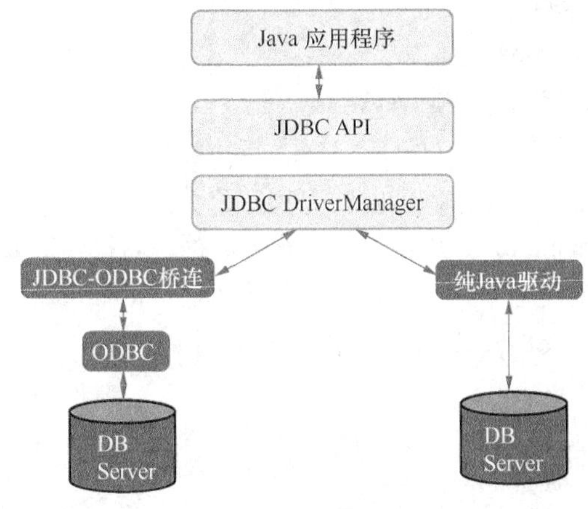

图 17.3　常用的驱动方式

17.2.1　使用 JDBC-ODBC 桥连方式连接数据库

JDBC-ODBC 桥连就是将对 JDBC API 的调用转换为对另一组数据库连接（即 ODBC）API 的调用，图 17.4 描述了 JDBC-ODBC 桥连的工作原理。

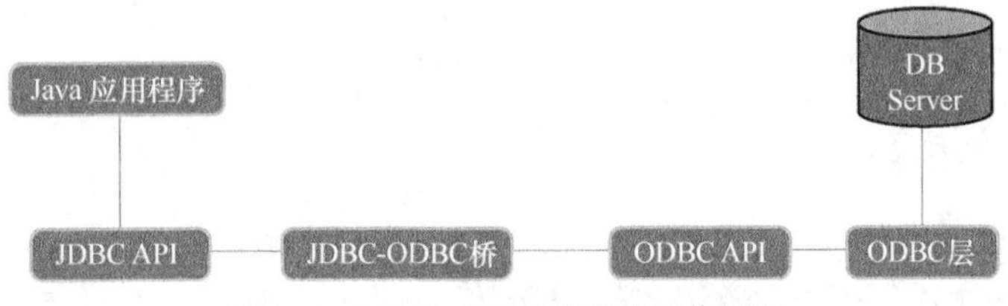

图 17.4　JDBC-ODBC 桥连的工作原理

JDK 中已经包括 JDBC-ODBC 桥连的驱动接口，所以进行 JDBC-ODBC 桥连时，不需要额外下载 JDBC 驱动程序，只需安装 ODBC 驱动并配置数据源即可，具体步骤如下。

1. 驱动下载

下载 Windows ODBC 的安装程序，即从 MySQL 官方网站上选择与当前操作系统匹配的驱动版本下载。例如，Windows 64 位操作系统下，需下载的驱动版本为 mysql-connector-odbc-5.3.6-win64.msi。下载完毕后进行安装。

2. 配置 MySQL ODBC 数据源

不同的操作系统配置的位置稍有不同。以 Windows 7 操作系统为例，配置的位置如下：打开控制面板窗口，单击“系统和安全”超链接，打开“系统和安全”窗口；单击“管理工具”超链接，打开“管理工具”窗口，双击“数据源（ODBC）”，打开“ODBC 数据源管理器”对话框；单击“添加”按钮，添加新的 MySQL 数据源。

各项配置如下。

（1）选择安装数据源的驱动程序。可选择 MySQL ODBC5.3 Unicode Driver。

（2）配置数据源。

- Data Source Name：数据源名称，如 myDB。
- Description：数据源描述信息，如 mysql-ODBC 连接。
- Server：服务器 IP 地址，本机为 localhost。
- User：用户名，如 root。
- Password：密码，如 root。
- DataBase 连接的数据库，如 flowerShop。

单击“Test”按钮，测试通过后，单击“OK”按钮保存配置。

使用 JDBC-ODBC 桥连方式连接数据库的 JDBC 驱动类是“sun.jdbc.odbc.Jdbcodbcdriver”，数据库连接字符串将以“jdbc:odbc”开始，后面跟随数据源名称。因此，假设我们已经配置了一个叫“myDB”的 ODBC 数据源，数据库连接字符串就是“jdbc:odbc:myDB”，登录数据库系统的用户名为 root，口令为“root”，具体实现代码如示例 1 所示。

示例 1

```
import java.sql.Connection;
import java.sql.DriverManager;
import java.sql.SQLException;
import org.apache.log4j.Logger;

/**
 * 使用 JDBC-ODBC 桥连方式建立数据库连接并关闭
 */
public class Test1 {
    private static Logger logger = Logger.getLogger(Test1.class.getName());

    public static void main(String[] args) {
        Connection conn = null;
          // 1.加载驱动
        try {
            Class.forName("sun.jdbc.odbc.JdbcOdbcDriver");
        } catch (ClassNotFoundException e) {
            logger.error(e);
        }
         // 2.建立连接
        try {

            conn = DriverManager.getConnection("jdbc:odbc:myDB", "root","root");
            System.out.println("建立连接成功! ");
        } catch (SQLException e) {
            logger.error(e);
        } finally {
              // 3.关闭连接
            try {
                if (null != conn) {
                    conn.close();
                    System.out.println("关闭连接成功! ");
                }
            } catch (SQLException e) {
                logger.error(e);
            }
```

```
            }
        }
    }
```

需要注意的是，虽然通过 JDBC-ODBC 桥连方式可以访问所有 ODBC 能够访问的数据库，但是 JDBC-ODBC 桥连方式不能提供非常好的性能，且只能运用于 Windows 平台服务器，可移植性不好，一般不适合在实际系统中使用，所以读者只要了解即可。

17.2.2　使用纯 Java 驱动方式连接数据库

纯 Java 驱动方式由 JDBC 驱动直接访问数据库，驱动程序完全用 Java 语言编写，运行速度快，而且具备跨平台的特点。但是，由于技术资料的限制，这类 JDBC 驱动一般只能由数据库厂商自己提供，即这类 JDBC 驱动只对应一种数据库，甚至只对应某个版本的数据库。如果数据库更换了或者版本升级了，一般需要更换 JDBC 驱动程序。纯 Java 驱动方式的工作原理如图 17.5 所示。

如果我们使用纯 Java 驱动方式进行数据库连接，首先需要下载数据库厂商提供的驱动程序 JAR 包，并将 JAR 包引入工程中。本课程我们使用的数据库是 MySQL，可以从 MySQL 的官方网站，下载驱动程序 JAR 包，例如，mysql-connector-java-5.1.0-bin.jar。解压后得到 JAR 库文件。需要在工程中导入该库文件，导入方式与在项目中加入 log4j 所使用的 JAR 文件相同。

图 17.5　纯 Java 驱动方式连接数据库的工作原理

查看相关帮助文档后，可以获得驱动类的名称及数据库连接字符串。下面我们需要在 MySQL 中建立数据库，此处命名为 flowerShop，在 flowerShop 数据库中建立表 flower（鲜花）和 flowerOwner（顾客），并插入若干条记录，表结构如表 17.1 和表 17.2 所示。

表 17.1　　数据库表 flower 的结构

字段名	字段说明	字段类型	其他
id	编号	int	主键、自增
name	昵称	varchar(40)	
typeName	类别名	varchar(40)	
owner_id	拥有者编号	int	
store_id	商店编号	varchar(40)	
price	价格	double	

表 17.2　　数据库表 flowerOwner 的结构

字段名	字段说明	字段类型	其　他
id	编号	int	主键、自增
name	姓名	varchar(40)	
password	密码	varchar(40)	
money	资金	int	

接下来就可以进行编程，与数据库建立连接。假定要连接的数据库名称为“flowerShop”，

创建本地用户名为“root”，密码为“0000”，使用该数据库用户登录并访问 flowerShop 数据库，具体实现代码如示例 2 所示。

示例 2

```
import java.sql.Connection;
import java.sql.DriverManager;
import java.sql.SQLException;
import java.util.Properties;
import org.apache.log4j.Logger;
/**
 * 使用 JDBC 的纯 Java 驱动方式建立数据库连接并关闭。与使用 JDBC-ODBC 桥连方式建立
 *  数据库连接相比，需要修改 JDBC 驱动类字符串和 URL 字符串。
 */
public class Test2 {
    private static Logger logger = Logger.getLogger(Test2.class.getName());
    public static void main(String[] args) {
        Connection conn = null;
        try {
            // 1.加载驱动
            Class.forName("com.mysql.jdbc.Driver");
        } catch (ClassNotFoundException e) {
            e.printStackTrace();
            logger.error(e);
        }
        // 2.建立连接
        try {
              conn = DriverManager.getConnection(
                    "jdbc:mysql://localhost:3306/ flowerShop ",
                    "epetadmin", "0000");
            System.out.println("建立连接成功！");
        } catch (SQLException e) {
            logger.error(e);
            e.printStackTrace();
        } finally {
            // 3.关闭连接
            try {
                if (null != conn) {
                    conn.close();
                    System.out.println("关闭连接成功！");
                }
            } catch (SQLException e) {
                logger.error(e);
                e.printStackTrace();
            }
        }
    }
```

常见的错误有以下几类。

- JDBC 驱动类的名称书写错误，出现 ClassNotFoundException 异常。
- 数据连接字符串、数据库用户名、密码书写错误，出现 SQLExeption 异常，数据库操作结束后，没有关闭数据库连接，导致仍旧占有系统资源。
- 关闭数据库连接语句没有放到 finally 语句块中，导致语句可能没有被执行。

17.3 Statement 接口和 ResultSet 接口

JDBC 2

获取 Connection 对象后就可以进行各种数据库操作了，此时需要使用 Connection 对象创建 Statement 对象。Connection 接口常用方法如表 17.3 所示。

表 17.3 Connection 接口常用方法

方法名称	作用
void close()	立即释放此 Connection 对象的数据库和 JDBC 资源
Statement createStatement()	创建一个 Statement 对象将 SQL 语句发送到数据库
PreparedStatement prepareStatement(String sql)	创建一个 PreparedStatement 对象将参数化的 SQL 语句发送到数据库
boolean isClosed()	查询此 Connection 对象是否已经被关闭

Statement 对象用于将 SQL 语句发送到数据库中，可以理解为执行 SQL 语句。Statement 接口中包含很多基本数据库操作方法，表 17.4 列出了 Statement 接口执行 SQL 命令的 3 个常用方法。

表 17.4 Statement 接口的常用方法

方法名称	作用
Result executeQuery(String sql)	可以执行 SQL 查询并获取 ResultSet
int executeUpdate(String sql)	可以执行插入、删除、更新的操作，返回值是执行该操作所影响的行数
boolean execute(String sql)	可以执行任意 SQL 语句，若结果为 ResultSet 对象，则返回 true；若不存在任何结果，则返回 false

17.3.1 使用 Statement 添加鲜花

添加鲜花信息到 flowerShop 数据库，操作很简单，只要创建 Statement 对象然后调用 execute(String sql)方法或者 executeupdate(String sql)方法即可，代码如示例 3 所示。这里关键是 SQL 语句的拼接，可以直接利用“+”运算符进行拼接，也可以利用 StringBuffer 类的 append()方法进行拼接。拼接时要小心，尤其是引号、逗号和括号的拼接，应避免出错。如果拼接出错，可通过在控制台输出 SQL 语句的方法查看错误。

示例 3

```
import java.sql.Connection;
import java.sql.DriverManager;
import java.sql.SQLException;
import java.sql.Statement;
import org.apache.log4j.Logger;
/**
 * 使用 Statement 的 execute()方法插入鲜花信息
 */
public class Test3 {
    private static Logger logger = Logger.getLogger(Test3.class.getName());
    public static void main(String[] args) {
        Connection conn = null;
        Statement stmt = null;
```

```
        String name = "百事合心"; // 鲜花昵称
        String strain = "百合"; // 品种
        int ownerId="1";//顾客 Id
        int storeId="2";//鲜花商店 Id
        // 1.加载驱动
        try {
            Class.forName("com.mysql.jdbc.Driver");
        } catch (ClassNotFoundException e) {
            logger.error(e);
        }
        try {
            // 2.建立连接
            conn = DriverManager.getConnection(
                    "jdbc:mysql://localhost:3306/flowerShop ",
                    "root", "0000");
            // 3.插入鲜花信息到数据库
            stmt = conn.createStatement();
            StringBuffer sbSql = new StringBuffer(
            "insert into flower(name,typeName,owner_id,store_id) values (");
            sbSql.append(name + ", ");
            sbSql.append(typeName+ ", ");
            sbSql.append(ownerId + ", ");
            sbSql.append(storeId+ ", ");
            sbSql.append(price+ ") ");
            stmt.execute(sbSql.toString());
            logger.info("插入鲜花信息成功! ");
        } catch (SQLException e) {
            logger.error(e);
        } finally {
            // 4.关闭 Statement 和数据库连接
            try {
                if (null != stmt) {
                    stmt.close();
                }
                if (null != conn) {
                    conn.close();
                }
            } catch (SQLException e) {
                logger.error(e);
            }
        }
    }
}
```

Java 定义了 String 和 StringBuffer 两个类来封装对字符串的各种操作。String 类的字符串是常量，创建之后不能更改，而 StringBuffer 类似于 String 类的字符串缓冲区，通过某些方法调用可以改变该字符串的长度和内容，用于存放内容可以改变的字符串。Java 为字符串提供了字符串连接运算符“+”，可以把非字符串数据转换为字符串并连接成新的字符串，类似转换为一个 String 对象，运算符的功能也可以通过 StringBuffer 类的 append()方法实现。

例如：

```
int ownerId=2,storeId=1;
string sql="SELECT * FROM flower WHERE owner_id>" + ownerId +"AND store_id>"+storeId;
```

等效于

```
int ownerId =90, storeId =20;
String sql=new StringBuffer ();
append("select * from flower where owner_id>");
append(ownerId);
append("and store_id >");
append(storeId);
```

17.3.2 使用 Statement 更新鲜花

更新数据库中 id=1 的鲜花的价格和鲜花昵称信息，操作也很简单，只要创建 Statement 对象，然后调用 execute(String sql)方法或者 executeUpdate(String sql)方法即可。这里关键还是 SQL 语句的拼接要细心。代码如示例 4 所示。

示例 4

```
import java.sql.*;
impott org.apache.log4j.Logger
//使用 Statement 的 executeUpdate()方法更新鲜花信息
public class Test4{
private static Logger logger=Logger.getLogger (Test4.class.getName);
public static vold main(String[] args){
Connection conn=null;
statement stmt =null;
//加载驱动
try {
    class.forname("com.mysql.jdbc.Driver")
}catch(ClassNotFoundException e){
    logger.error(e) ;
}
try{
//建立连接
conn=DriverManager.getConnection("jdbc:mysql://localhost:3306/flowerShop", "root""0000");
//更新鲜花信息到数据库
stmt=conn.creatStatement();
stmt.executeUpdate("update flower set name='暖意满满' "+",price=150"+"where id=1");
logger.info("成功更新鲜花信息")
}catch(SQLException e){
    logger.error(e);
}finally (
//关闭 Statement 和数据库连接
//省略关闭 Statement 和数据库连接语句
}}}
```

17.3.3 使用 Statement 和 ResultSet 查询所有鲜花

要查询并输出鲜花表中所有鲜花的信息，首先还是创建 Statement 对象，然后调用 executeQuery (String sql)方法执行查询操作，返回值是结果集 ResultSet 对象。

ResultSet 可以理解为由查询结果组成的一个二维表，每行代表一条记录，每列代表一个字段，并且存在一个光标，光标所指行为当前行，只能对结果的当前行数据进行操作。光标初始位置是第一行之前（而不是指向第一行），通过 ResultSet 的 next()方法可以使光标向下移动一行，然后通过一系列 get×××()方法实现对当前行各列数据的操作。

若执行 next()后光标指向结果集的某一行，则返回 true；否则返回 false。若光标已指向结果集最后一行，再次调用 next()方法，光标会指向最后一行的后面，此时返回 false。

get×××()方法提供了获取当前行中某列值的途径，列号或列名可用于标识要从中获取数据的列，×××代表基本数据类型名，如 int、float 等，也可以是 String。例如，如果结果集中第一列的列名为 id（存储类型为整型），那么可以使用两种方法获取存储在该列中的值，如“int id=rs.getInt(1)”或者“int id=rs.getint("id")”，采用列名来标识列可读性强，建议多采用这种方式。代码如例 5 所示。

示例 5

```
import java.sql.Connection;
import java.sql.DriverManager;
import java.sql.ResultSet;
import java.sql.SQLException;
import java.sql.Statement;
import org.apache.log4j.Logger;
/**
 * 使用 Statement 的 executeQuery()方法查询并输出鲜花信息
 */
public class Test5 {
    private static Logger logger = Logger.getLogger(Test5.class.getName());
    public static void main(String[] args) {
        Connection conn = null;
        Statement stmt = null;
        ResultSet rs = null;
        // 1.加载驱动
        try {
            Class.forName("com.mysql.jdbc.Driver");
        } catch (ClassNotFoundException e) {
            logger.error(e);
        }
        try {
            // 2.建立连接
            conn = DriverManager.getConnection(
                    "jdbc:mysql://localhost:3306/flowerShop",
                    "root", "0000");
            // 3.查询并输出鲜花信息
            stmt = conn.createStatement();
            rs = stmt.executeQuery("select * from flower");
            System.out.println("\t\t 鲜花信息列表");
            System.out.println("编号\t 鲜花名称\t 鲜花类型 \t 顾客编号\t 商店编号\t 价格");
            while (rs.next()) {
                System.out.print(rs.getInt(1)+ "\t");
                System.out.print(rs.getString(2)+ "\t");
                System.out.println(rs.getString("typeName"));
                System.out.print(rs.getInt("owner_id")+ "\t");
                System.out.print(rs.getInt("store_id")+ "\t");
                System.out.println(rs.getString("price"));
            }
        } catch (SQLException e) {
            logger.error(e);
```

```
        } finally {
            // 4.关闭 Statement 和数据库连接
            try {
                if (null != rs) {
                    rs.close();
                }
                if (null != stmt) {
                    stmt.close();
                }
                if (null != conn) {
                    conn.close();
                }
            } catch (SQLException e) {
                logger.error(e);
            }
        }
    }
}
```

ResultSet 接口的常用方法及作用如表 17.5 所示。

表 17.5　　ResultSet 接口的常用方法及作用

方法名称	说明
boolean next()	将游标从当前位置向下移动一行
boolean previous()	将游标从当前位置向上移动一行
void close()	关闭 ResultSet 对象
int getInt(int colIndex)	以 int 形式获取结果集当前行指定列号值
int getInt(String colLabel)	以 int 形式获取结果集当前行指定列名值
float getFloat(int colIndex)	以 float 形式获取结果集当前行指定列号值
float getFloat(String colLabel)	以 float 形式获取结果集当前行指定列名值
String getString(int colIndex)	以 String 形式获取结果集当前行指定列号值
String getString(String colLabel)	以 String 形式获取结果集当前行指定列名值

作为一种好的编程风格，应该在不需要 ResultSet 对象、Statement 对象和 Connection 对象时显式地关闭它们，语法形式为

```
void close()throws SQLException
```

要按先 ResultSet 结果集，后 Statement，最后 Connection 的顺序关闭资源，因为 ResultSet 是通过 Statement，执行 SQL 命令得到的，而 Statement 是要在创建连接后才可以使用的，所以三者之间存在相互依存的关系，关闭时也必须按照依存关系进行。

用户如果不关闭 ResultSet，当 Statement 关闭、重新执行或用于从多结果序列中获取下一个结果时，该 ResultSet 将被自动关闭。

17.4　PreparedStatement 接口

PreparedStatement 接口继承自 Statement 接口，PreparedStatement 比普通 Statement 对象使用起来更加灵活，更有效率。

17.4.1 为什么要使用 PreparedStatement 接口

我们首先通过示例来看一下使用 Statement 接口的一个缺点，要求顾客根据控制台提示输入用户名和密码，若输入正确，则输出："登录成功，欢迎您!"否则输出："登录失败，请重新输入"。

具体代码如示例 6 所示。

示例 6

```
import java.sql.Connection;
import java.sql.DriverManager;
import java.sql.ResultSet;
import java.sql.SQLException;
import java.sql.Statement;
import java.util.Scanner;
import org.apache.log4j.Logger;
/**
 * 使用 Statement 安全性差，存在 SQL 注入隐患
 */
public class Test6 {
    private static Logger logger = Logger.getLogger(Test6.class.getName());
    public static void main(String[] args) {
        Connection conn = null;
        Statement stmt = null;
        ResultSet rs = null;
        //根据控制台提示输入用户账号和密码
        Scanner input = new Scanner(System.in);
        System.out.println("\t 顾客登录");
        System.out.print("请输入姓名：");
        String name=input.next();
        System.out.print("请输入密码：");
        String password=input.next();
        // 加载驱动
        try {
            Class.forName("com.mysql.jdbc.Driver");
        } catch (ClassNotFoundException e) {
            logger.error(e);
        }
        try {
            //建立连接
            conn = DriverManager.getConnection(
                    "jdbc:mysql://localhost:3306/flowerShop",
                    "root", "0000");
            // 判断顾客登录是否成功
            stmt = conn.createStatement();
            String sql="select * from flowerOwner where name='"+name+
                            "' and password='"+password+"'";
            System.out.println(sql);
            rs = stmt.executeQuery(sql);
            if(rs.next())
                System.out.println("登录成功，欢迎您！");
            else
                System.out.println("登录失败，请重新输入！");
        } catch (SQLException e) {
```

```
                logger.error(e);
            } finally {
                //关闭 Statement 和数据库连接
                try {
                    if (null != stmt) {
                        stmt.close();
                    }
                    if (null != conn) {
                        conn.close();
                    }
                } catch (SQLException e) {
                    logger.error(e);
                }
            }
        }
    }
```

若正确输入用户名和密码，则显示登录成功，运行结果如下。

```
顾客登录
请输入姓名：小红
请输入密码：123
Select * from flowerOwner where name='小红'and password='123'
登录成功，欢迎您！
```

可是如果输入了精心设计的内容，即使用户名和密码都是错误的，仍旧可以显示登录成功，如下面运行结果所示。

```
顾客登录
请输入姓名：小红
请输入密码：123 'or'1=1
Select * from flowerOwner where name='小红'and password='123'or'1'='1'
登录成功，欢迎您！
```

这就是典型的 SQL 注入攻击。原因是在使用 Statement 接口方法时要进行 SQL 语句的拼接，不仅拼接烦琐，容易出错，还存在安全漏洞。而使用 PreparedStatement 接口就不存在这个问题，PreparedStatement 接口的优点还不仅如此，我们会在随后的章节中讲解两种接口的其他区别。

17.4.2　使用 PreparedStatement 接口更新鲜花信息

以上介绍了 PreparedStatement 接口的优点，在使用 PreparedStatement 接口之前，应掌握其常用方法，如表 17.6 所示。

表 17.6　PreparedStatement 接口的常用方法

方法名称	作用
boolean execute()	在此 PreparedStatement 对象中执行 SQL 语句，语句可以是任何 SQL 句。如结果是 Result 对象，则返回 true；如没有结果，则返回 false
ResultSet executeQuery()	在此 PreparedStatement 对象中执行 SQL 查询，并返回该查询生成的 ResultSet 对象
int executeUpdate()	在此 PreparedStatement 对象中执 SQL 语句，该语句必须是一个 DML 语句，如 INSERT、UPDATE 或 DELIETE 语句或者是无返回内容的 SQL 语句，如 DDL 语句。返回值是执行该操作影响的行数

续表

方法名称	作用
void setInt(int index,int x)	将指定参数设为指定 Java int 值，设置其他类型参数的方法与此类似，如 setFloat(int index,float x)、setDouble(int index,double x)等
void setObject (int index,Object x)	使用给定对象设置指定参数的值

使用 PreparedStatement 操作数据库的基本步骤如下。

1. 创建 PreparedStatement 对象

通过 Connection 接口的 preparestatement(String sql)方法来创建 PreparedStatement 对象，SQL 语句可具有一个或多个输入参数。这些输入参数的值在 SQL 语句创建时未被指定，而是为每个输入参数保留一个问号（?）作为占位符。

以下的代码段（其中 con 是 Connection 对象）将创建包含带有 3 个输入参数的 SOL 语句的 PreparedStatement 对象。

```
    PreparedStatement pstmt=conp.preparestatement("UPDATE flower SET owner_id=?, store
_id=? WHERE id=?");
```

2. 设置每个输入参数的值

通过调用 set×××()方法来完成，其中，×××是与该参数相应的类型。例如，若参数是 String 类型，则使用的方法就是 setString()。set×××()方法的第一个参数是要设置参数的序数位置（从 1 开始计数），第二个参数是设置给该参数的值。例如，以下代码将第一个参数设为整型值 1，第二个参数设为整型值 2，第三个参数设为整型值 1。

```
    pstmt.setInt(1,1);
    pstmt.setInt(2,2);
    pstmt.setInt(3,1);
```

3. 执行 SQL 语句

在设置了各个输入参数的值后，就可以调用 PreparedStatement 接口的 3 个执行方法 ResultSet executeQuery()、int executeUpdate()、boolean execute()之一来执行 SQL 语句。

注意，这 3 个执行方法和 Statement 接口中的 3 个方法名称相同、作用相同，但是不需要 SQL 语句作为参数，SQL 语句已经在创建对象 PreparedStatement 时指定了。例如：

```
    pstmt.executeUpdate();
```

创建 PreparedStatement 对象时会对 SQL 语句进行预编译，所以执行速度要快于 Statement 对象。因此，如果在程序中需要多次执行 SQL 语句，应使用 PreparedStatement 对象来执行数据库操作，以提高效率。代码如示例 7 所示。

示例 7

```
    import java.sql.Connection;
    import java.sql.DriverManager;
    import java.sql.PreparedStatement;
    import java.sql.SQLException;
    import org.apache.log4j.Logger;

    /**
     * 使用 PreparedStatement 更新鲜花信息
     */
```

```
public class Test7 {
    private static Logger logger = Logger.getLogger(Test7.class.getName());
    public static void main(String[] args) {
        Connection conn = null;
        PreparedStatement pstmt = null;
        conn = DriverManager.getConnection(
                "jdbc:mysql://localhost:3306/flowerShop",
                "root", "0000");
            //更新鲜花信息到数据库
            String sql="update flower set owner_id=?,store_id=? where id=?";
            pstmt = conn.prepareStatement(sql);
            pstmt.setInt(1, 1);
            pstmt.setInt(2, 2);
            pstmt.setInt(3, 1);
            pstmt.executeUpdate();
            pstmt.setInt(1, 2);
            pstmt.setInt(2, 1);
            pstmt.setInt(3, 2);
            pstmt.executeUpdate();
            logger.info("成功更新鲜花信息！");
        } catch (SQLException e) {
            logger.error(e);
        } finally {
            //关闭 Statement 和数据库连接
            try {
                if (null != pstmt) {
                    pstmt.close();
                }
                if (null != conn) {
                    conn.close();
                }
            } catch (SQLException e) {
                logger.error(e);
            }
        }
    }
```

与 Statement 接口相比，PreparedStatement 接口有以下几个优点。

（1）提高了代码的可读性和可维护性。虽然使用 PreparedStatement 接口来代替 Statement 接口会多几行代码，但避免了烦琐又容易出错的 SQL 语句拼接，提高了代码的可读性和可维护性。

（2）提高了 SQL 语句执行的性能。创建 Statement 对象时不使用 SQL 语句作为参数，不会解析和编译 SQL 语句，每次调用方法执行 SQL 语句时都要进行 SQL 语句解析和编译操作，操作相同，仅仅是数据不同。

创建 PreparedStatement 对象时使用 SQL 语句作为参数，会解析和编译该 SQL 语句，也可以使用带占位符的 SQL 语句作为参数，在通过 set×××()方法给占位符赋值后，执行 SQL 语句时无须再解析和编译 SQL 语句，可直接执行，多次执行相同操作可以大大提高性能。

（3）提高了安全性。PreparedStatement 接口使用预编译语句，传入的任何数据都不会和已经预编译的 SQL 语句进行拼接，避免了 SQL 注入攻击。

- JDBC 由一组使用 Java 语言编写的类和接口组成，可以为多种关系数据库提供统一访问。
- Sun 公司提供了 JDBC 的接口规范——JDBC API，而数据库厂商或第三方中间件厂商提供针对不同数据库的具体实现 JDBC 的驱动。

- JDBC 访问数据库的步骤：加载 JDBC 驱动，与数据库建立连接，创建 Statement 或 PreparedStatement 对象，发送 SQL 语句，得到返回结果，处理返回结果。
- 纯 Java 驱动方式运行速度快，支持跨平台操作，是目前常用的方式。但是每个 JDBC 驱动只对应一种数据库，甚至只对应某个版本的数据库。
- 数据库操作结束后，应该关闭数据库连接，释放系统资源。为了确保程序的执行，关闭数据库连接的语句要放到 finally 语句块中。
- Connection 接口负责连接数据库并承担传送数据的任务。
- Statement 接口负责执行 SQL 语句。ResultSet 接口负责保存和处理 Statement 接口执行后所产生的查询结果。
- PreparedStatement 接口继承自 Statement 接口，提高了代码的可读性和可维护性，以及 SQL 语句的执行性能和安全性能。

课后习题

1. 根据你的理解，说明 Statement 接口和 PreparedStatement 接口的区别。
2. 顾客根据控制台提示输入用户名和密码，如果输入正确，则输出：“用户登录成功！”否则输出“用户登录失败”。使用 PreparedStatement 接口实现该操作，避免 SQL 注入。

第 18 章 分层架构

本章学习目标：

- 掌握 DAO 模式；
- 掌握分层开发的优势和原则；
- 能使用实体类传递数据；
- 掌握数据访问层的职责。

18.1 三层架构

DAO 1

在生活中，分层处理的情况比比皆是，如餐厅就可以分为服务生、厨师、采购员 3 个层次。他们各司其职，依次配合，共同工作，保证餐厅正常运作，某一类人员的变动不会对其他人产生影响。例如，一个服务员辞职或者请假，可以再去招聘一个来替代，不会让餐厅经营不下去。这就是分工的好处。

再以制作面包为例，面包的制作需要一系列的加工工序：首先是奶牛场产出牛奶，养鸡场提供鸡蛋，面粉厂加工面粉，这些原料是采购员去买的；其次是面包师将原料烘烤加工成面包；最后是服务员将面包放在柜台上出售。可以把这个例子和软件开发的 3 层架构相比较，可以将原料加工成面包的过程看作业务逻辑层，如图 18.1 所示。

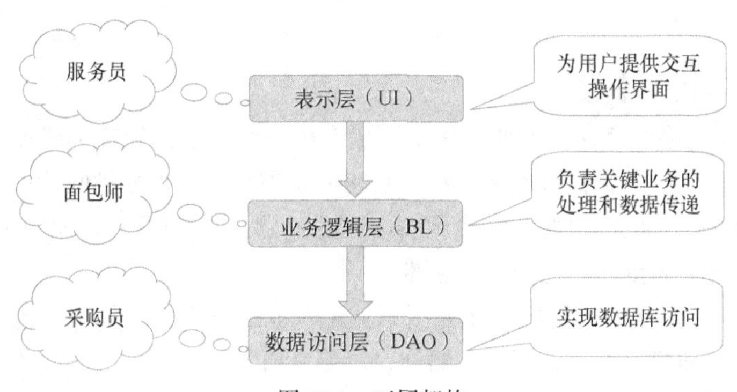

图 18.1 三层架构

- 表示层（UI）：位于系统的最外层，离用户最近，提供软件系统与用户交互的界面，负责接收用户的输入，将输出呈现给用户，以及访问安全性验证。
- 业务逻辑层（BL）：表示层和数据访问层之间的桥梁，负责数据处理和传递。专门用来处理用户输入的信息并将这些信息发送给数据访问层进行保存，或是通过数据访问层读取数据，将多个原子性的 DAO 操作进行组合，组成一个完整的业务逻辑。

- 数据访问层（DAO）：提供多个原子性的 DAO 操作，如增加、删除、修改等。

3 层架构各层之间的依赖关系如图 18.2 所示。

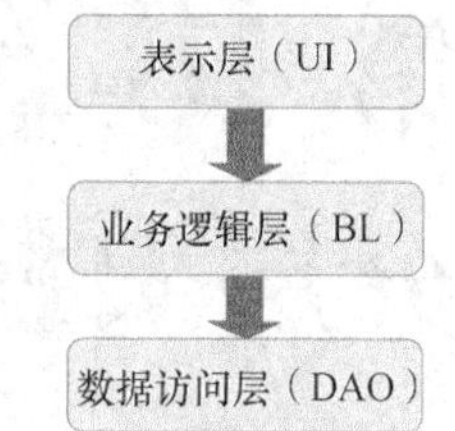

图 18.2　各层之间的依赖关系

分层开发有什么特点和优势呢？想要了解分层的本质，就不得不提分工。分工可以说是劳动生产力上最大的改良，如在多人开发的项目中，数据访问层、业务逻辑层、表示层分别由不同成员来完成，各司其职，每个人可以从事其最擅长的工作，使得开发效率和质量大幅度提升。然而，随着社会的发展，我们发现某些特殊形式的分工不但可以提高生产力，还有另外一些好处。以面包厂制作面包为例，如果自底向上看，主要的分工包括基础物质资料的种植生产、原料加工、面包加工和商业销售，如图 18.3 所示。

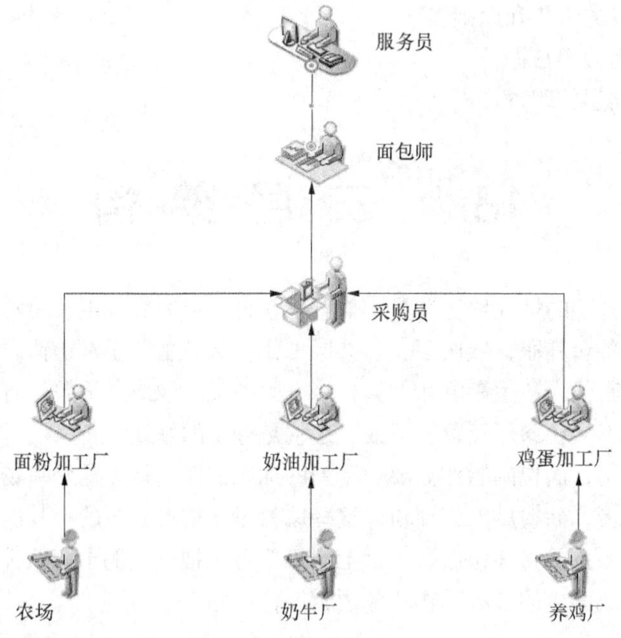

图 18.3　面包生成流程

分层开发的特点总结如下。

- 下层不知道上层的存在。例如，奶牛厂生产牛奶，它不必知道牛奶被拿去做什么，牛奶可能被奶油厂收购去做奶油，也可能被雪糕厂收购去做雪糕，还可能被收购去做奶糖。总之，它只管完成自己的职责——生产牛奶，而对于它的上层一无所知。同样，奶油加工厂只管生产奶油，它不必知道奶油被拿去做蛋糕还是做摩卡咖啡。

- 每一层仅仅知道它下一层的存在，而不知道其他的下层。例如，面包厂的采购员只需知道从面粉厂、奶油厂和鸡蛋厂采购面粉、奶油、鸡蛋就行了，而不必关心面粉、奶油是怎么来的这些问题。

综上所述，所谓分层思想，就是这样的一种分工：它将系统按不同的职责组织成有序的层次，其中除最上层外，每一层仅提供若干服务供其相邻的上层使用，但不知道其他上层的存在；除最下层外，每一层仅调用其临近下层的服务。

请注意，从以上两个特点可以知道，分层架构的各层间通常是不允许跨层次访问的。在面包的例子中，面包师如果直接从面粉加工厂买面粉，从牛奶加工厂场买牛奶，撇开采购员，那么分工协作将遭到破坏，就会出现种种问题。软件开发也是如此，如果跨层调用，分层就失去了意义。

下面分析一下分层架构的主要优点。

（1）代码复用。面粉加工厂可以为面包厂提供面粉，也可以为馒头厂提供面粉，这样，同样的层就可以为不同的上层提供服务，达到了复用的目的。具体到程序中，如气象局制作发布了一个 Service Layer（服务层），用于提供天气预告信息。这样新浪、搜狐这些网站可以利用这个服务层提供的服务，制作天气预告页面。QQ 也可以利用这个服务在它的聊天工具上添加天气预告。如果你自制一个软件需要用到天气预告功能，也可以调用气象台的 Service Layer。

（2）分离开发人员的关注。由于每一层仅仅调用其相邻下一层所提供的服务，因此，只要本层的 API 和相邻下一层的 API 定义完整，开发人员在开发某一层时就可以集中关注这一层所用的思想、模式和技术，这样就等同于将分工带来的生产力提高优势引入软件开发。又如制作面包的例子，作为面包师，只要知道下层 API（从采购员处获得原材料）和本层需要实现的 API（制作面包），就可以制订自己的业务模式和策略计划了，而不必关心如何获取原材料等。任务如此专一，必然提高业务水平。

（3）无损替换。想象一下，如果某家奶牛厂倒闭了，奶油加工厂也要跟着倒闭吗？当然不会，它可以迅速更换一家奶牛厂，因为各个奶牛厂都可以实现“提供牛奶”这项服务。程序开发也是同样的道理，如将控制台程序改为窗体程序，数据访问层和业务逻辑层无须改变，只需改变表示层即可。

（4）降低了系统间的依赖。仍以面包厂制作面包为例，如果某天奶油加工厂的内部加工流程变了，请问采购员需要关心吗？显然不用，因为采购员只需采购奶油，奶油加工厂隐藏了奶油的加工细节。在程序中，就如表示层只管调用下层的服务，至于以下还有几层，各种数据是怎么来的，怎么存的，是真实的还是捏造的，都不需要了解，这就大大降低了系统各职责之间的依赖。

分层开发的优势是建立在合理分层的基础上的，不合理的分层可能适得其反，会加大开销，延长开发时间。分层时应该坚持哪些原则呢？我们还是从日常生活案例谈起，如计算机由硬件、操作系统、应用软件 3 个层次组成，这种分层有如下特点。

（1）每一层都有自己的职责。例如，硬件负责存储、运算、通信等，而操作系统负责硬件，应用软件工作在操作系统上，实现业务功能，满足用户需要。

（2）上一层不用关心下一层的实现细节，上一层通过下一层提供的对外接口功能提供服务。应用软件不用知道操作系统是如何管理硬件的，而操作系统也无须关心硬件的具体生产流程。

（3）上一层调用下一层的功能，下一层不能调用上一层的功能，下一层为上一层提供服务，而不使用上一层提供的服务。

18.2　数据访问层

DAO 2

上一章的案例实现了使用 JDBC 技术将程序中的数据持久化保存到 MySQL 数据库，以及使用 Java 程序对数据库中的数据持久化操作，包括保存、删除、修改、读取和查找等，但是，程序持久化数据可能保存到不同的数据库平台，如 Oracle、SQL Server 等。另外，业务代码和数据访问代码完全耦合在一起，代码结构不清晰，为后期修改和维护带来不便。那么如何才能提高程序的可读性和可维护性，且方便在不同数据库之间切换呢？下面就结合鲜花信息的持久化介绍一种常用的解决方案。

首先要定义统一的、抽象的 API。这里可以将操作数据的代码抽象成接口，业务处理代码只需调用这些接口就可以实现对数据的访问，从而隔离实现细节。采用面向接口编程，可以降低代码间的耦合性，提高代码的可扩展性和可维护性。

例如，可将对花店所有操作抽取成接口，如示例 1 所示。

示例 1

```
public interface FlowerDao{
public abstract int save(Flower flower);
public abstract int del(Flower flower);
public abstract int update(Flower flower);
public abstract List<Flower> getAllFlower();
public abstract List<Flower> selectFlower(Flower flower);
public abstract int updateFlower(Flower flower);
}
```

应尽量以对象为单位，而不是以属性为单位来传递参数，给调用者提供面向对象的接口。例如，以上类中的 save(Flower flower)、del(Flower flower)和 update(Flower flower)方法直接以对象 flower 为形参。可以想象，如果以 Flower 类的各个属性为形参进行传递，不仅会导致参数个数增多，还会增加接口和实现类中方法的数量等。

应该由哪个类来实现 FlowerDao 接口呢？让实体类 Flower 实现不合适，因为这违反了单一职能原则，不利于程序的“低耦合、高内聚”。通常是重新创建类，考虑不同数据库实现代码的差异性，可定义实现类如 FlowerDaoImpl、FlowerDaoOracleImpl，并分别给出该接口的不同实现。

定义的接口名和类名太长了，可以简化为 FlowerDao、FlowerDaoImpl、FlowerDaoOracleImpl，这样既缩短了名称长度，又不影响可读性。

FlowerDao 接口及两个实现类的关系可以用图 18.4 所示的类图表示。

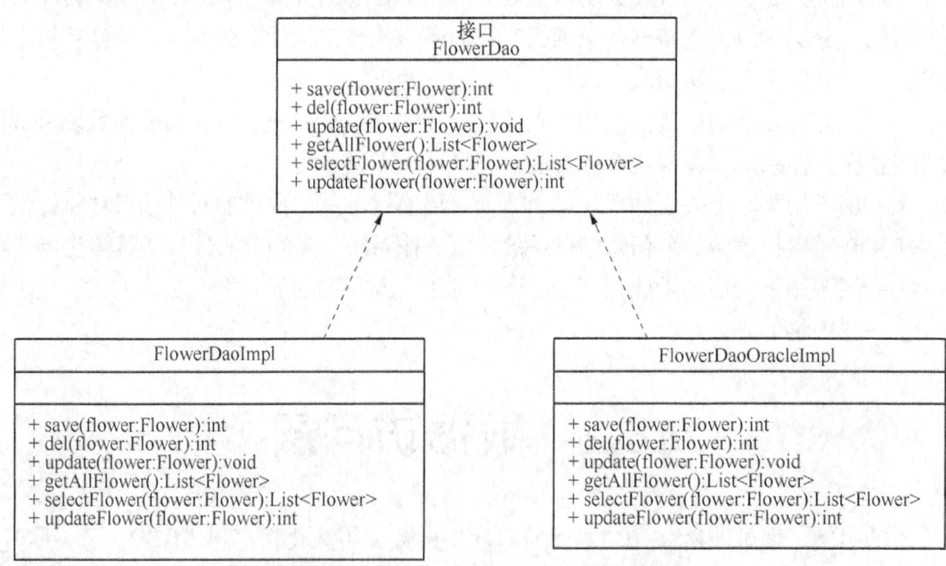

图 18.4　FlowerDao 接口及两个实现类的关系

FlowerDao 接口代码如示例 2 所示。

示例 2

```
package com.ssdult.eflowerShop.dao;
import java.util.List;
import com.ssdult.eflowerShop.entity.Flower;
public interface FlowerDao {
/**
     *保存鲜花信息
     */
public abstract int save (Flower flower);
/**
*删除一条鲜花记录
 */
public abstract int del(Flower flower);
/**
*更新鲜花信息
*/
public abstract int update(Flower flower);
     /**
      * 查询所有鲜花信息
      */
     public abstract List<Flower> getAllFlower();
     /**
      * 根据已知鲜花的信息查询鲜花信息
      */
     public abstract List<Flower> selectFlower(String sql, String[] param);
     /**
      * 根据传递参数更新鲜花信息
      */
     public abstract int updateFlower(String sql, Object[] param);

}
```

FlowerDao 接口的实现类 FlowerDaoImpl 的代码如示例 3 所示。示例仅给出了获取所有鲜花信息，根据传递参数查询鲜花和更新鲜花信息的方法，其他方法代码省略。

示例 3

```
package com.ssdult.eflowerShop.dao.impl;
import java.sql.Connection;
import java.sql.PreparedStatement;
import java.sql.ResultSet;
import java.sql.SQLException;
import java.util.ArrayList;
import java.util.List;
import com.ssdult.eflowerShop.dao.BaseDao;
import com.ssdult.eflowerShop.dao.FlowerDao;
import com.ssdult.eflowerShop.entity.Flower;

/**
 * FlowerDao 针对 MySQL 数据库的实现类
 */
public class FlowerDaoImpl extends BaseDao implements FlowerDao{
private Connection conn = null; // 保存数据库连接
private PreparedStatement pstmt = null; // 用于执行 SQL 语句
```

```
private ResultSet rs = null; // 用于保存查询结果集
/**
 * 查询所有鲜花
 */
@Override
public List<Flower> getAllFlower() {
    List<Flower> flowerList = new ArrayList<Flower>();
    try {
    String preparedSql = "select id,name,typeName,owner_id,store_id,price from flower ";
    conn = getConn(); // 得到数据库连接
    pstmt = conn.prepareStatement(preparedSql); // 得到 PreparedStatement 对象
    rs = pstmt.executeQuery(); // 执行 SQL 语句
while (rs.next()) {
          Flower flower = new Flower();
         flower.setId(rs.getInt(1));
         flower.setName(rs.getString(2));
         flower.setTypeName(rs.getString(3));
         flower.setOwnerId(rs.getInt(4));
         flower.setStoreId(rs.getInt(5));
         flower.setPrice(rs.getDouble(6));
         flowerList.add(flower);
        }
       } catch (SQLException e) {
          e.printStackTrace();
       } catch (ClassNotFoundException e) {
          e.printStackTrace();
       } finally {
          super.closeAll(conn,pstmt,rs);
       }
       return flowerList;
    }
/**
 * 根据参数查询符合条件的鲜花
 */
    @Override
    public List<Flower> selectFlower(String sql, String[] param) {
        List<Flower> flowerList = new ArrayList<Flower>();
        try {
        conn = getConn(); // 得到数据库连接
        pstmt = conn.prepareStatement(sql); // 得到 PreparedStatement 对象
        if (param != null) {
            for (int i = 0; i < param.length; i++) {
                 pstmt.setString(i + 1, param[i]); // 为预编译 sql 设置参数
            }
        }
        rs = pstmt.executeQuery(); // 执行 SQL 语句
        while (rs.next()) {
          Flower flower = new Flower();
          flower.setId(rs.getInt(1));
          flower.setName(rs.getString(2));
          flower.setTypeName(rs.getString(3));
          flower.setOwnerId(rs.getInt(4));
          flower.setStoreId(rs.getInt(5));
          flower.setPrice(rs.getDouble(6));
```

```
                flowerList.add(flower);
                  }
            } catch (SQLException e) {
                e.printStackTrace();
            } catch (ClassNotFoundException e) {
                e.printStackTrace();
            } finally {
                super.closeAll(conn,pstmt,rs);
            }
            return flowerList;
        }
        /**
         * 更新鲜花信息
         */
        @Override
        public int updateFlower(String sql,Object[] param) {
            int count = super.executeSQL(sql, param);
            return count;
        }
    }
    //省略 FlowerDao 的其他方法
    }
```

示例 2 和示例 3 都用到了实体类 Flower，该类的属性与数据库表 flower 的字段对应，并提供相应的 getter、setter 方法，用来存放与传输鲜花对象的信息，Flower 类的代码如示例 4 所示。

示例 4

```
package com.ssdult.eflowerShop.entity;
/**
 * 鲜花实体类
 */
public class Flower {
    /**
     * 鲜花标识符
     */
    private long id;
    /**
     * 鲜花名称
     */
    private String name;
    /**
     * 鲜花类别
     */
    private String typeName;
    /**
     * 鲜花所属顾客标识符
     */
    private int OwnerId;
    /**
     * 鲜花所属鲜花商店标识符
     */
    private long storeId;
/**
     * 鲜花价格
```

```
     */
    private double price;
    public long getId() {
        return id;
    }
    public void setId(long id) {
        this.id = id;
    }
    public String getName() {
        return name;
    }
    public void setName(String name) {
        this.name = name;
    }
    public String getTypeName() {
        return typeName;
    }
    public void setTypeName(String typeName) {
        this.typeName = typeName;
    }
    public int getOwnerId() {
        return ownerId;
    }
    public void setOwnerId(int ownerId) {
        this.ownerId = ownerId;
    }
    public long getStoreId() {
        return storeId;
    }
    public void setStoreId(long storeId) {
        this.storeId = storeId;
    }
    public double getPrice() {
        return price;
    }
    public void setPrice(double price) {
        this.price = price;
    }
}
```

在示例 4 中，FlowerDaoMySQLImpl 类的各个方法都会涉及数据库连接的建立和关闭操作，一方面代码重复导致开发效率低下；另一方面，代码重复也不利于以后的修改。可以把数据库连接的建立和关闭操作提取出来，放到一个专门类 BaseDao 中。另外，在进行增、删、改的方法中，操作数据库的步骤相同，返回结果都是影响行数，只是使用的 SQL 语句不同，我们可以编写一个增、删、改的通用方法，放到 BaseDao 类中，再让 FlowerDaoImpl 继承 BaseDao 类。

这样一来，在 FlowerDaoImpl 中需要建立和关闭数据库连接时只调用相应的方法即可。在执行增、删、改操作时，调用增、删、改的通用方法，传入不同参数即可。具体代码如示例 5 和示例 6 所示。

示例 5

```
package com.ssdult.eflowerShop.dao;
import java.sql.Connection;
import java.sql.DriverManager;
```

```
import java.sql.PreparedStatement;
import java.sql.ResultSet;
import java.sql.SQLException;
import java.sql.Statement;
/**
 * 数据库连接与关闭工具类
*/
public class BaseDao {
    private String driver = "com.mysql.jdbc.Driver";// 数据库驱动字符串
    private String url = "jdbc:mysql://localhost:3306/flowershop ";// 连接 URL 字符串
    private String user = "root"; // 数据库用户名
    private String password = "0000"; // 用户密码
    Connection conn = null;      // 数据连接对象
    /**
     * 获取数据库连接对象
     */
    public Connection getConnection() {
        if(conn==null) {
            // 获取连接并捕获异常
            try {
                Class.forName(driver);
                conn = DriverManager.getConnection(url,user,password);
            } catch (Exception e) {
                e.printStackTrace();                    // 异常处理
            }
        }
        return conn;                                    // 返回连接对象
    }
    /**
     * 关闭数据库连接
     * @param conn 数据库连接
     * @param stmt Statement 对象
     * @param rs 结果集
     */
    public void closeAll(Connection conn, Statement stmt,
                ResultSet rs) {
        // 若结果集对象不为空，则关闭
        if (rs != null) {
            try {
                rs.close();
            } catch (Exception e) {
                e.printStackTrace();
            }
        }
        // 若 Statement 对象不为空，则关闭
        if (stmt != null) {
            try {
                stmt.close();
            } catch (Exception e) {
                e.printStackTrace();
            }
        }
```

```
        // 若数据库连接对象不为空，则关闭
        if (conn != null) {
            try {
                conn.close();
            } catch (Exception e) {
                e.printStackTrace();
            }
        }
    }
    /**
     * 增、删、改的操作
     * @param preparedSql 预编译的 SQL 语句
     * @param param 参数的 Object 对象数组
     * @return 影响的行数
     */
    public int exceuteUpdate (String preparedSql, Object[] param) {
        PreparedStatement pstmt = null;
        int num = 0;
        conn =  getConnection();
        try {
            pstmt = conn.prepareStatement(preparedSql);
            if (param != null) {
                for (int i = 0; i < param.length; i++) {
                        //为预编译 SQL 设置参数
                    pstmt.setObject(i + 1, param[i]);
                }
            }
            num = pstmt.executeUpdate();
        } catch (SQLException e) {
            e.printStackTrace();
        } finally{
            closeAll(conn,pstmt,null);
        }
        return num;
    }
}
```

在示例 5 的代码中，preparedSql 是增、删、改时传入的预编译的 SQL 语句，param 是预编译的 SQL 语句中参数的 Object 对象数组，在 exceuteUpdate()方法中，通过循环，为预编译 SQL 设置参数。

示例 6

```
public class FlowerDaoImpl extends BaseDao implements FlowerDao{
    public int updateFlower(String sql, Object[] param) {
        int count = super.executeSQL(sql,param);
        return count;
    }
//省略实现 PetDao 的其他方法
}
```

在示例 6 的代码中，实现更新鲜花时，调用继承自 BaseDao 的 exceuteUpdate()方法，并传入新的预编译的 SQL 语句和参数的 Object 对象数组。最后，编写测试类调用接口实现对数据的操作，示例 7 实现了修改编号为 1 的鲜花信息。从中可以看出，业务逻辑与数据访问细节完全分离。

示例 7

```
package com.ssdult.eflowerShop
import com.ssdult.eflowerShop.dao.FlowerDao;
import com.ssdult.eflowerShop.dao.impl.FlowerDaImpl;
import com.ssdult.eflowerShop.entity.Flower;
/**
 * 测试类
 */
public class Test {
    public static void main(String[] args) {
        FlowerDao flowerDao = new FlowerDaoImpl();
        Flower flower = new Flower();
        flower.setId(1);
        flower.setPrice(125);
        flowerDao.update(flower);
    }
}
```

通过以上示例，我们已经在使用一种非常流行的数据访问模式——DAO 模式，对该模式的总结如下。

DAO（Data Access Objects，数据存取对象）位于业务逻辑和持久化数据之间，实现对持久化数据的访问，通俗来讲，就是将数据库操作都封装起来，对外提供相应的接口。

在面向对象程序设计过程中，有一些“套路”用于解决特定问题，称为模式。DAO 模式提供了访问关系型数据库系统所需操作的接口，将数据访问和业务逻辑分离，对上层提供面向对象的数据访问接口。

从以上 DAO 模式的使用可以看出，DAO 模式的优势就在于它实现了两次隔离。

- 隔离了数据访问代码和业务逻辑代码。业务逻辑代码直接调用 DAO 方法即可，完全感觉不到数据库表的存在；分工明确，数据访问层代码变化不影响业务逻辑层代码，这符合单一职能原则；降低了耦合性，提高了可复用性。
- 隔离了不同数据库的实现，采用面向接口编程。如果底层数据库变化，如由 MySQL 变成 Oracle，只要增加 DAO 接口的新实现类即可，原有 MySQL 实现不用修改。这符合“开闭”原则，降低了代码的耦合性，提高了代码扩展性和系统的可移植性。

一个典型的 DAO 模式主要由以下几部分组成。

- DAO 接口：把对数据库的所有操作定义成抽象方法，可以提供多种实现。
- DAO 实现类：针对不同数据库给出 DAO 接口定义方法的具体实现。
- 数据库连接和关闭工具类：避免了数据库连接和关闭代码的重复使用，方便修改。
- 实体类：用于存放与传输对象数据。

18.3　Properties 类

DAO 3

在示例 3 中，使用 JDBC 访问数据库时，把驱动程序的 URL、用户名、密码写在程序代码中，那么在换用其他数据库或用户时，必须重新修改并编译程序，这显然为程序开发带来了不便。那么是否能够让用户脱离程序本身去修改相关的变量设置？在 Java 中，有个比较重要的类，即 Properties 类，它可以实现读取 Java

配置文件，这样我们就可以把常用的配置信息写在配置文件中以方便维护和修改。

18.3.1 Properties 配置文件

Java 中的配置文件常为 Properties 文件，格式为文本文件，文件内容的格式是“键=值”格式，注释信息可以用“#”来注释。例如，添加名为 database.properties 的数据库配置文件，步骤如下。

1. 添加.properties 文件

在 Eclipse 中选中项目 src 文件夹右击，在弹出的快捷菜单中选择“New”→“File”命令，在打开的“新建文件”窗口中输入“database.properties”，单击“finish”按钮；也可以创建一个文本文件，改名为“database.properties”（扩展名为.properties），复制粘贴到项目目录中。

2. 添加文件内容

向配置文件中添加配置信息，如将示例 3 中添加驱动程序的 URL、用户名、密码添加到 database.properties 配置文件中，代码如下。

```
driver=com.mysql.jdbc.Driver
url=jdbc:mysql://localhost:3306/flowershop?useUnicode=true&characterEncoding=UTF-8
username=root
password=0000
```

上述代码中，等号左边的内容称为键，也就是程序中的变量，等号右边的内容为键所对应的值，也就是根据实际情况为变量赋的值。

18.3.2 读取配置文件

Java 提供了 Properties 类来读取配置文件，Properties 类位于 java.util 包中，继承自 Hashtable 类，表 18.1 列出了其常用方法。

表 18.1　　Properties 类的常用方法

方法名称	说明
String getProperty(String key)	用指定的键在此属性列表中搜索属性。通过参数 key 得到其对应的值
Object setProperty(String key, String value)	调用 Hashtable 的方法 put。通过调用基类的 put()方法来设置键-值对
void load(InputStream inStream)	从输入流中读取属性列表 （键和元素对）。通过对指定文件进行装载，获取该文件中所有的键-值对
void clear()	清除所装载的键-值对，该方法由基类 Hashtable 提供

通过使用表 18.1 中的方法，可以实现对配置信息的读取。修改示例 3 中加载 MySQL 驱动并配置参数的代码，如示例 8 所示。

示例 8

```
public class BaseDao {
    //省略变量定义代码
    private     static String driver;
    private     static String url;
    private     static String user;
    private     static String password;
    Connection conn=null;
    static{
```

```
        init();}
    public static void init(){
            Properties params=new Properties();
            String configFile = "database.properties";
            InputStream is=BaseDao.class.getClassLoader()
                                .getResourceAsStream(configFile);
            try {
                params.load(is);
            } catch (IOException e) {//省略部分代码}
            driver=params.getProperty("driver");
            url=params.getProperty("url");
            user=params.getProperty("user");
            password=params.getProperty("password");
        }
    //省略其他方法代码
}
```

示例 8 中，通过 getResourceAsStream(String name)方法获取配置文件“database. properties”的输入流，再通过 load(Inputstream instream)方法从输入流中读取属性列表，然后使用 getProperty (String key)方法读取到相应值，将以上读取配置信息的代码封装在 init()方法中，在静态代码块中调用，保证加载类时就能将数据库配置信息读取到内存。

18.4 使用实体类传递数据

数据访问代码和业务逻辑代码之间通过实体类来传输数据，如本章前面的 Flower 类和 FlowerOwner 类，把相关信息使用实体类封装后，在程序中把实体类作为方法的输入参数或返回结果，非常方便地实现了数据传递。

关于实体类，主要有以下特征。

- 实体类的属性一般使用 private 修饰。
- 根据业务需要和封装性要求对实体类的属性提供 getter/setter 方法，负责属性的读取和赋值，一般使用 public 修饰。
- 对实体类提供无参构造方法，根据业务需要提供相应的有参构造方法。
- 实体类最好实现 java.io.Serializable 接口，支持序列化机制，可以将该对象转换成字节序列而保存在磁盘上或在网络上传输。
- 如果实体类实现 java.io.Serializable 接口，就应该定义属性 serialVersionUID，解决不同版本之间的序列化问题。例如：

```
private static final long serialversionuid=2070056025956126480L:
```

示例 9 提供了一个实体类的标准定义。

示例 9

```
public class User implements java.io.Serializable{
    private static final long serialVersionUID = 2070056025956126480L;
    private int id;
    private String name;
    private int age;
    private String sex;
```

```
    private String address;
    public User(){}
    public User(String name,int age,String sex,String address){
        this.name=name;
        this.age=age;
        this.sex=sex;
        this.address =address;
    }
    //省略 getter/setter 方法
}
```

课后习题

1. 简述 DAO 模式的特点。
2. 简述软件开发中使用分层开发技术的优势。
3. 简述软件开发中使用分层开发技术时需坚持的原则。
4. 简述实体类的作用和主要特征。

第 19 章 综合练习 5：鲜花商店业务管理系统

本章学习目标：

- 使用面向对象思想进行程序设计；
- 设计数据存储结构；
- 使用 MySQL 存储数据；
- 使用 JDBC 操作数据库数据；
- 掌握软件系统三层架构；
- 使用 DAO 实现数据库访问层。

19.1 案例分析

鲜花商店业务管理系统

19.1.1 需求概述

在鲜花商店里，顾客可以卖出、购买鲜花，价格由店方确定。而鲜花的价格也会受市场供需变化的影响，一般品种越珍惜、越娇嫩的鲜花，价格越昂贵。当然，每一笔买入、卖出的业务，商店都会记录在账。商店还可以根据需求自己培育鲜花品种。

随着业务量激增，需要开办多家鲜花商店，但每家商店必须按照“行业标准”来运营，提供的服务必须是一样的。这时，用户只是找一家“鲜花商店”，而非特定哪一家。

鲜花商店项目的具体功能如下。

（1）系统启动：系统启动后，可显示所有顾客、鲜花和鲜花商店信息，并提示两种角色登录，可以是顾客或鲜花商店店主。

（2）顾客功能：选择顾客登录并通过身份验证后，可选择以下功能。

- 购买鲜花：可选择购买库存鲜花或新培育鲜花，确定之后可从鲜花列表中选择要购买的鲜花，从商店中标识该鲜花已卖出，减少顾客的账户余额并记录一条台账信息。
- 卖出鲜花：可选择已有的一朵鲜花，选择卖给哪家鲜花商店，确定信息后修改顾客账户余额、商店现有资金并记录一条台账信息。

（3）鲜花商店功能：选择鲜花商店登录并通过身份验证后，可选择以下功能。

- 购买鲜花：列出所有顾客现有鲜花，从中选择后，修改买卖双方现有余额并记录台账。
- 卖出鲜花：选择卖出的鲜花和卖给哪位顾客后，修改买卖双方现有余额并记录台账。
- 培育鲜花：输入鲜花类型、名称和期望卖出的价格后，即可为该店添加一条新类型的鲜花信息。

- 查询待售鲜花：列出当前鲜花商店待售鲜花。
- 查看商店结余：显示当前鲜花商店账户余额。
- 查看商店账目：列出所有台账中与当前商店相关的信息，包括卖出信息和买入信息。
- 开鲜花商店：输入新的鲜花商店名、密码、创建资金数额，可添加一条商店信息。

19.1.2 开发环境

开发工具为 JDK 1.8、Eclipse 10、MySQL 5.5，开发语言是 Java。

19.1.3 案例覆盖的技能点

- 会使用 SQL 语句创建数据库和表，并添加各种约束。
- 会创建 MySQL 普通用户账号并授权。
- 会使用常用的 SQL 命令操作数据库，如 INSERT、UPDATE、SELECT。
- 会使用类图设计系统。
- 会使用 Java 集合存储和传输数据。
- 会进行 Java 异常处理。
- 会使用 JDBC 操作数据库。
- 会使用 MySQL 存储数据。
- 熟悉三层架构的应用。

19.1.4 问题分析

1. 设计数据库表结构

根据鲜花商店项目需求概述，分析需要保存到数据库中的数据，确定需要保存的内容，包括鲜花信息、顾客信息、鲜花商店信息和账目信息。可以在数据库中创建这 4 个表，具体字段根据业务进行确定。

4 个表的名称可以定义为 Flower、FlowerOwner、FlowerStore、Account，注意主键字段和外键字段的设计，通过外键建立表与表之间的关联关系，避免字段冗余。

Flower 表结构如图 19.1 所示。

列名	数据类型	长度	默认	主键?	非空?	Unsigned	自增?
id	int	4		☑	☑	☐	☑
name	varchar	40		☐	☐	☐	☐
typeName	varchar	40		☐	☐	☐	☐
owner_id	int	4		☐	☐	☐	☐
store_id	int	4		☐	☐	☐	☐
price	double			☐	☐	☐	☐

图 19.1 Flower 表结构

FlowerOwner 表结构如图 19.2 所示。

列名	数据类型	长度	默认	主键?	非空?	Unsigned	自增?
id	int	4		☑	☑	☐	☑
name	varchar	40		☐	☐	☐	☐
password	varchar	40		☐	☐	☐	☐
money	double			☐	☐	☐	☐

图 19.2 FlowerOwner 表结构

FlowerStore 表结构如图 19.3 所示。

列名	数据类型	长度	默认	主键?	非空?	Unsigned	自增?
id	int	4		√	√		√
name	varchar	40					
password	varchar	40					
balance	double						

图 19.3　FlowerStore 表结构

Account 表结构如图 19.4 所示。

列名	数据类型	长度	默认	主键?	非空?	Unsigned	自增?
id	int	4		√	√		√
deal_type	int	4					
flower_id	int	4					
seller_id	int	4					
buyer_id	int	4					
price	double						
deal_time	timestamp		CURRENT_TIMESTAMP		√		

图 19.4　Account 表结构

2. 搭建系统三层架构

采用三层架构和 DAO 模式设计和开发本项目案例，确定需要用到的类和接口。以下分析仅提供一种思路和参考方案，并不代表最终解决方案和最佳解决方案。读者应在此基础上认真思考，设计出自己的方案，提高面向对象设计的能力和对 DAO 模式的理解与掌握。

（1）根据数据库表创建实体类

实体类一般和数据库表对应，实体类的属性对应于表的字段。可以为 4 个数据库表分别创建实体类，实现数据库数据在各个层次的传输。

4 个实体类的名称可以定义为 Flower、FlowerOwner、FlowerStore、Account，如图 19.5 所示。这里是根据实体类的特征进行定义的，定义类名和属性名时应注意 Java 和数据库命名规则。

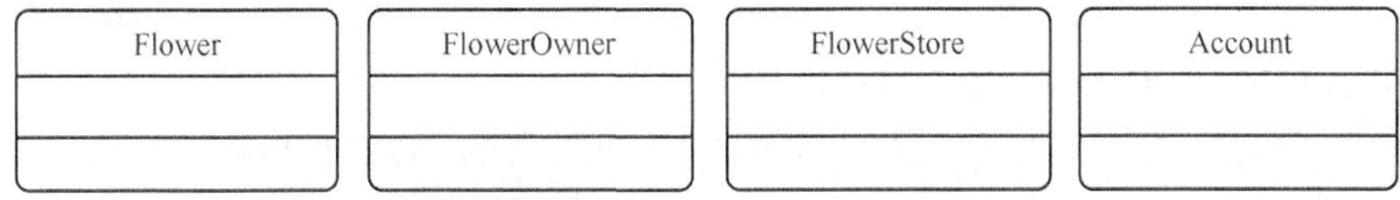

图 19.5　实体类定义

（2）创建数据访问层 DAO 接口和实现类

采用面向接口编程的思想设计数据访问层的 DAO，定义 DAO 接口和实现类。4 个 DAO 接口的名称可以定义为 FlowerDao、FlowerOwnerDao、FlowerStoreDao、AccountDao，相应的实现类可命名为 FlowerDaoImpl、FlowerOwnerDaoImpl、FlowerStoreDaoImpl、AccountDaoImpl。为了重用建立和关闭数据库的代码，可以创建 BaseDao 作为 4 个实现类的父类，如图 19.6 所示。

（3）创建业务逻辑层接口和实现类

从业务角度考虑，该项目的业务主要是顾客和鲜花商店的业务。如顾客可以购买鲜花、卖出鲜花、登录等，而商店则可以购买鲜花、卖出鲜花、培育鲜花、查询待售鲜花、查看商店结余、查看商店账目、新开鲜花商店、登录等。与数据访问层类似，可以将与业务逻辑相关的内容分离出来并抽取出接口，以供上一层调用，而业务逻辑细节用接口的实现类来实现。这样，表示层依赖的是接口，因此可创建两个业务接口 FlowerOwnerService 和 FlowerStoreService，其实现类分别命名为 FlowerOwnerServiceImpl 和 FlowerStoreServiceImpl，如图 19.7 所示。在业务实现类中调用数据访问层的接口实现相应业务。

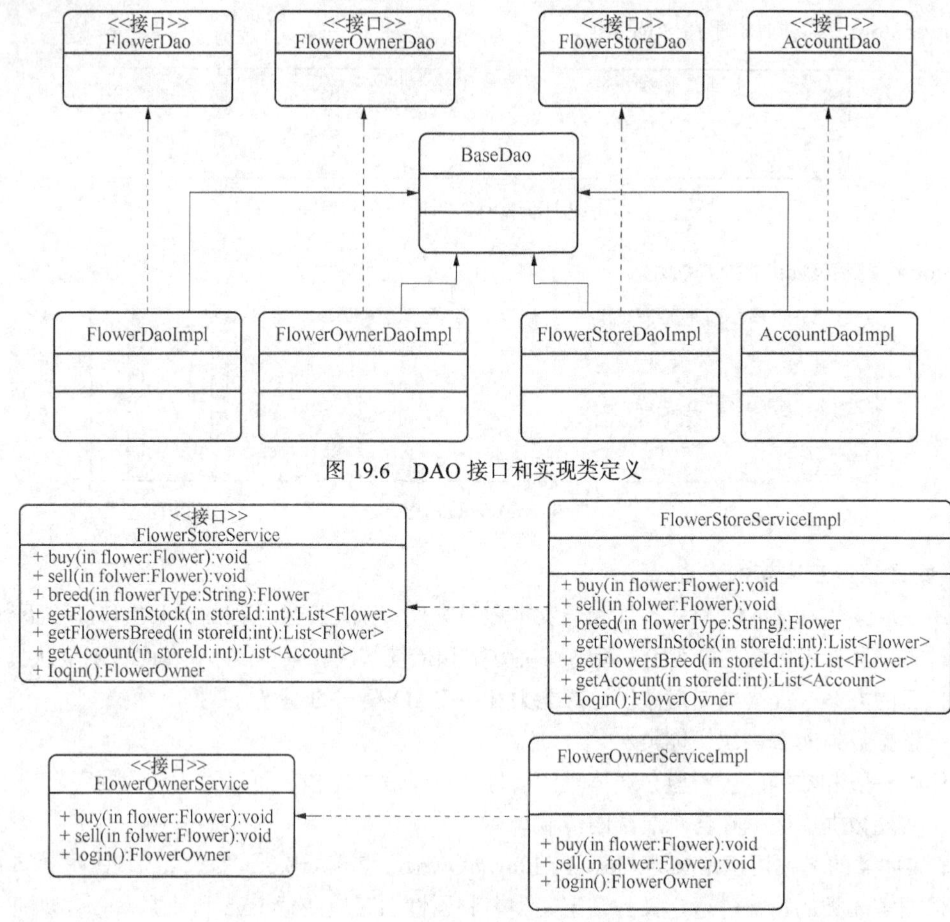

图 19.6　DAO 接口和实现类定义

图 19.7　业务接口和实现类的定义

（4）根据单一职能原则优化业务接口设计

图 19.7 所示的接口从业务上满足需要，但从面向对象设计的角度分析却是不好的。例如，它明显违背了单一职能原则，各个接口包含功能过多，不利于重用和维护。对该接口定义进行优化，如可以抽取出 Buyable、Sellable、Breedable、Accountable 等接口，而 FlowerOwnerService、FlowerStoreService 接口根据自身功能继承其中的一个或多个接口。优化设计后的结果如图 19.8 所示。

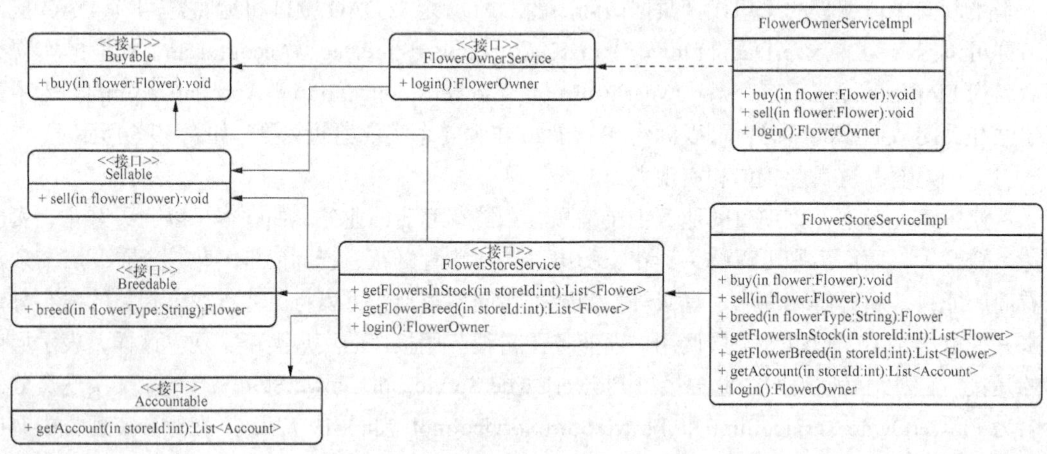

图 19.8　优化设计后的结果

（5）创建表示层

表示层用于与用户交互，本项目的表示层内容包含系统的主流程菜单，提示用户输入数据，以及系统反馈的信息或数据，具体内容参见“项目需求”部分。

3. 难点分析

本项目中的数据库表结构的设计是个难点，它是实体类设计和数据库操作的基础，上面的设计只给出了数据表的名称而没有给出具体字段，如何区分一朵鲜花是否被卖出，如何定义一朵鲜花的所属商店等，都需要用相应字段来实现。应认真思考，设计出符合需求的数据库表结构。

具体实现时要按照功能把本项目案例分解为多个用例，化大为小，逐个击破，最终完成整个项目案例的开发，还要注意代码在各个层次的分配，做到层次清晰，分配合理。

19.2 项 目 需 求

19.2.1 用例 1：数据库设计及模型图绘制

1. 数据库设计

明确鲜花商店项目的实体、实体属性及实体之间的关系。

提示：

- 通过分析业务需求，确认与本项目相关的实体，包括鲜花、顾客、鲜花商店、账目信息，并得到每个实体的属性。
- 根据各功能点的关联，分析获得各实体之间的关系。

2. E-R 图绘制

把数据库设计的结果使用 E-R 图表示，包括各实体、实体的属性及实体间的关联。E-R 图如图 19.9 所示。

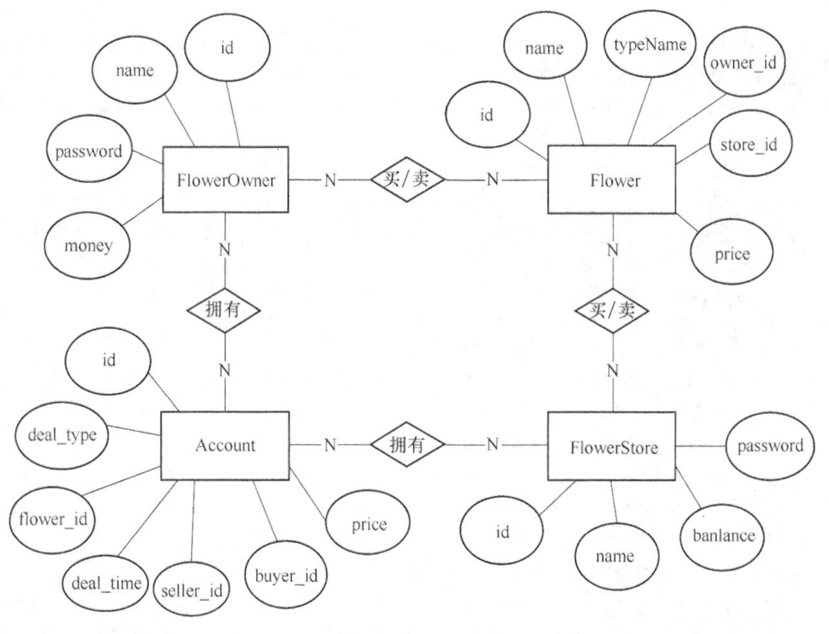

图 19.9　E-R 图

3. **数据库模型图绘制**

使用相应工具，将 E-R 图中的实体转化为数据库中的表对象。数据库模型图如图 19.10 所示。

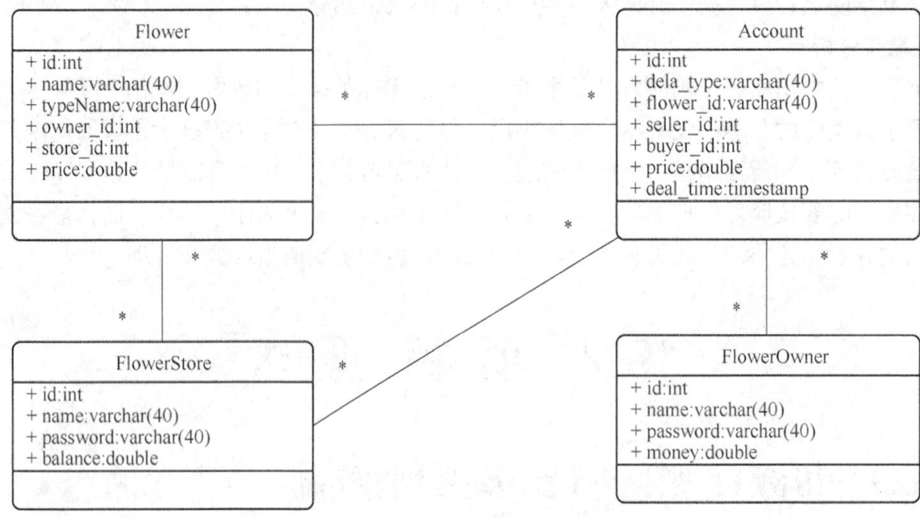

图 19.10　数据库模型图

19.2.2　用例 2：系统启动

在系统启动时，显示所有的鲜花信息、顾客信息、鲜花商店信息。

访问数据库并查询所有鲜花信息，以 List 形式返回，再进行遍历，即可显示所有鲜花信息。顾客、鲜花商店信息的显示与此类似。

系统启动后，提示选择登录模式，输入 1 为顾客登录，输入 2 为鲜花商店登录，此处要考虑如果输入了非法字符，应该如何处理。

核心代码如下。

```
    System.out.println("---------------------鲜花商店启动-----------------");
            System.out.println("鲜花信息");
            System.out.println("************************************************");
            FlowerDao flowerDao = new FlowerDaoImpl();
            List<Flower> flowerList = flowerDao.getAllFlower();
            System.out.println("序号\t" + "鲜花名称\t"+"鲜花品种\t"+"鲜花售价\t"+"");
            for (int i = 0; i < flowerList.size(); i++) {
            Flower flower = flowerList.get(i);
                System.out.println((i + 1)+ "\t"+ flower.getName()+"\t"+ flower.getTyp
eName()+"\t"+ flower.getPrice()+"\t");
                }
            System.out.println("************************************************");
           // System.out.print("\n");
            System.out.println("顾客信息");
            FlowerOwnerDao ownerDao = new FlowerOwnerDaoImpl();
            List<FlowerOwner> ownerList = ownerDao.getAllOwner();
            System.out.println("************************************************");
            System.out.println("序号\t" + "顾客姓名\t" );
            for (int i = 0; i < ownerList.size(); i++) {
                FlowerOwner owner = ownerList.get(i);
```

```
            System.out.println((i + 1) +"\t"+ owner.getName()+"\t");
        }
    System.out.println("****************************************************");
        //System.out.print("\n");
        System.out.println("鲜花商店信息");
        System.out.println("****************************************************");
        FlowerStoreDao storeDao = new FlowerStoreDaoImpl();
        List<FlowerStore> storeList = storeDao.getAllStore();
        System.out.println("序号\t" + "鲜花商店名称\t");
        for (int i=0;i<storeList.size();i++) {
        FlowerStore store = storeList.get(i);
        System.out.println((i + 1) +"\t"+ store.getName()+"\t");
}        System.out.println("****************************************************");
      //  System.out.print("\n");
        Scanner input = new Scanner(System.in);
        System.out.println("请选择输入登录模式，输入 1 为顾客登录，输入 2 为鲜花商店登录");
        boolean type = true;
        String num;
        while (type) {
            num = input.next();
            if ("1".equals(num)) {
                Main.ownerLogin();
                type = false;
            } else if ("2".equals(num)) {
                Main.storeLogin();
                type = false;
            } else {
                System.out.println("输入有误，请按照指定规则输入");
                System.out.println("请选择登录模式，输入 1 为顾客登录，输入 2 为鲜花商店登录");
                type = true;
            }
    }
```

运行结果如下。

```
----------------------鲜花商店启动------------------
鲜花信息
****************************************************
序号      鲜花名称        鲜花品种        鲜花售价
1         镜花水月        香槟玫瑰        340.0
2         郁金香瓶花      郁金香          489.0
3         最美的时光      白玫瑰          200.0
4         暖意满满        向日葵          100.0
5         似水伊人        粉绣球          123.0
6         风中谜语        香槟玫瑰        234.0
7         百事合心        香水百合        345.0
8         绚丽多彩        粉玫瑰          234.0
9         风花雪月        粉玫瑰          123.0
10        蓝色的梦        黄莺            125.0
11        粉玫瑰          粉玫瑰          100.0
****************************************************
顾客信息
```

```
**************************************************
序号      顾客姓名
1         小红
2         丽丽
**************************************************
鲜花商店信息
**************************************************
序号      鲜花商店名称
1         小丑鲜花店
2         爱慕鲜花店
3         爱客鲜花店
**************************************************
请选择输入登录模式，输入 1 为顾客登录，输入 2 为鲜花商店登录
```

19.2.3 用例 3：顾客登录

系统启动后，可以选择登录模式，以顾客身份登录或以鲜花商店身份登录，将分别显示相应的功能菜单。顾客登录的核心代码如下。

```
private static FlowerOwner ownerLogin() {
        Scanner input = new Scanner(System.in);
        FlowerOwnerServiceImpl flowerOwner = new FlowerOwnerServiceImpl();
        FlowerOwner Owner = flowerOwner.login();
        boolean reg = true;
        while (reg) {
            if (null == Owner) {
                System.out.println("登录失败，请确认您的用户名和密码后重新输入");
                Owner = flowerOwner.login();
                reg = true;
            } else {
                reg = false;
                System.out.println("登录成功，您可以购买和卖出鲜花，如果您想购买鲜花请输入 1，
如果想卖出鲜花请输入 2");
                System.out.println("1.购买鲜花");
                System.out.println("2.卖出鲜花");
                boolean type = true;
                 FlowerCirculate(type,input,Owner);
                }
            }
        return Owner;
        }
```

运行结果如下。

```
请选择输入登录模式，输入 1 为顾客登录，输入 2 为鲜花商店登录
1
请先登录，请您输入姓名：
小红
请您输入密码：
123
-------恭喜您成功登录-------
-------您的基本信息：-------
```

```
名字：小红
资金：8000.0
登录成功，您可以购买和卖出鲜花，如果您想购买鲜花请输入 1，如果想卖出鲜花请输入 2
1.购买鲜花
2.卖出鲜花
```

鲜花商店成功登录后，参考运行结果如下。

```
请选择输入登录模式，输入 1 为顾客登录，输入 2 为鲜花商店登录
2
请先登录，请输入鲜花商店名字：
小丑鲜花店
请输入鲜花商店的密码：
123
-------恭喜成功登录-------
-------鲜花商店的基本信息：-------
名字：小丑鲜花店
资金：8720.0
您已登录成功，可以进行如下操作
1.购买鲜花
2.卖出鲜花
3.培育鲜花
4.查询待售鲜花
5.查看商店结余
6.查看商店账目
7.开鲜花商店
请根据需要执行的操作，选择序号输入，退出请输入 0
```

选择以顾客身份登录，输入用户名和密码，访问数据库判断登录是否成功。如果登录成功，则输出顾客基本信息并提示选择相应操作；如果登录失败，则提示确认用户名和密码后重新输入。

19.2.4　用例 4：顾客购买库存鲜花

顾客成功登录后，即可选择购买鲜花或者卖出鲜花。如果选择购买鲜花，必须继续选择是购买库存鲜花还是购买新培育鲜花。选择购买库存鲜花后，显示所有库存鲜花供顾客选择，输入鲜花编号即可完成购买，购买成功将显示提示信息。

核心代码如下。

```
    private static void ownerBuy(FlowerOwner flowerowner) {
            Scanner input = new Scanner(System.in);
            System.out.println("-------请输入选择要购买范围(只需要按照下文要求输入选择项的序号即可--------)");
            System.out.println("1.购买库存鲜花");
            System.out.println("2.购买新培育鲜花");
            FlowerStoreService flowerStore = new FlowerStoreServiceImpl();
            FlowerOwnerService flowerOwner = new FlowerOwnerServiceImpl();
            Flower flower = null;
            int num = input.nextInt();
            List<Flower> flowerList = null;
```

```
            // num 为 1 时购买库存鲜花
            boolean type = true;
            while (type) {
                if (num == 1) {
                    System.out.println(num+"库存鲜花:     -------以下是库存鲜花-------");
                    flowerList = flowerStore.getFlowersInstock(0);

                    System.out.println("序号\t" + "鲜花名称\t" + "鲜花类型\t"+ "鲜花价格\t");
                    for (int i = 0; i < flowerList.size(); i++) {
                        flower = flowerList.get(i);
                    double price = flowerStore.charge(flower);// 获得鲜花的价格
                        System.out.println((i + 1) +"\t"+ flower.getName() +"\t"+ flow
er.getTypeName() +"\t"+flower.getPrice()+"\t");
                    }
                    System.out.println("---请选择要购买哪一种鲜花，并输入选择项的序号---");
                    num = input.nextInt();
                    flower = flowerList.get(num - 1);
                    flower.setOwnerId(flowerowner.getId());
                    flowerOwner.FlowerOwnerbuy(flower);
                    type = false;

                    // num 为 2 时购买新培育鲜花
                } else if (num == 2) {
                    System.out.println(num+"培育鲜花:     -------以下是库存鲜花-------");
                    System.out.println("序号\t" + "鲜花名称\t"+ "鲜花类型\t" + "鲜花价格\t");
                    flowerList = flowerStore.getFlowersBread();
                    for (int i = 0; i < flowerList.size(); i++) {
                        flower = flowerList.get(i);

                        System.out.println((i + 1)+ "\t"+ flower.getName() +"\t"+ flow
er.getTypeName() +"\t"+ flower.getPrice()+"\t");
                    }
                    System.out.println("----请选择要购买哪一种鲜花，并输入选择项的序号----");
                    String count = input.next();
                    if (count.matches(" [0-9]* ")) {
                        num = Integer.parseInt(count);
                        flower = flowerList.get(num - 1);
                        flower.setOwnerId(flowerowner.getId());
                        flowerOwner.FlowerOwnerbuy(flower);
                    }
                    type = false;
                } else {
                    System.out.println("您的输入有误，请按照上述提示输入");
                    type = true;
                }
            }
```

运行结果如下。

```
登录成功，您可以购买和卖出鲜花，如果您想购买鲜花请输入 1，如果想卖出鲜花请输入 2
1.购买鲜花
2.卖出鲜花
1
-------请输入选择要购买范围（只需要按照下文要求输入选择项的序号即可）--------
```

```
1.购买库存鲜花
2.购买新培育鲜花
1
1库存鲜花:    -------以下是库存鲜花-------
序号       鲜花名称      鲜花类型      鲜花价格
1          镜花水月      香槟玫瑰      340.0
2          最美的时光    白玫瑰    ,   200.0
3          暖意满满      向日葵        100.0
4          风中谜语      香槟玫瑰      234.0
5          百事合心      香水百合      345.0
6          风花雪月      粉玫瑰        123.0
7          蓝色的梦      黄莺          125.0
-------请选择要购买哪一种鲜花，并输入选择项的序号-------
3
您已成功购买价格为100.0的暖意满满
您是否要继续进行其他操作，若是请输入Y,否则输入任意字母退出系统
```

19.2.5 用例 5：顾客购买新培育鲜花

顾客购买新培育鲜花的步骤与购买库存鲜花相同。两者的差别主要体现在数据库操作中，数据库表 flower 存放着所有的鲜花，为了区分是库存鲜花还是新培育鲜花，可以增加一个字段来实现，该字段不同取值分别代表库存鲜花和新培育鲜花。

在这种情况下，要注意数据访问层代码的重用。如果把购买库存鲜花和购买新培育鲜花视为两种不同业务，在业务接口和实现类中就应该定义不同的方法。

核心代码如下。

```
    public void FlowerOwnerbuy(Flower flower) {
        String sql = "select * from flowerowner where id=?";
        String param[] = { String.valueOf(flower.getOwnerId()) };
        FlowerOwnerDao ownerDao = new FlowerOwnerDaoImpl();
        FlowerOwner owner = ownerDao.selectOwner(sql,param);
        String sql1 = "select * from flowerStore where id=?";
        String param1[] = { String.valueOf(flower.getStoreId()) };
        FlowerStoreDao storeDao=new FlowerStoreDaoImpl();
        FlowerStore store = storeDao.getFlowerStore(sql,param1);
        FlowerStoreService flowerStore = new FlowerStoreServiceImpl();
        int updateFlower = flowerStore.modifyFlower(flower,owner,null);// 更新鲜花的信息
        if (updateFlower > 0) {// 更新顾客的信息
            int updateOwner = flowerStore.modifyOwner(owner,flower,0);
            if (updateOwner > 0) {// 更新鲜花商店的信息
                int updateStore = flowerStore.modifyStore(flower,0,store);
                if (updateStore > 0) {// 更新鲜花商店账户信息
                    int insertAccount = flowerStore.modifyAccount(flower, owner);
                    if (insertAccount > 0) {
                        System.out.println("您已成功购买价格为"+flower.getPrice()+"的
"+flower.getName());
                    }
                }
            }
        }
```

```
    }
```

运行结果如下。

```
登录成功，您可以购买和卖出鲜花，如果您想购买鲜花请输入 1，如果想卖出鲜花请输入 2
1.购买鲜花
2.卖出鲜花
1
-------请输入选择要购买范围（只需要按照下文要求输入选择项的序号即可）--------
1.购买库存鲜花
2.购买新培育鲜花
2
2 培育鲜花：    -------以下是库存鲜花-------
序号    鲜花名称    鲜花类型    鲜花价格
1       百事合心    香水百合    345.0
2       蓝色的梦    黄莺        125.0
-------请选择要购买哪一种鲜花，并输入选择项的序号-------
2
您已成功购买价格为 125.0 的蓝色的梦
您是否要继续进行其他操作，若是请输入 Y，否则输入任意字母退出系统
```

19.2.6　用例 6：顾客卖出鲜花

顾客也可以卖出鲜花给商店。首先显示顾客的鲜花列表，选择要出售的鲜花序号，然后显示鲜花商店列表，选择买家序号即可完成该项交易。

核心代码如下。

```
private static void ownerSell(FlowerOwner flowerowner) {
        Scanner input = new Scanner(System.in);
        FlowerOwnerService owner= new FlowerOwnerServiceImpl();
        System.out.println("---------我的鲜花列表--------");
        List<Flower> flowerList = owner.getMyFlower(flowerowner.getId());
        System.out.println("序号\t" + "鲜花名称\t" + "鲜花类型\t"+ "鲜花价格");
        for (int i = 0; i < flowerList.size(); i++) {
            Flower flower= flowerList.get(i);
            System.out.println((i + 1)+ "\t"+ flower.getName()+"\t"+ flower.getTyp
eName()+"\t"+ flower.getPrice()+"\t");
        }
        System.out.println("---------请选择要出售的鲜花序号--------");
        boolean type = true;
        while (type) {
            int num = input.nextInt();
            if ((num - 1) < flowerList.size() && (num - 1) >= 0) {
                Flower flower = flowerList.get(num - 1);
                System.out.println("------您要卖出的鲜花信息如下------");
                System.out.println("鲜花名字为" + flower.getName() + "，鲜花类别是
"+ flower.getTypeName()+"，鲜花价格为"+flower.getPrice());

                boolean again=true;
                while(again)//y,n 的循环
        {
                    System.out.println("请确认是否卖出，Y 代表卖出，N 代表不卖");
```

```
                        String code = input.next();

                    if (null != code) {
                        if ("Y".equals(code)) {
                            System.out.println("------下面是现有鲜花商店，请选择您要卖的商店
序号------");

                            List<FlowerStore> storeList = new ArrayList<FlowerStore>();
                            FlowerStoreDao storeDao = new FlowerStoreDaoImpl();
                            storeList = storeDao.getAllStore();
                            FlowerStore flowerStore = null;
                            System.out.println("序号\t" + "鲜花商店名字\t");
                            for (int i = 0; i < storeList.size(); i++) {
                                flowerStore = storeList.get(i);
                                System.out.println((i + 1) +"\t"+ flowerStore.getName()+"\t");
                            }
                            num = input.nextInt();
                            if ((num - 1) < storeList.size() && (num - 1) >= 0) {
                                flowerStore = storeList.get(num - 1);
                            }
                            flower.setStoreId(flowerStore.getId());
    System.out.println("*******"+flowerStore.getName()+flowerStore.getId());
                            owner.sell(flower);
                            again=false;//退出 y,n 的循环
                        } else if ("N".equals(code)) {
                            System.out.println("----您选择放弃本次交易，希望您再次光顾----");

                            again=false;
                        } else {
                            System.out.println("----您的输入有误,请按照上述要求输入----");
                        again=true;
                        }
                         }

                    }//y,n 循环结束

                } else {
                    System.out.println("输入有误，请按照序号重新输入");
                    type = true;//重新循环一次
                }
                type=false;
            }
    public void sell(Flower flower) {
            FlowerDaoImpl flowerDao = new FlowerDaoImpl();
            FlowerOwnerDaoImpl ownerDao = new FlowerOwnerDaoImpl();
            String updatesql = "update flower set store_id=?owner_id=NUll  where id=?";
            Object[] param = {flower.getStoreId(), flower.getId() };
            int updateFlower = flowerDao.executeSQL(updatesql,param);// 更新鲜花信息

            if (updateFlower > 0) {// 更新顾客的信息
                String ownersql = "select * from flowerowner where id=?";
                String ownerparam[] = { String.valueOf(flower.getOwnerId()) };

                FlowerOwner owner = ownerDao.selectOwner(ownersql,ownerparam);
                String updateOwnerSql = "update flowerowner set money=? where id=?";
```

```
            Object[] ownerParam = { (owner.getMoney() + flower.getPrice()), owner.
getId() };
            int updateOwner = ownerDao.executeSQL(updateOwnerSql,ownerParam);
            if (updateOwner > 0) {// 更新鲜花商店的信息
                FlowerStoreServiceImpl store = new FlowerStoreServiceImpl();
                FlowerStore flowerStore = store.getFlowerStore(flower.getStoreId());
                String updateStore = "update flowerstore set balance=? where id=?";
                Object[] storeParam = { (flowerStore.getBalance() -flower.getPrice
()),flowerStore.getId()};
                FlowerStoreDaoImpl storeDao = new FlowerStoreDaoImpl();
                int updatestore = storeDao.executeSQL(updateStore, storeParam);
                if (updatestore > 0) {// 更新鲜花商店台账信息
                    String insertsql = "insert into account(deal_type,flower_id,
seller_id,buyer_id,price,deal_time) values (?, ?, ?, ?, ?, ?) ";
                    String date = new SimpleDateFormat("yyyy-MM-dd")
                            .format(new Date());
                    Object[] accountParam = { 2,flower.getId(),owner.getId(),
    flower.getStoreId(),flower.getPrice(),date };
                    AccountDao accountDao = new AccountDaoImpl();
                    int insertAccount = accountDao.updateAccount(insertsql,
                            accountParam);
                    if (insertAccount > 0) {
                        System.out.println("您已成功卖出鲜花"+flower.getName()+", 获得
收入"+flower.getPrice());
                    }
                }
            }
        }

    }
```

运行结果如下。

```
您可以购买和卖出鲜花，如果您想购买鲜花请输入 1，如果想卖出鲜花请输入 2
1.购买鲜花
2.卖出鲜花
2
---------我的鲜花列表--------
序号        鲜花名称        鲜花类型        鲜花价格
1           郁金香瓶花      郁金香           489.0
2           暖意满满        向日葵           100.0
3           似水伊人        粉绣球           123.0
4           粉玫瑰          粉玫瑰           100.0
---------请选择要出售的鲜花序号--------
4
------您要卖出的鲜花信息如下------
鲜花名字为粉玫瑰，鲜花类别是粉玫瑰，鲜花价格为 100.0
请确认是否卖出，Y 代表卖出，N 代表不卖
Y
------下面是现有鲜花商店，请选择您要卖的商店序号------
序号      鲜花商店名字
1         小丑鲜花店
2         爱慕鲜花店
```

```
3        爱客鲜花店
3
您已成功卖出鲜花粉玫瑰，获得收入 100.0
```

课后习题

1. 在本例基础上完成购物车管理，实现在购物车中进行结算。
2. 增加数据访问层对 SQL SERVER 的操作，让系统可以切换数据库。

第 20 章 软件开发云基础知识和实战演练

20.1 软件开发云基础知识

华为云软件开发服务（DevCloud）是集华为公司近 30 年研发实践、前沿研发理念、先进研发工具为一体的一站式云端 DevOps 平台，面向开发者提供的云服务，即开即用，随时随地在云端提供项目管理、代码托管、代码检查、流水线、编译、构建、部署、测试、发布等功能，让开发者快速而又轻松地开启云端开发之旅。操作流程如图 20.1 所示。

操作流程主要有以下场景。

（1）完整开发流程为“新建项目 > 创建迭代 > 添加工作项目 > 新建并配置代码仓库 > 创建代码检查任务 > 创建编译构建任务 > 部署 > 测试 > 发布”。

（2）项目经理常用流程：“新建项目 > 添加项目成员并分配角色 > 创建迭代 > 添加工作项目 > 分配任务 > 关注项目进展 > 项目完成并发布软件包”。

（3）开发团队常用流程为“新建并配置代码仓库 > 领取任务、拉取分支、编写代码并上传 > 创建代码检查任务 > 代码检查 > 创建编译构建任务 > 提交测试 > 解决 Bug > 合并分支>编译构建代码打包”。

（4）测试团队常用流程为“分配测试需求 > 编写测试用例 > 执行测试用例 > 提交 Bug > 验证 Bug 修改结果 > 测试闭环”。

DevCloud 提供全生命周期的一站式研发服务，使软件开发更加简单高效，各服务功能特性如下。

（1）项目管理：敏捷模式项目管理，提供多项目管理、敏捷迭代管理、里程碑管理、需求管理、缺陷跟踪、社交化协作、多层次事务仪表盘、多维度统计报表等功能。

- 迭代计划和时间线，确保用户有效管理项目计划。
- 社交化协作，确保用户即时沟通需求与缺陷。
- 看板、树表、任务墙等多种视图，方便用户查看项目工作。
- 多种项目统计图表，确保用户随时掌握项目开展情况。
- 批量文档托管，确保信息传递不失真。

（2）代码托管：提供安全、可靠、高效的分布式代码托管服务，包括代码克隆、下载、提交、推送、比较、合并、分支等功能。

- 有专属云存储、全网 TLS 传输、角色权限管控等技术，也有华为网络安全团队专业认证，保证云上代码安全。

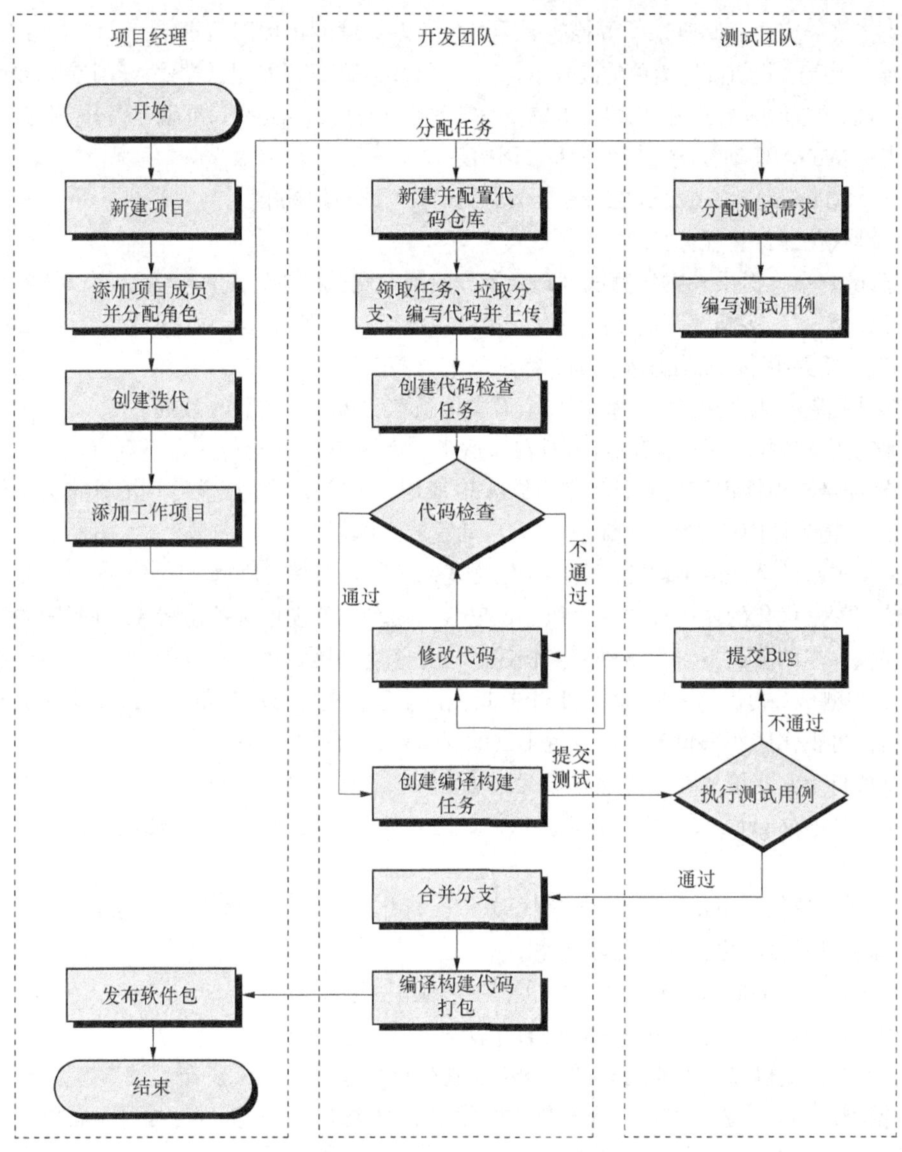

图 20.1　软件开发云操作流程

- 异地容灾，实时备份，快速恢复，定期演练，保障核心资产万无一失。
- 基于 Git 的分布式版本控制，提升跨地域、跨团队协同开发的效率。
- 关联项目任务，保障项目高效交付。

（3）流水线：提供可视化、可定制的端到端自动交付流水线，缩短交付周期，提升交付效率。

- 业务流程按需制定。
- 集成代码拉取、代码检查、编译、构建、部署。
- 实时监控流水线状态。

（4）代码检查：提供代码质量管理云服务。可在线进行多种语言的代码静态检查、代码安全检查、质量评分、代码缺陷改进趋势分析，确保用户及时发现代码缺陷，提升代码质量。

- 支持主流开发语言，内置检查规则集并可自定义规则集。
- 精准定位代码缺陷，提供示例和修复建议，准确指导缺陷修复。

- 支持代码安全、圈复杂度等检查，全方位、多维度度量代码质量。

（5）编译构建：提供配置简单的混合语言构建平台，实现编译构建云端化，自定制可视化的自动化交付流水线，支持多语言并行构建，支撑企业实现持续交付，缩短交付周期，提升交付效率。

- 支持 Web、移动终端、IoT 三大应用构建。
- 支持 Maven/Ant/Gradle/CMake/Codesourcery 主流构建标准。
- 一键式创建构建任务。

（6）测试管理：提供一体化测试管理云服务。覆盖测试需求、用例管理、测试任务管理、缺陷管理、接口测试，多维度评估产品质量，帮助用户高效管理测试活动，保障产品高质量交付。

- 需求-任务-用例-缺陷追溯，确保需求的测试覆盖率。
- 多维度版本质量报告，确保用户全面掌控版本发布和需求验收数据。

（7）移动应用测试：提供移动兼容性测试服务；提供 TOP 流行机、数百名资深测试专家；使用图像识别和精准控件识别技术。只需提供 App 应用，系统便可生成兼容性测试报告（包含系统日志、截图、错误原因、CPU、内存等），自动完成测试任务。

- 提供丰富的 Android 真机，全自动化测试，无须人工编写用例。
- 使用深度优化的遍历算法，可以测试安装、启动、崩溃、无响应等 11 种问题类型。
- 提供详尽的测试报告，帮助用户快速定位并修复问题。

（8）接口测试：提供简单易用的 HTTP 接口测试服务，支持 HTTP 和 HTTPS 协议的接口测试。

- 提供可视化用例编辑界面，预置丰富的检查点、内置变量。
- 支持自定义变量、参数传递、持续自动化测试。
- 支持从 Swagger 接口定义自动生成测试脚本模板，免编写代码，使用门槛低，适合多种用户角色。

（9）部署：提供可视化、一键式部署服务，支持并行部署和流水线无缝集成，实现部署环境标准化和部署过程自动化，提升部署效率。

- 基于预定义的或可定制的模板，实现主流应用一键式部署。
- 支持多应用，可进行多目标主机的并行部署。

（10）发布：提供软件发布管理的云服务，提供软件仓库、软件发布、发布包上传/下载、发布包元数据管理功能；通过安全可靠的软件仓库，实现软件包版本管理，提升发布质量和效率，实现产品的持续发布。

- 提供丰富的开源中央仓库代理镜像服务，支持 Maven、NPM、NuGet 等多种镜像仓库，满足各开发语言依赖组件的极速下载诉求。
- 提供安全的私有组件管理服务，快速构建 Maven、NPM、NuGet 等多种类型的组件私有仓库，解决企业内依赖组件共享及规范管理问题。
- 提供便捷的软件包发布仓库服务，一键式编译构建包归档，规范化软件包元数据管理，支持高效有序的软件发布。

（11）CloudIDE：为软件开发者提供一站式云端开发环境，支持在云端创建工作空间，有在线编码、构建、运行、调试等功能。

- 基于容器技术的云端工作空间，支持不同的技术栈。
- 支持 100 多种编程语言的语法加亮，以及主流语言的代码智能提示。
- 支持 DevCloud CodeCheck 缺陷推送，并支持缺陷定位、屏蔽、推荐修改等。
- 支持基于语义理解的智能化代码片段搜索。

（12）研发协同服务（WeLink）：语音、消息、会议统一的一站式协同平台，多终端接入，随时随地高效沟通。

- 消息协同：允许点对点及群组 IM、群空间共享、话题讨论、内容搜索，聚焦核心内容，使团队沟通更高效。
- 多媒体会议：PC、手机自由入会，语音会议，高清视频，桌面共享，白板互动，高效协同。
- 统一通讯录：云端存储，实时更新，快速搜索，第一时间找到对的人。

（13）Classroom：云上一站式软件学习与实践平台。

- 提供企业级的软件开发过程学习与实践。
- 支持填空式软件项目开发教学。
- 全程记录学生开发过程。
- 实时反馈项目开发结果。
- 智能分析学生软件开发能力的短板。

20.2　软件开发云实战演练

20.2.1　基本要求

- 熟悉 PC 操作系统，具备基本的计算机知识。
- 具备基本的 Java 开发技能。
- 具备 Git、Maven 工具的使用经验。

20.2.2　学习目标

- 掌握项目及成员管理的方法。
- 掌握使用项目管理服务制订迭代计划的方法。
- 掌握使用项目管理服务完成任务分配和进展跟踪的方法。
- 掌握代码仓库创建的方法。
- 掌握代码仓库克隆的方法。
- 掌握代码提交的方法。
- 掌握代码推送到远程仓库的方法。
- 掌握代码分支管理的方法。
- 掌握创建和配置代码检查任务的方法。
- 掌握执行代码检查任务和质量评估的方法。
- 掌握修复代码问题的方法。
- 掌握创建和配置构建任务的方法。
- 掌握构件包归档至软件仓库的方法。
- 掌握构建日志定位构建问题的方法。
- 掌握创建和分配测试用例的方法。
- 掌握用例的设计与验收的方法。
- 掌握通过测试验收报告评估产品质量的方法。

- 掌握管理部署环境的授信主机的方法。
- 掌握创建和执行部署任务的方法。
- 掌握发布仓库的基本使用方法。
- 掌握新建和配置流水线任务的方法。
- 掌握设置流水线执行参数的方法。
- 掌握执行流水线的方法。

20.2.3 实验内容

本项目的实验内容详见每个实验的任务列表。

20.2.3.1 实验 1：项目管理

实验简介

本实验介绍了项目的基本操作。

实验目的

- 掌握项目及成员管理的方法。
- 掌握使用项目管理服务制订迭代计划的方法。
- 掌握使用项目管理服务完成任务分配和进展跟踪的方法。

前提条件

有华为云账号，且已经开通项目管理服务。

实验任务

实验任务列表如表 20.1 所示。

表 20.1 实验任务列表

任务	子任务	使用场景
项目及成员的管理	创建项目	在华为软件开发云上创建一个项目，项目团队围绕该项目开展需求分析、设计、编码、构建、测试、部署和发布等项目活动
	添加项目成员	只有成为项目的成员，才能拥有该项目的访问权限。项目创建者或者项目经理，可以将本租户或者其他租户的用户加入该项目中
产品需求分析	Backlog 管理	产品经理根据市场、产品规划、客户需求和客户问题反馈等需求来源，创建 Story/任务/Bug，放入产品 Backlog 中
制订迭代计划	创建迭代（Sprint）	产品经理根据产品业务目标、可用资源等，制定 Sprint
	确定迭代（Sprint）内容	产品经理确定本次 Sprint 的范围，确定该 Sprint 需要交付的 Story/任务/Bug，并确定工作项的优先级
任务分配和进展跟踪	Story 澄清和讨论	Scrum Master 组织敏捷团队讨论本次 Sprint 的 Story/任务/Bug
	Story 交付和验收	开发人员交付本次 Sprint 的 Story/任务/Bug，测试人员验收 Story

1. 项目及成员管理

步骤 1 创建项目，项目名称为“HCDP-DevOps”，项目流程采用 Scrum 流程，如图 20.2 所示。

步骤 2 添加项目成员。从软件开发云首页进入该项目，分别进入“设置 > 成员”模块，根据项目需要添加成员，如图 20.3 所示。

2. 产品需求分析

步骤 1 从软件开发云首页进入该项目，分别进入“工作-Backlog”模块，如图 20.4 所示。

图 20.2　创建项目并选择 Scrum 流程

图 20.3　添加成员

华为云　商品管理DevOps教学...　仪表盘　工作　代码　构建&发布　测试　Wiki　文档　设置　华北-北京...　Hi marui...

首页 / 商品管理DevOps教学案例 / Backlog　需求规划　Epic　Feature　Backlog　缺陷　迭代　报表 New

所有工作项　高级过滤　新建　更多操作　(总条数：5)

编号	标题	迭代	处理人	优先级顺序	优先级	状态	创建时间	预计结束日期	操作
1467073	[API] 商品下架	sprint3	包伟强	100	中	新建	2018-11-28 19:...	2019-10-01	
1467069	[API] 商品上架	sprint2	包伟强	100	中	新建	2018-11-28 19:...	2019-10-01	
1467057	[API] 修改商品类目	sprint1	包伟强	100	中	新建	2018-11-28 19:...	2019-10-01	
1467056	[API] 查看商品列表	sprint1	包伟强	100	中	新建	2018-11-28 19:...	2019-10-01	
1467048	[API] 添加商品	sprint1	包伟强	100	中	新建	2018-11-28 19:...	2019-10-01	

图 20.4　进入“工作-Backlog”模块

步骤 2 创建“添加商品”的 Story。

步骤 3 创建“查看商品列表”的 Story。

步骤 4 创建“修改商品类目”的 Story。

步骤 5 创建“商品上架”的 Story。

步骤 6 创建“商品下架”的 Story。

创建结果如图 20.5 所示。

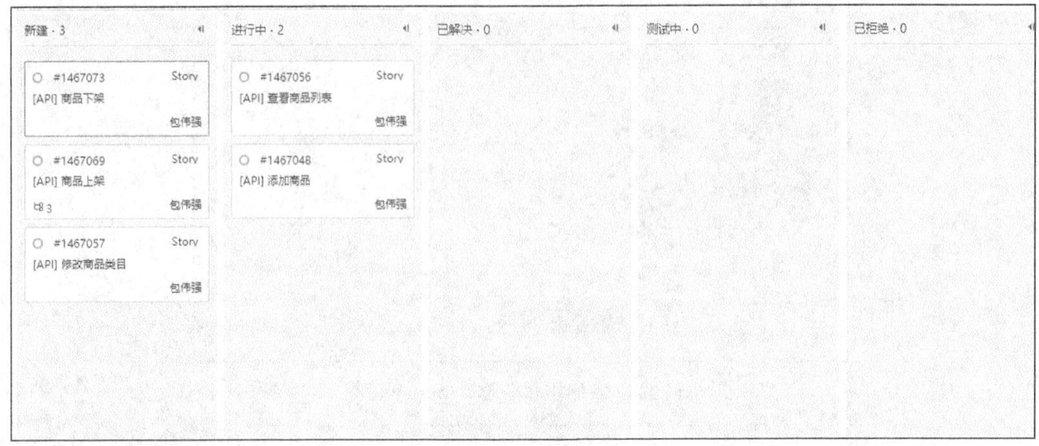

图 20.5 创建 Story

3. 制订迭代计划

步骤 1 在项目左侧导航菜单栏中选择“看板”。

步骤 2 单击“新建迭代”，创建 3 个迭代——“sprint1”“sprint2”和“sprint3”，如图 20.6 所示。

图 20.6 创建迭代

步骤 3 确定迭代“sprint1”的内容。将“添加商品”“查看商品列表”和“修改商品类目”3 个 Story 的迭代修改为“sprint1”，如图 20.7 所示。

图 20.7　确定迭代“sprint1”的内容

4. 任务分配和进展跟踪

步骤 1　Story 澄清&讨论。产品经理在迭代会议上向交付团队、测试团队等讲解用户 Story，对用户使用场景展开讨论。Story 详情页面如图 20.8 所示。

图 20.8　Story 详情页面（一）

步骤 2 Story 交付&验收。开发人员编码实现“商品上架”的功能，并通过代码检视、自动化单元测试和基本的功能测试，提交产品经理验收。Story 详情页面如图 20.9 所示。

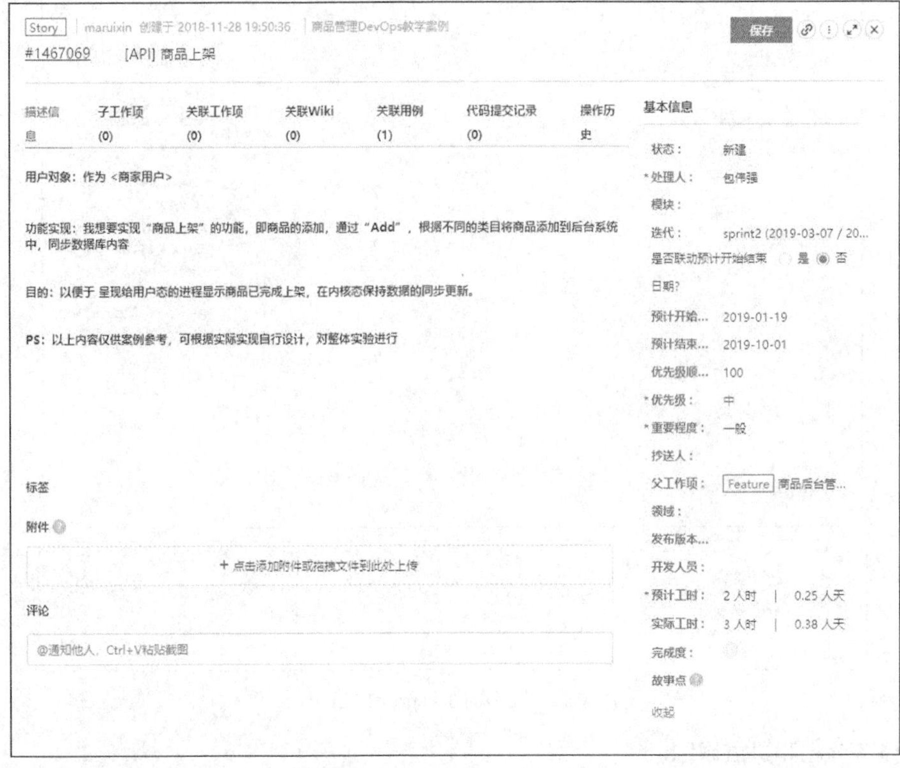

图 20.9 Story 详情页面（二）

20.2.3.2 实验 2：代码仓库

实验简介

本实验介绍代码仓库的操作，讲解使用配置管理服务进行代码版本管理的方法。

实验目的

- 掌握代码仓库创建的方法。
- 掌握代码仓库克隆的方法。
- 掌握代码提交的方法。
- 掌握代码推送到远程仓库的方法。
- 掌握代码分支管理的方法。

实验任务

实验任务列表如表 20.2 所示。

表 20.2 实验任务列表

任务	子任务	使用场景
环境准备	生成 SSH 秘钥	使用 Git 客户端生成 SSH 密钥
	添加 SSH 秘钥至配置管理服务	将 Git 客户端生成的 SSH 密钥添加到配置管理服务，使用 SSH 密钥在开发者环境和服务器端间建立安全的数据传输通道

续表

任务	子任务	使用场景
创建代码仓库	后台服务代码库	创建商品管理的后台微服务的代码仓库。本示例采用 springboot 框架、使用 maven 构建
	前台服务代码库	在配置管理服务中创建商品管理的 AngularJS2/maven 代码仓库
Web 编写代码	在线查看代码文件	使用 Web 浏览器在配置管理服务中查看代码文件
	在线修改并提交代码文件	使用 Web 浏览器在配置管理服务中根据实际需要修改并提交代码文件
客户端 IDE 编写代码	使用 Git 客户端克隆代码仓库	使用Git客户端将配置管理服务中的远端代码仓库克隆到本地
	在 master 分支上编写商品上架的代码并 commit	使用 Git 客户端签出 master 分支，并在该分支上编写商品列表和添加、删除的代码，使用 Git 客户端 commit 代码
	将 master 分支 push 到远端代码仓库	使用 Git 客户端将 master 分支 push 到远端代码仓库
Git 客户端代码分支管理	创建并切换 develop 的分支	使用 Git 客户端创建并切换 develop 分支
	在 develop 分支上编写商品下架的代码并 commit	使用 Git 客户端签出 develop 分支，并在该分支上编写删除商品的代码，并使用 Git 客户端 commit 代码
	将 develop 分支 push 到远端代码仓库	使用 Git 客户端将 develop 分支 push 到远端代码仓库
	develop 分支合入 master 分支	使用 Git 客户端将 develop 分支合入 master 分支
Web 代码分支管理	新建合并分支请求	使用 Web 浏览器在配置管理服务中新建合并分支请求，将 develop 分支合入 master 分支
	审批分支合并请求	使用 Web 浏览器在配置管理服务中审批分支合并请求
	查看仓库分支网络	使用 Web 浏览器在配置管理服务中查看仓库分支网络

1. 环境准备

步骤 1 下载并安装 Git 客户端。

步骤 2 Git 全局配置。运行 Git Bash，在终端配置如下用户信息。

```
git config --global user.name "您的名字"
git config --global user.email "您的 email"
```

步骤 3 生成 SSH 密钥对。

执行命令：ssh-keygen –t rsa -C "您的 email"

表示创建一个类型为 rsa 的 SSH 认证密钥对，保存在默认位置，同时免去创建过程中按回车键的交互。（给密钥设置一个空密码）

默认保存为路径为“C:\Users\您的 Windows 系统当前的用户名\.ssh”。

如图 20.10 所示，公钥文件路径为“C:\Users\hwx580207\.ssh\id_rsa”。

步骤 4 在软件开发云中添加 SSH 密钥。在配置管理首页单击左侧“代码 > 设置 SSH 密钥 > 添加 SSH 密钥”，将步骤 3 中生成的公钥复制至图 20.11 所示的“添加 SSH 密钥”页面密钥栏中。

步骤 4 是把之前创建的 SSH 公钥放置到云端环境，后面“git clone”命令向云端提交代码的时候，会用本地的私钥与云端做认证。如果弹出对话框，需要手工输入密码，请检查 SSH 密钥创建和把公钥复制到云端的步骤。正常的话不需要输入密码。

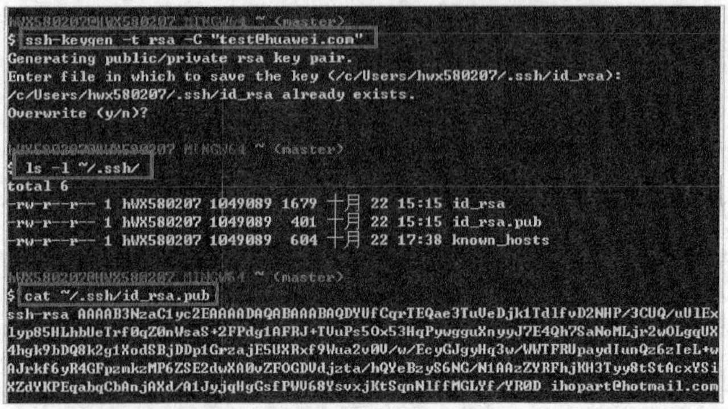

图 20.10　生成 SSH 密钥对示例

图 20.11　复制公钥

2. 创建代码仓库

步骤 1　创建后台服务代码仓库。

（1）在项目左侧导航菜单栏中选择“代码”。

（2）单击“新建仓库”按钮，选择普通新建。

（3）输入代码仓库名称“devcloud-product”，如图 20.12 所示。

图 20.12　输入代码仓库名称“devcloud-product”

步骤 2　创建前台服务代码仓库。

（1）进入项目页，在左侧菜单栏中选择“代码”。

（2）单击“新建仓库”按钮。

（3）输入代码仓库名称“devcloud-product01”，如图 20.13 所示。

图 20.13　输入代码仓库名称“devcloud-product01”

3. Web 编写代码

步骤 1　Web 查看代码文件。

（1）在代码仓库卡片页面单击代码仓库“devcloud-product”。

（2）在代码仓库详情页面单击左侧的菜单项“文件”，打开图 20.14 所示的页面。

图 20.14　文件列表

（3）打开文件“.gitignore”，如图 20.15 所示。

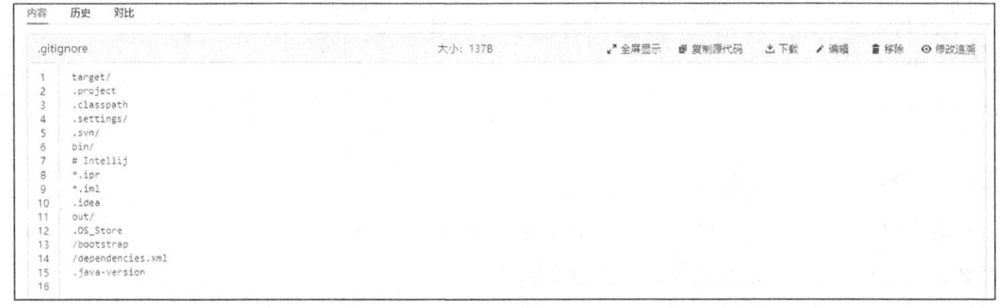

图 20.15　打开文件“.gitignore”

步骤 2　Web 修改并提交代码文件。

（1）在代码仓库卡片页面单击代码仓库“devcloud-product”。

（2）在代码仓库详情页面单击左侧菜单项“文件”，打开图 20.16 所示的页面。

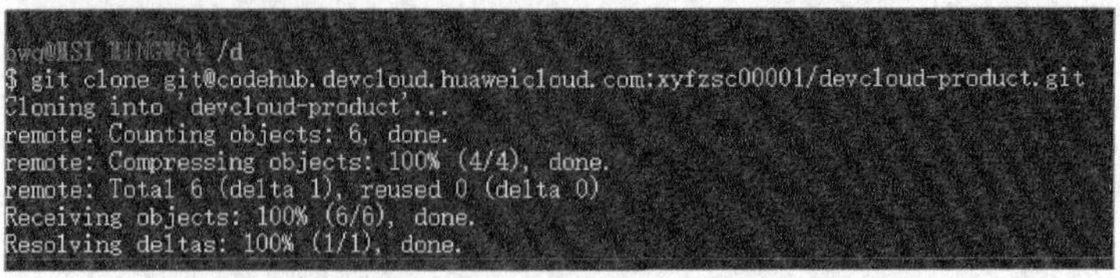

```
$ git clone git@codehub.devcloud.huaweicloud.com:xyfzsc00001/devcloud-product.git
Cloning into 'devcloud-product'...
remote: Counting objects: 6, done.
remote: Compressing objects: 100% (4/4), done.
remote: Total 6 (delta 1), reused 0 (delta 0)
Receiving objects: 100% (6/6), done.
Resolving deltas: 100% (1/1), done.
```

图 20.16　执行“git clone”的结果

（3）打开目录“/src/test/java/com/huawei/devcloud/pbi”下的文件“ProductStarterApplicationTests.java”。

（4）单击“编辑”按钮，修改代码，然后提交。

4. 客户端 IDE 编写代码

步骤 1　使用 Git 客户端克隆代码仓库。

（1）切换到本地目录，如“D:\07-Project”。

（2）通过右键菜单运行本地“Git Bash”。

（3）执行命令“1git clone.git@codehub-rnd-devcloud.huawei.com:bc7339d8fe3c49578e87aa8eb5c045cf/devcloud-product.git，结果如图 20.16 所示。

这步操作是将云端的 devcloud-product 代码库同步到本地（虽然当前这个库里还没有代码），同时 Git 客户端会在本地创建一个名为“.git”的隐藏目录，里面包含代码相关版本的记录。

操作时应注意以下两点。

① @后面的地址在软件开发云“代码”页面中的仓库项目单击进去获得。

② 这里默认是用 SSH 的方式访问云端代码库，此时就是用之前我们创建的 SSH 密钥对做认证，如果提示输入 password，请检查之前的密钥对设置是否正确，在本地计算机里的对应文件夹下是否存在密钥对。密钥默认路径在“C:\User\当前 Windows 系统的用户名\.ssh。”

步骤 2　在 master 分支上编写商品上架的代码并 commit。

（1）使用 IDE 或者文本编辑器，打开源码文件“D:\07-Project\devcloud-product\src\main\java\com\huawei\devcloud\pbi\service\ProductController.java”。

（2）增加并保存如下代码。

```
@RequestMapping(value = "/{id}", method = RequestMethod.PUT)
public HttpResult goOnSale(@PathVariable String id, @RequestParam Boolean action) {
result.init();
if (action) {
result.setResult(projectService.goOnSale(id));
} else {
result.setResult(projectService.soldout(id));
}
return result;
}
```

（3）添加修改至本地缓存区：git add 。

（4）提交修改和描述至本地：git commit –m "product go onsale"。

步骤 3　将 master 分支 push 到远端代码仓库。

（1）同步远端服务器代码到本地：git pull。

（2）将本地 master 分支 push 到远端代码仓库：git push origin master。

5. Git 客户端代码分支管理

步骤 1　创建并切换“develop”的分支。

（1）打开本地“Git Bash”。

（2）进入指定代码仓库路径。

（3）查看所有分支：git branch –a。详见图 20.17。

（4）创建并切换至 develop 分支：git checkout –b develop。

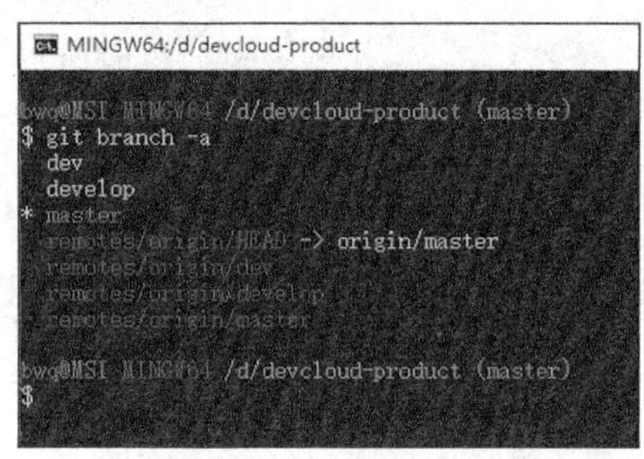

图 20.17　查看所有分支

步骤 2　在“develop”分支上编写删除商品的代码并 commit。

（1）使用 IDE 或者文本编辑器，打开源码文件“D:\07-Project\devcloud-product\src\main\java\com\huawei\devcloud\pbi\service\ProductController.java”。

（2）修改并保存如下代码。

```
@RequestMapping(value = "/{id}", method = RequestMethod.DELETE)
public HttpResult removeProduct(@PathVariable String id) {
result.init();
result.setResult(projectService.removeProduct(id));
return result;
}
```

（3）添加修改至本地缓存区：git add 。

（4）提交修改和描述至本地：git commit –m "delete a product"。

步骤 3　将“develop”分支 push 到远端代码仓库。

（1）同步远端最新代码：git pull。

（2）将“develop”分支推送到远端代码仓库：git push --set-upstream origin develop。

步骤 4　将“develop”分支合入 master 分支。

（1）查看当前所处分支：git branch。

（2）切换至 master 分支：git checkout master。

（3.）将 develop 分支合入 master 分支：git merge develop。

6. Web 代码分支管理

步骤 1　新建合并分支请求。

（1）进入代码仓库“devcloud-product”详情页，单击左侧菜单项“合并请求”项。

（2）单击页面右上方的“新建合并请求”按钮。

（3）在页面上显示的源分支处选择“develop”（见图 20.18），然后单击“比较分支”按钮。

图 20.18　选择“develop”

（4）进入图 20.19 所示的页面，填写相应的内容。

步骤 2　审批分支合并请求。

（1）如步骤 1 中所示，将合并请求分配给自己。

（2）单击进入“合并请求”列表页。

图 20.19 新建合并请求页面

（3）查看步骤 1 中新建的合并请求。如图 20.20 所示，处于开启状态的合并请求有 1 个。

图 20.20 查看新建的合并请求

（4）单击“接受合并请求”按钮。

步骤 3 查看仓库分支网络。

（1）进入代码仓库“devcloud-product”详情页，单击左侧菜单项“仓库网络”。

（2）查看仓库分支网络图，如图 20.21 所示。

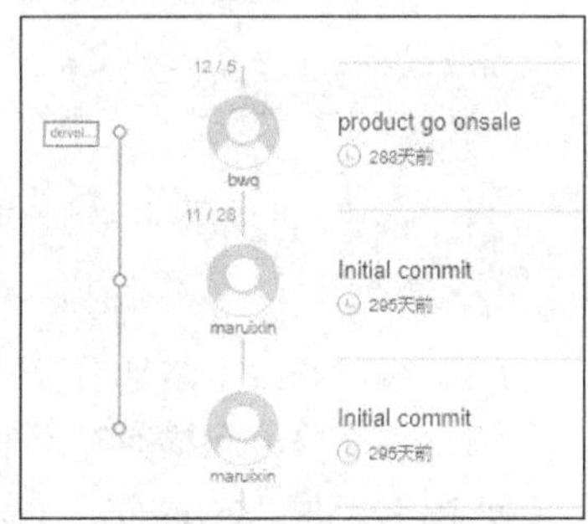

图 20.21 仓库分支网络图

20.2.3.3 实验 3：代码检查

实验简介

本实验介绍使用代码检查服务发现和辅助修复代码质量问题的方法。

实验目的

- 掌握创建和配置代码检查任务的方法。
- 掌握执行代码检查任务和质量评估的方法。
- 掌握修复代码问题的方法。

实验任务

实验任务列表如表 20.3 所示。

表 20.3 实验任务列表

任务	子任务	使用场景
创建代码检查任务	选择商品管理的代码仓库	在代码检查服务中创建代码检查任务时，选择商品管理的代码仓库
	选择 develop 分支	在代码检查服务中创建代码检查任务时，仓库分支选择 develop 分支
	选择 java 语言	在代码检查服务中创建代码检查任务时，语言类型选择 java 语言和待检查的代码目录
评估代码质量	执行代码检查任务	在代码检查服务中执行代码检查任务
	查看代码质量看板	在代码检查服务中查看代码质量看板，查看代码质量指数、代码复杂度、代码重复率等指标
	查看一个代码问题及其修改建议	在代码检查服务中查看检查出的一个代码问题及其修改建议
	查看急需处理的代码问题	在代码检查服务中查看检查出的急需处理的问题

续表

任务	子任务	使用场景
修复代码问题	在线打开代码文件	在代码检查服务中打开存在问题的代码文件
	在线修改代码问题并 commit	在代码检查服务中根据问题修改建议修改代码问题并提交
	再次执行代码检查任务	在代码检查服务中根据问题修改建议修改并提交代码后，再次执行代码检查任务
	查看代码质量看板，对比风险指数	在代码检查服务中查看代码质量看板，并对比风险指数，检查上次发现的代码问题是否已修复

1. 创建代码检查任务

步骤 1　创建名为“devcloud-product-check”的代码检查任务，选择名为“devcloud-product”的代码仓库（见图 20.22）。具体操作：进入自己的项目，单击左侧菜单中的“检查〉任务〉新建任务”。

图 20.22　选择目录“src/main”

步骤 2　选择“develop”分支。在“新建任务”页面，选择名为“develop”的仓库分支。

步骤 3　选择 java 语言和文件路径。“语言类型”选择“java 语言”，检查目录选择 Java 代码所在的目录，如“src/main”，单击“确定”按钮。

2. 评估代码质量

步骤 1　单击任务卡片上的“开始检查”按钮，执行“devcloud-product-check”代码检查任务，如图 20.23 所示。

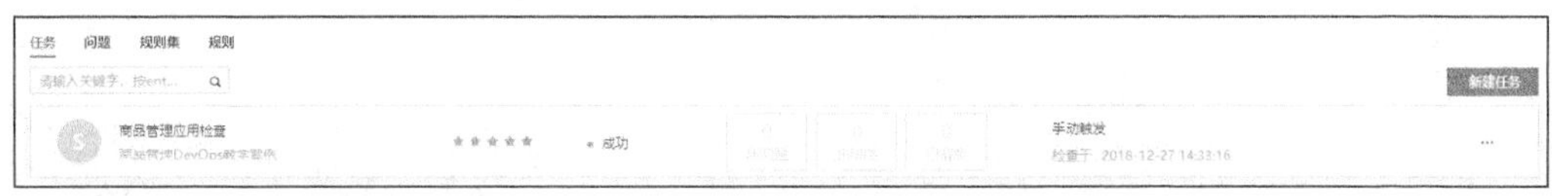

图 20.23　任务卡片

步骤 2　查看代码质量看板。执行检查完成后，单击“devcloud-product-check”名称链接，进入代码质量看板，查看最近检查任务的质量星级、问题数、复杂度问题、重复代码行及急需处理的问题等，如图 20.24 所示。

步骤 3　查看一个代码问题及其修改建议。在“急需处理的问题”中，单击问题描述，进入问题详情页面。这里显示文件路径、问题修改建议等，可以根据需要编辑源码或查看源码，如图 20.25 所示。

3. 修复代码问题

步骤 1　如果没有问题，可以选择忽略。单击对应问题的“未解决”按钮，在下拉框中选择“已忽略”（见图 20.26）。

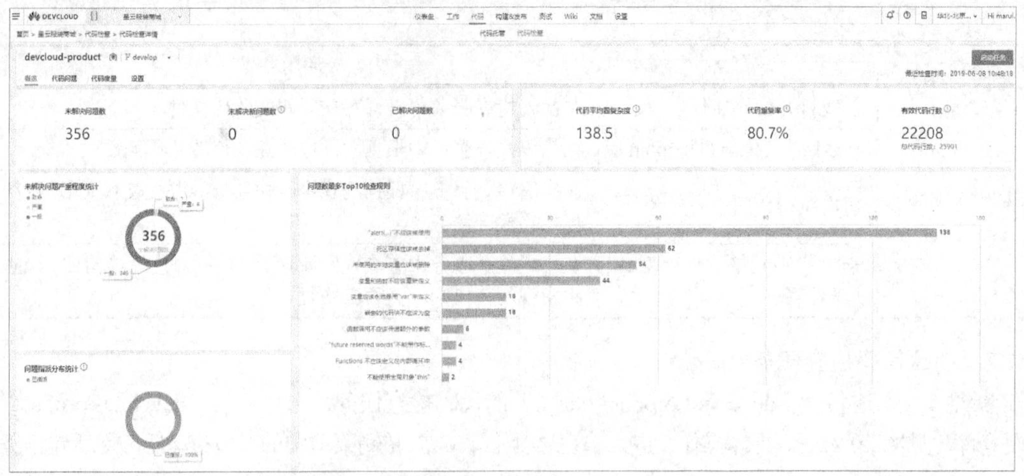

图 20.24　查看代码质量看板

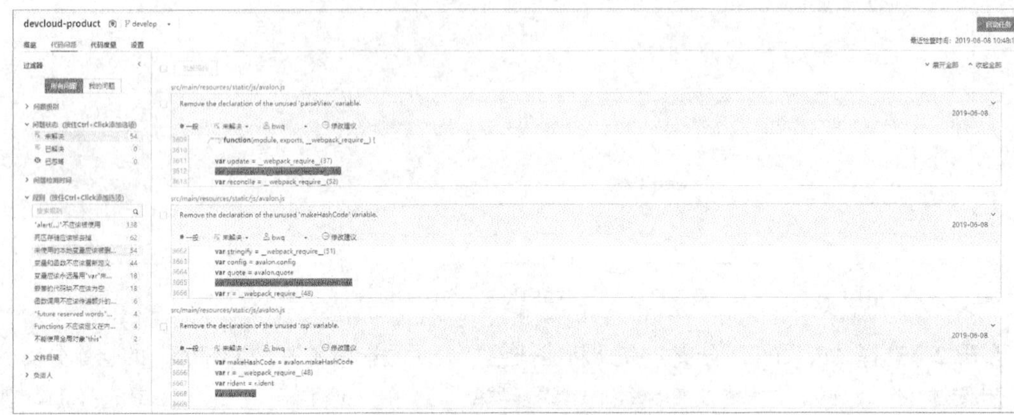

图 20.25　查看代码问题的修改建议

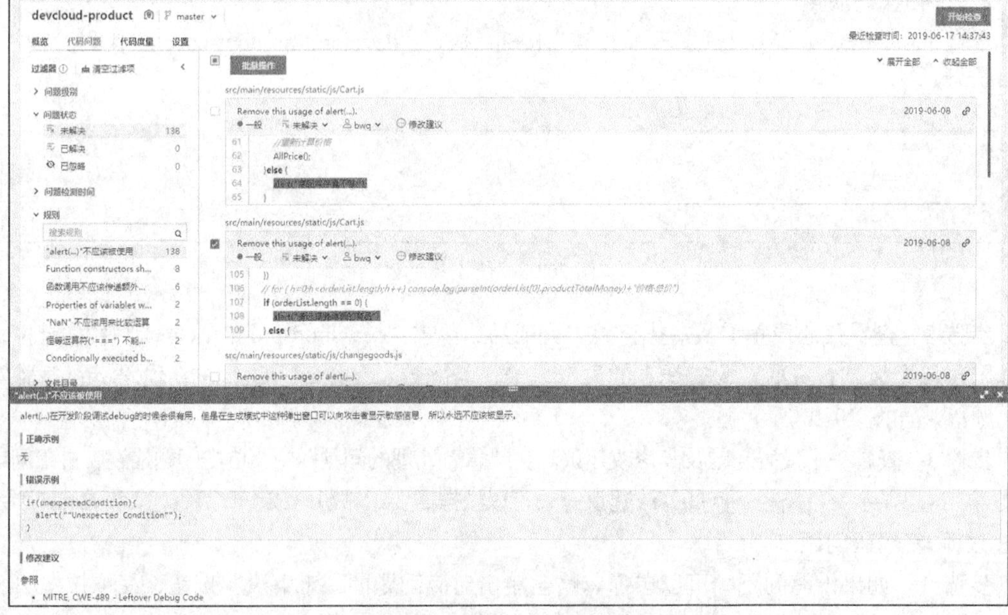

图 20.26　输入“非问题”

步骤 2　如果存在问题，可使用 Web 浏览器打开代码文件。进入代码问题详情页面，单击“编辑源码”按钮，进入代码文件编辑页面，如图 20.27 所示。

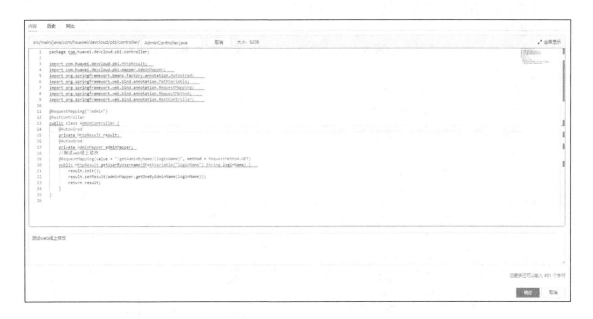

内容　历史　对比

src/main/java/com/huawei/devcloud/pbi/controller/AdminController.java　大小：920B　全屏显示　复制源代码　下载　编辑　移除　修改追溯

```
package com.huawei.devcloud.pbi.controller;

import com.huawei.devcloud.pbi.HttpResult;
import com.huawei.devcloud.pbi.mapper.AdminMapper;
import org.springframework.beans.factory.annotation.Autowired;
import org.springframework.web.bind.annotation.PathVariable;
import org.springframework.web.bind.annotation.RequestMapping;
import org.springframework.web.bind.annotation.RequestMethod;
import org.springframework.web.bind.annotation.RestController;

@RequestMapping("/admin")
@RestController
public class AdminController {
    @Autowired
    private HttpResult result;
    @Autowired
    private AdminMapper adminMapper;

    @RequestMapping(value = "/getAdminByName/{loginName}", method = RequestMethod.GET)
    public HttpResult getUserByUsername(@PathVariable("loginName") String loginName) {
        result.init();
        result.setResult(adminMapper.getOneByAdminName(loginName));
        return result;
    }
}
```

图 20.27　代码文件编辑页面

步骤 3　用 Web 浏览器线上修改代码问题并 commit。在代码文件编辑页面，修改代码并输入“测试 Web 线上修改”，如图 20.28 所示，然后单击“确定”按钮。

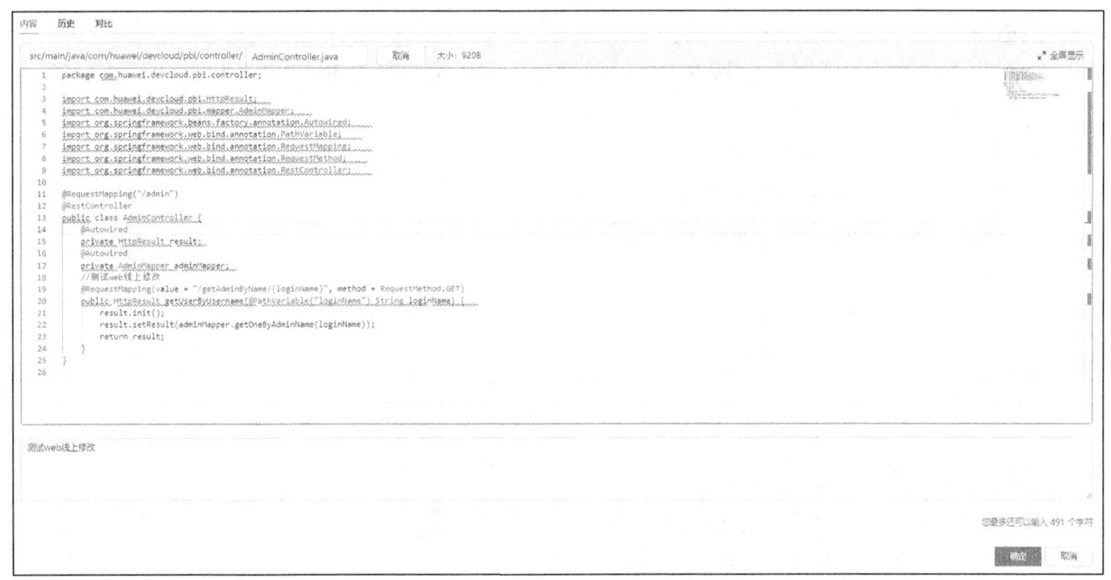

图 20.28　修改代码并输入“提交信息”

步骤 4　再次执行代码检查任务。单击“devcloud-product-check”代码检查任务卡片上的“开始检查”。

步骤 5　查看代码质量看板，对比风险指数。执行检查完成后，单击“devcloud-product-check”名称链接，可以发现该问题已经解决，风险指数已降低，如图 20.29 所示。

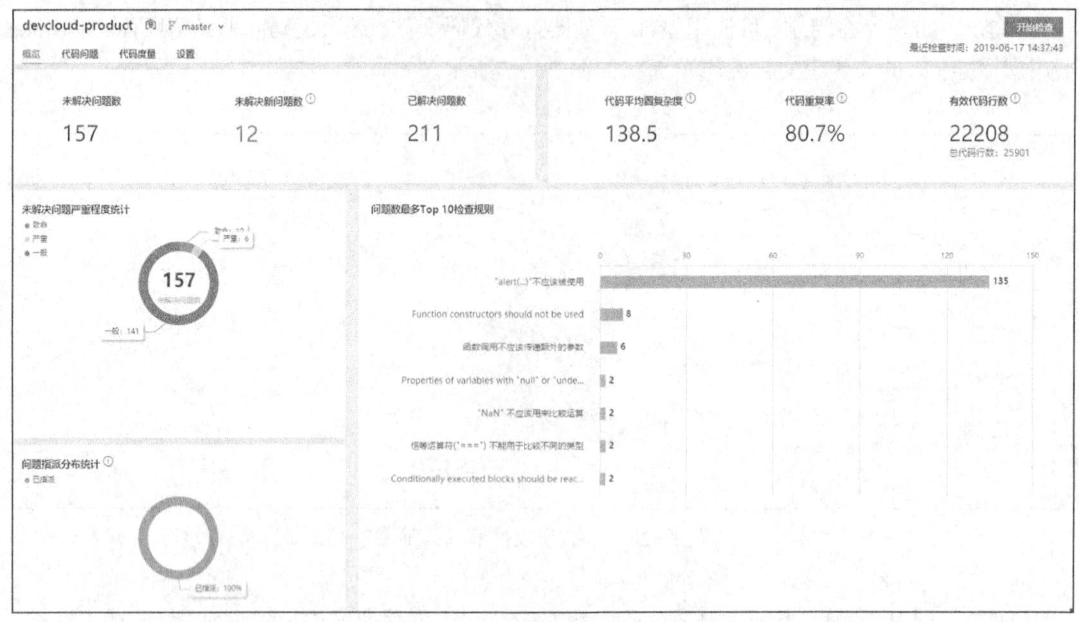

图 20.29　查看代码质量看板

20.2.3.4　实验 4：编译构建

实验简介

本实验介绍编译构建服务的基本操作，讲解使用编译构建服务编译和构建软件产品的方法。

实验目的

- 掌握创建和配置构建任务的方法。
- 掌握构建包归档至软件仓库的方法。
- 掌握构建日志定位构建问题的方法。

实验任务

实验任务列表如表 20.4 所示。

表 20.4　实验任务列表

任务	子任务	使用场景
创建并配置构建任务	创建并配置构建任务	在编译构建服务中创建并配置构建任务
修改构建任务的配置	修改构建任务的配置	编译构建完成后，添加一个步骤，将构建结果归档到软件仓库中
执行编译构建任务并查看构建日志	执行编译构建任务并查看构建日志	执行编译构建任务并查看构建日志
查看构建历史并下载构建包	查看构建历史并下载构建包	在构建历史列表查看所有的构建记录，并下载构建包

1. 创建并配置构建任务

步骤 1　输入构建任务名称“devcloud-product-build”，归属项目为“星云服装商城”，如图 20.30 所示，然后单击“下一步”按钮。

步骤 2　选择“devcloud-product”的代码仓库，选择“master”分支（见图 20.31），然后创建名为“devcloud-product-build”的任务。注意：需要选择项目，让选择框变成绿色。

图 20.30　输入任务名称和归属项目

图 20.31　选择“master”分支

步骤 3　构建环境选择 Java，构建类型选择 Maven，如图 20.32 所示。注意：不要选择“发布到 maven 私有仓库”。

图 20.32　选择构建环境和构建类型

步骤 4 构建结果，选择上传软件包到软件发布库，相关设置如图 20.33 所示。

图 20.33 相关设置

步骤 5 执行计划选择每周定时执行，执行日选择周一，执行开始时间限制为 8:00，如图 20.34 所示。

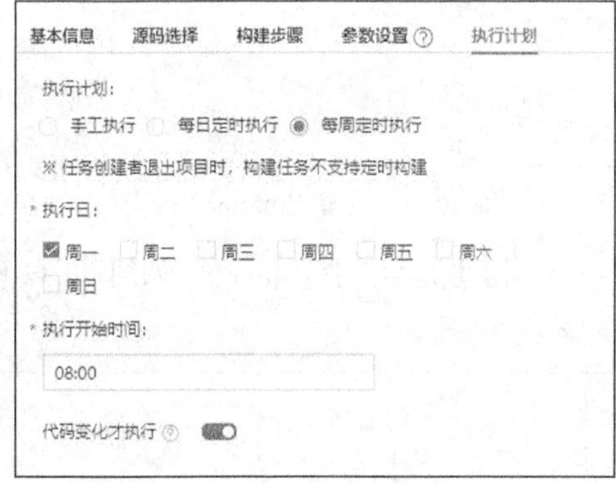

图 20.34 设置执行计划和构建时长限制

2. 修改构建任务的配置

步骤 1 单击任务所在卡片的按钮修改任务的配置，如图 20.35 所示。

图 20.35 单击按钮以修改配置

步骤 2 在配置任务页面修改任务的配置，如添加执行参数，如图 20.36 所示。

图 20.36 添加执行参数

步骤 3　编译构建后，添加一个步骤，将构建结果归档到软件仓库中，相关设置如图 20.37 所示。

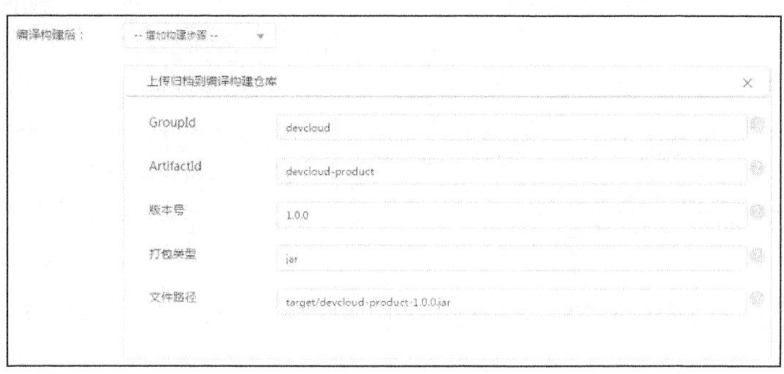

图 20.37　相关设置

3. 执行编译构建任务并查看构建日志

步骤 1　单击任务所在卡片的名称链接，进入编译构建任务详情页面，如图 20.38 所示。

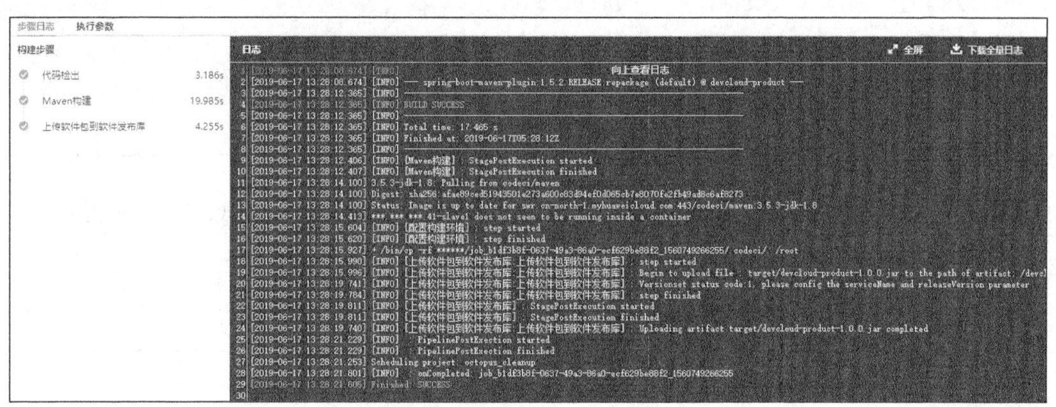

图 20.38　编译构建任务详情页面

步骤 2　单击“开始构建”按钮执行构建任务并查看构建日志。

（1）进入编译构建任务详情页面，选择“执行历史”页签，在执行历史列表查看所有的构建记录，如图 20.39 所示。查看后可下载构建包。

图 20.39　查看构建记录

（2）在左侧导航中选择“发布”菜单，单击“软件发布库”页签，在发布服务的编译构建仓库（见图 20.40）中查看并下载构建包。

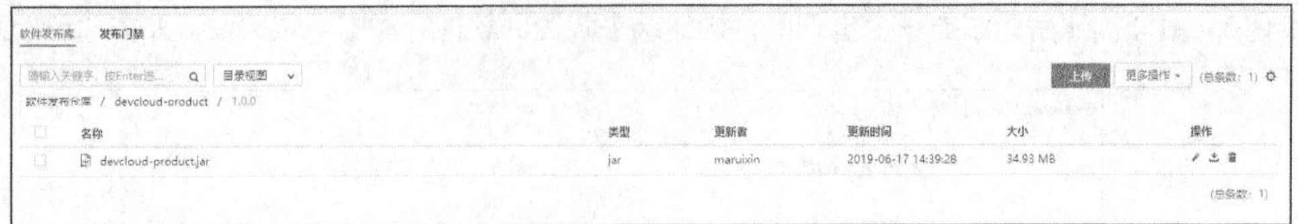

图 20.40　软件发布库

20.2.3.5　实验 5：测试管理

实验简介

本实验介绍了测试管理服务的基本操作，讲解通过测试管理服务高效管理软件交付过程的测试活动的方法。

实验目的

- 掌握创建和分配测试用例的方法。
- 掌握用例的设计与验收的方法。
- 掌握通过测试验收报告评估产品质量的方法。

实验任务

实验任务列表如表 20.5 所示。

表 20.5　　实验任务列表

任务	子任务	使用场景
用例管理	用例管理	创建用例，为用例分配责任人、设置等级、迭代计划、关联需求等
测试用例设计	测试用例设计	为需求设计测试用例
执行测试用例	执行测试用例	执行测试用例并设置用例执行结果
查看验收报告	查看验收报告	查看测试验收概况、设计完成率、用例通过率等

1. 用例管理

步骤 1　从项目下进入测试管理页面，进入“用例管理”节点，可以查看当前项目下所有用例。

步骤 2　在该页面新建名为“修改商品的目录”的用例，并为用例分配处理人、设置用例等级、设置、关联需求等，如图 20.41 所示。

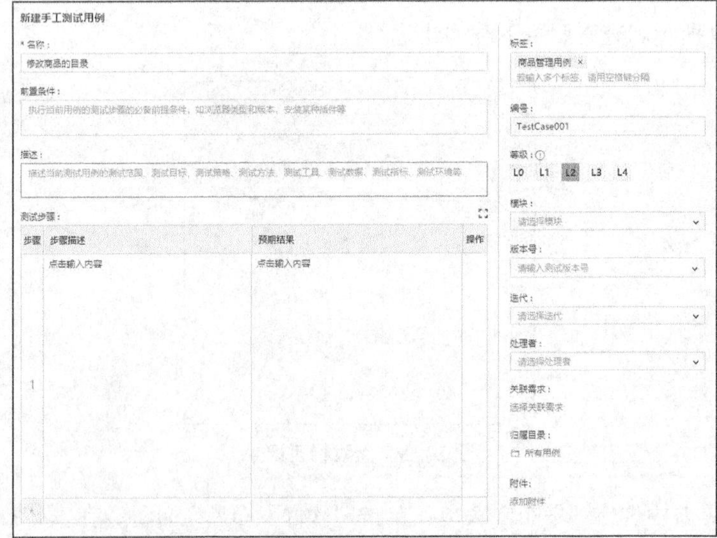

图 20.41　创建用例

2. 测试用例设计

步骤 1　切换至“设计与验收”节点，进入“测试设计”，如果当前迭代下没有需求，切换至“工作”节点创建图 20.42 所示的工作项。

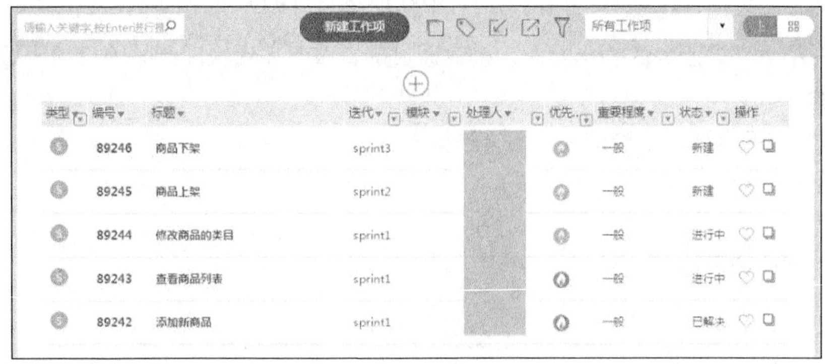

图 20.42　工作项

步骤 2　工作项创建后，切回至“测试设计”节点，为各工作项添加或复制测试用例。

3. 执行测试用例

步骤 1　进入“用例执行”，单击用例名称，进入“用例详情”页面，可以修改用例基本信息。

步骤 2　切换至“设置结果”页签（见图 20.43），可以设置用例执行结果、创建缺陷、查看历史记录等。

图 20.43　“设置结果”页签

4. 查看验收报告

步骤 1　进入“设计与验收>验收报告”页面（见图 20.44）。

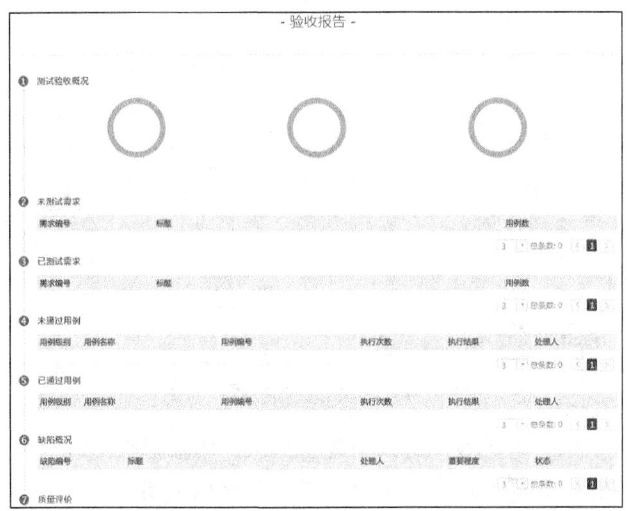

图 20.44　“验收报告”页面

步骤 2 查看测试验收概况、未测试需求、已测试需求、未通过用例、已通过用例、缺陷概况及质量评价。

20.2.3.6 实验 6：部署

实验简介

本实验介绍了部署服务的基本操作，讲解通过部署服务实现软件产品的自动化部署的方法。

实验目的

- 掌握管理部署环境的授信主机的方法。
- 掌握创建和执行部署任务的方法。

实验任务

实验任务列表如表 20.6 所示。

表 20.6 实验任务列表

任务	子任务	使用场景
主机管理	添加授信主机	添加目标机器
服务部署	alpha 部署	alpha 环境下部署
	beta 部署	beta 环境下部署
	gamma 部署	gamma 环境下部署
	product 部署	product 环境下部署

1. 主机管理

步骤 1 从项目下进入部署管理页面，单击右上角“主机管理”按钮进入部署主机管理页面。

步骤 2 单击“添加主机”按钮添加主机，如图 20.45 所示。

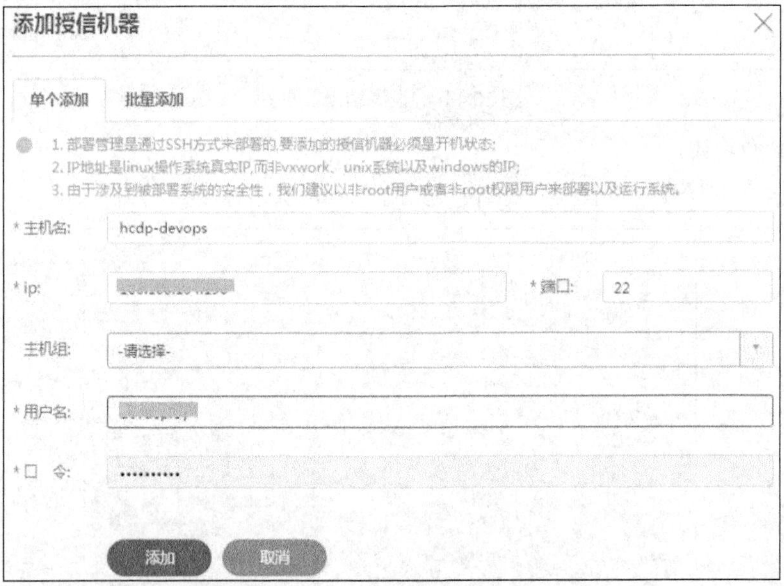

图 20.45 “添加授信机器”页面

步骤 3 切换到主机组管理页签，可以新建主机组，用来管理主机。

步骤 4 添加完主机后，需要进入安全组设置，开通相应端口。

（1）可以从帮助中心进入“安全组”页面，如图 20.46 所示。

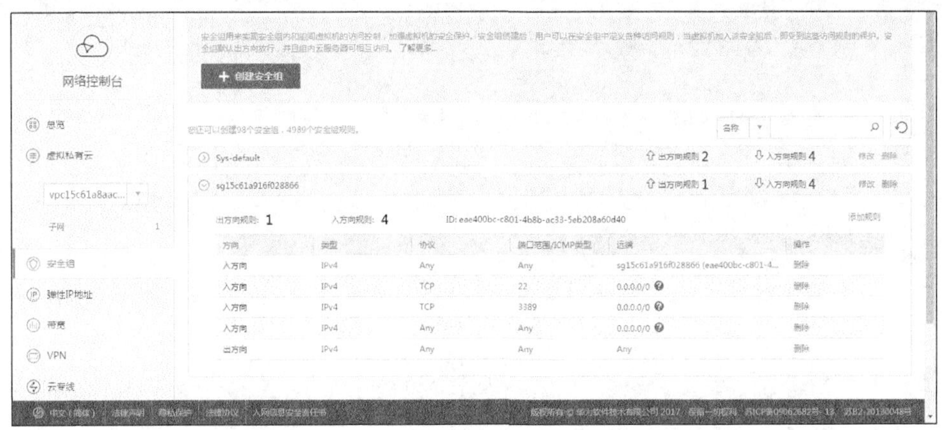

图 20.46　“安全组”页面

（2）在“安全组”页面，单击“添加规则”按钮。

（3）添加一条“入方向”的规则，如图 20.47 所示。

图 20.47　添加一条“入方向”的规则

2. 服务部署

以 beta 环境部署为例讲解。

需要注意的是，这里需要我们创建一台华为云的 ECS 主机。请创建一个主机，采用 1 核 CPU、1GB 内存、1Mbit/s 静态 BGP 公网带宽，操作系统选择 CentOS 7.1，同时创建用户名和密码。其余保持默认选项即可。主机创建完毕后进行如下设置。

步骤 1　添加授信主机，单击左侧菜单栏的“部署”，然后单击右上角的“主机管理”，如图 20.48 所示。

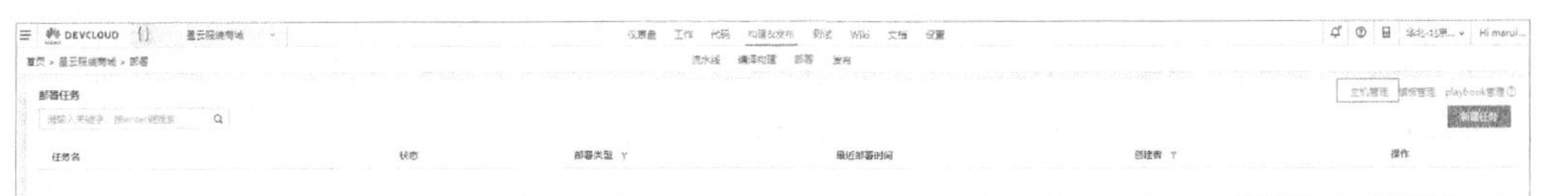

图 20.48　单击“主机管理”按钮

步骤 2　单击“添加主机”按钮，按页面要求，填写主机 IP 地址、root 用户和密码等，如图 20.49 所示。

为了试验顺利进行，这里的用户名请使用 root 账户名。

步骤 3　授信主机完成后，可以创建部署任务。选择“部署”，单击“新建任务”按钮，如图 20.50 所示。

在新建任务页面，填写如图 20.51 所示的信息。

图中的配置主机，请选择之前添加的授信主机，不要写成图中的 IP 地址。

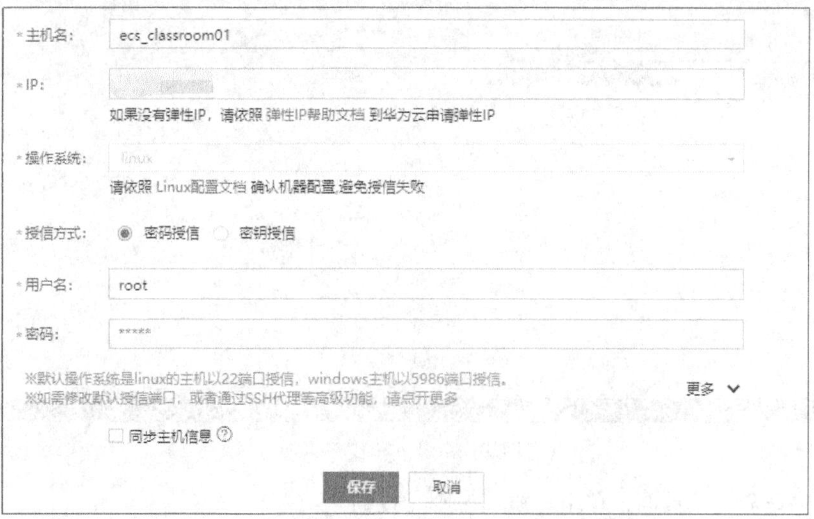

图 20.49　填写相关信息

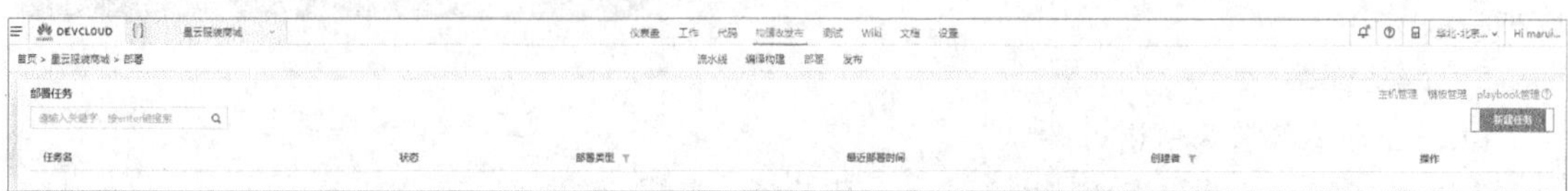

图 20.50　单击“新建任务”按钮

图 20.51　填写相关信息

步骤 4　（可选）在高级配置中设置一些参数，如添加部署后验证的应用地址，如图 20.52 所示。

图 20.52　设置相关参数

步骤 5　任务创建完成后单击任务名进入任务详情页面（见图 20.53），可以根据需要修改任务信息。单击“开始部署”部署任务。

图 20.53　任务详情页面

步骤 6　部署完成后可以查看部署进程、执行参数、部署信息、主机关系、部署日志、部署历史等，还可以通过应用验证路径访问（http://云主机的 IP 地址:8443/swagger-ui.html）该应用，确认该应用是否已经成功部署到目标机器，如图 20.54 所示。

20.2.3.7　实验 7：发布服务

实验简介

本实验介绍发布仓库的使用方法，让用户了解发布仓库的上传、下载等操作，以及使用发布仓库配合本地 Maven 工具进行构建的方法。

实验目的

掌握发布仓库的基本使用方法。

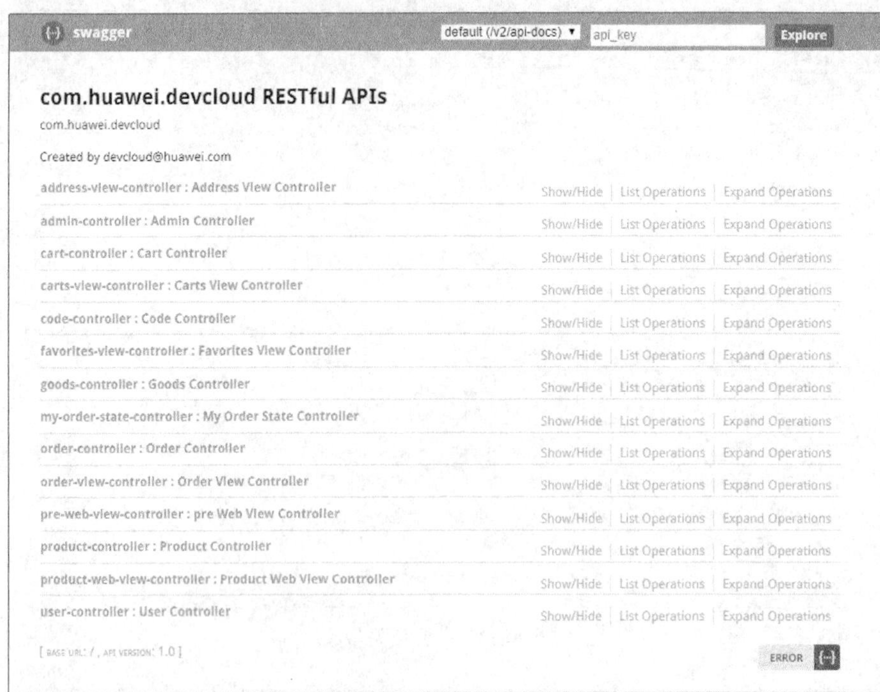

图 20.54　通过应用验证路径访问应用

实验任务

实验任务列表如表 20.7 所示。

表 20.7　实验任务列表

任务	子任务	使用场景
包文件上传	通过页面上传包文件	用户可以通过页面上传功能将包文件上传到自己的私有仓库中
	通过 Maven CLI 上传包文件	用户可以通过本地 Maven 工具的命令行方式将包文件上传到自己的私有仓库中
依赖包文件下载	页面下载	用户可以通过界面下载功能下载自己私有仓库中的包文件
	Mirror 仓库和私有仓库（Release）依赖下载配置	用户使用本地 Maven 构建或云上构建时自动通过 Mirror 仓库或私有仓库下载依赖包文件的配置操作

1. 环境准备

步骤 1　进入发布服务页面，系统自动初始化发布服务仓库。

步骤 2　安装 Apache Maven 3.5.0 工具。

2. 包文件上传

（1）通过页面上传包文件

通过服务页面下私有仓库的上传按钮将私有包文件上传到私有 release 仓库，相关参数如图 20.55 所示。

“Groupid”“Artifactid”“版本号”“打包类型”是 Maven 类型仓库中包文件的坐标，用来唯一标识仓库中的包文件，为必填项。

Groupid：通常是包文件所属组织或企业的标识，可自定义，常用域名倒排方式表示，如“com.huawei.devcloud”。

Artifactid：通常指包文件所属模块的标识，可自定义，如“model”。

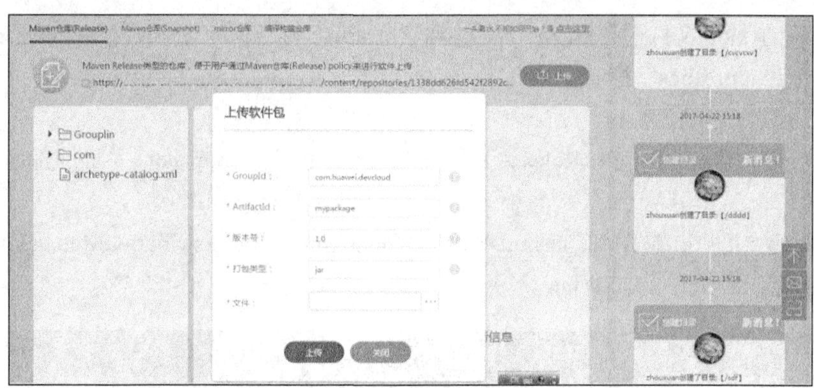

图 20.55　相关参数

打包类型：包文件的后缀名，如“artifact.zip”的打包类型为“zip”。

（2）通过 Maven CLI 上传包文件

步骤 1　下载并配置发布仓库的账号及密码。在页面上单击“获取密码”按钮（见图 20.56），下载账号及密码 xml 文件。

图 20.56　单击“获取密码”按钮

步骤 2　配置 Maven setting.xml 文件。

① 将下载的 xml 文件中“servers”标签下的“release”“snapshots”“group”仓库的用户 id、username、password（见图 20.57）填写到 Maven 的“settings.xml”文件中“servers”标签下。

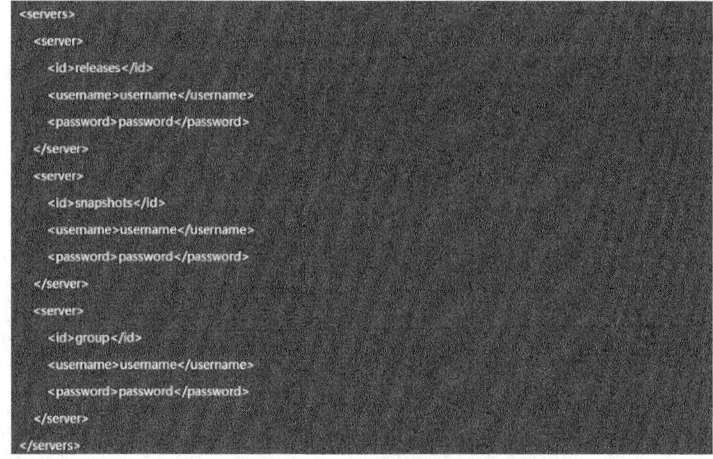

```
<servers>
  <server>
    <id>releases</id>
    <username>username</username>
    <password>password</password>
  </server>
  <server>
    <id>snapshots</id>
    <username>username</username>
    <password>password</password>
  </server>
  <server>
    <id>group</id>
    <username>username</username>
    <password>password</password>
  </server>
</servers>
```

图 20.57　相关信息

② 将下载的 xml 文件中“mirror”标签和“profile”标签分别复制到“settings.xml”文件中“mirrors”标签和“profiles”标签下。

步骤 3 配置发布仓库地址。

① 分别单击“Maven 仓库（Release）”和“Maven 仓库（Snapshot）”的复制按钮，复制仓库 url。

② 分别将复制的 url 粘贴到 Maven 项目的“pom.xml”里“distributionManagement”节点对应的“url”标签下，如图 20.58 所示。

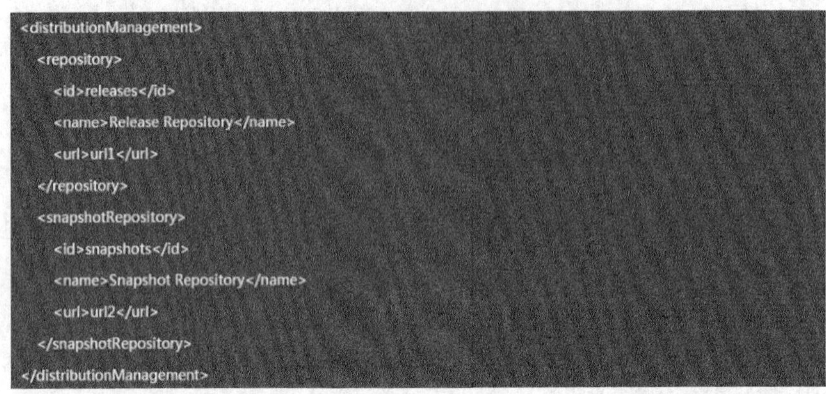

```
<distributionManagement>
  <repository>
    <id>releases</id>
    <name>Release Repository</name>
    <url>url1</url>
  </repository>
  <snapshotRepository>
    <id>snapshots</id>
    <name>Snapshot Repository</name>
    <url>url2</url>
  </snapshotRepository>
</distributionManagement>
```

图 20.58 粘贴位置为 url1 和 url2

步骤 4 执行“mvn deploy”命令上传 Maven 项目。在命令窗口进入 Maven 项目“pom.xml”所在的目录，执行“mvn deploy”即可将包上传到仓库里。

3. 依赖包文件下载

依赖包文件主要通过页面下载。

方式 1：在私有仓库页面选择要下载的包文件，单击“下载”按钮下载，如图 20.59 所示。

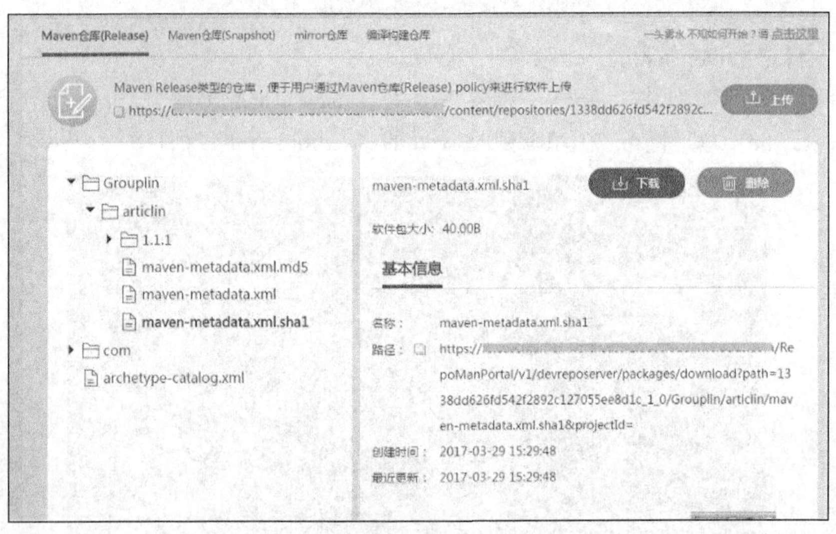

图 20.59 选择要下载的包文件后下载

方式 2：在 pom.xml 文件中设置依赖包坐标信息（见图 20.60），在执行构建时自动根据坐标信息下载依赖包。

```
<name>demo Maven Webapp</name>
<url>http://maven.apache.org</url>
<dependencies>
  <dependency>
    <groupId>junit</groupId>
    <artifactId>junit</artifactId>
    <version>3.8.1</version>
    <scope>test</scope>
  </dependency>
</dependencies>
<build>
  <finalName>demo</finalName>
```

图 20.60　设置依赖包坐标信息

4. Mirror 仓库和私有仓库（Release）依赖下载配置

步骤 1　设置 mirror 仓库地址，直接复制“第三方依赖仓库”（见图 20.61）里的地址到 Maven 的“settings.xml”中的“mirrors”节点的“url”标签下（见图 20.62）。

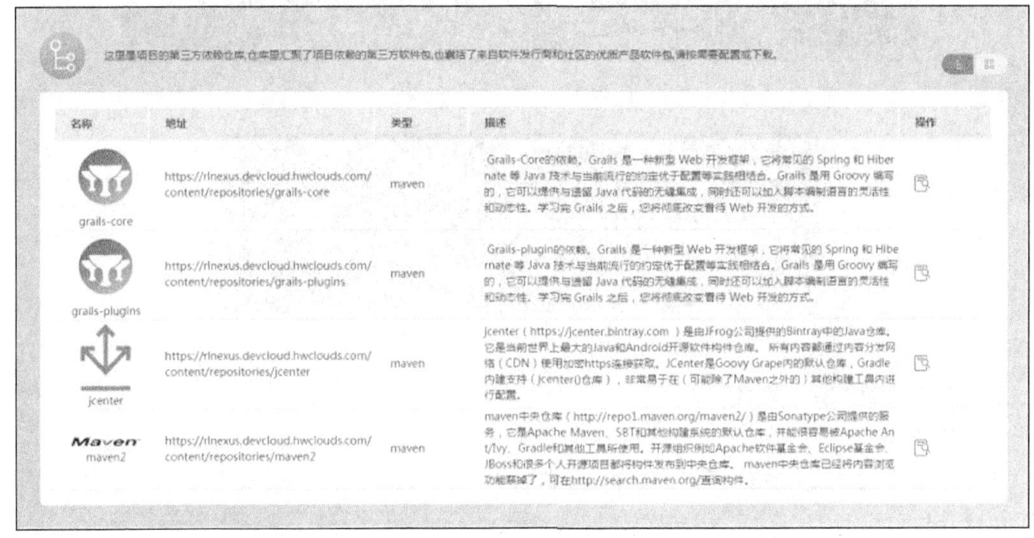

图 20.61　第三方依赖仓库

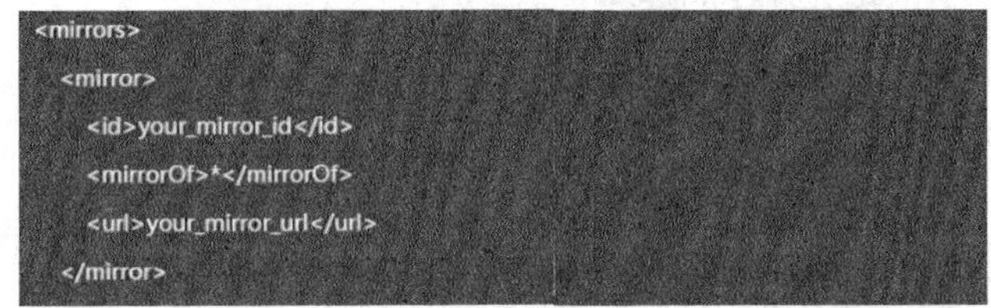

图 20.62　粘贴位置为 your_mirror_url

步骤 2　在 Maven 的“settings.xml”中的“servers”标签（见图 20.63）中添加开源仓库的账户及密码，添加几个开源仓库就对应增加几个“server”节点。“id”统一填写为“mirror”，开源仓库账号及密码默认相同，如 jcenter 的用户名、密码都为 jcenter，maven2 的用户名与密码都为 maven2。

步骤 3　私有仓库（release）的依赖下载配置。由于 release 仓库的“servers”标签中的仓库账号、密码已配置过，仅需在 Maven 的“setting.xml”文件中“mirrors”标签下新增“mirror”标签（见图 20.64），并将 release 仓库的地址 url 复制到标签的 url 中即可，“id”填写为“release”。

配置完成后，在本地 Maven 工具构建时，即可自动通过发布仓库下载依赖包文件。

```
<servers>
  <server>
    <id>releases</id>
    <username>username</username>
    <password>password</password>
  </server>
  <server>
    <id>snapshots</id>
    <username>username</username>
    <password>password</password>
  </server>
  <server>
    <id>group</id>
    <username>username</username>
    <password>password</password>
  </server>
</servers>
```

图 20.63 “servers”标签

```
<mirrors>
  <mirror>
    <id>your_mirror_id</id>
    <mirrorOf>*</mirrorOf>
    <url>your_mirror_url</url>
  </mirror>
```

图 20.64 新增“mirror”标签

20.2.3.8 实验 8：流水线

实验简介

本实验介绍流水线是如何将代码仓库、编译构建、代码检查、部署及子流水线等项目活动进行串行或并行执行的。

实验目的

- 掌握新建和配置流水线任务的方法。
- 掌握设置流水线执行参数的方法。
- 掌握执行流水线的方法。

实验任务

实验任务列表如表 20.8 所示。

表 20.8 实验任务列表

任务	子任务	使用场景
创建流水线	添加 build 阶段	添加代码检查任务，beta 阶段进行代码检查
		添加编译构建任务，beta 阶段进行代码检查
	添加 beta 阶段	添加构建任务，beta 阶段进行产品包部署
执行流水线	执行流水线	执行流水线，任务可以串行或者并行执行
修改流水线参数	修改流水线参数	修改流水线相关信息，执行不同状态下的流水线

1. 创建流水线

步骤 1 新建名为“devcloud-product-pipe”的流水线任务，并分别添加 build 阶段和 beta 阶段。

步骤 2　在 build 阶段中添加代码检查任务和编译构建任务。

步骤 3　在 beta 阶段中添加部署任务，然后单击“保存”按钮。

最终效果如图 20.65 所示。

图 20.65　创建流水线

2. 执行流水线

步骤 1　单击图 20.66 中的“开始执行”按钮，执行流水线。

图 20.66　流水线页面

步骤 2　流水线执行完成后，可查看流水线执行历史。

3. 修改流水线参数

步骤 1　单击流水线名称旁边的修改按钮，进入流水线编辑页面。

步骤 2　单击流水线“开始”旁边的修改按钮，如图 20.67 所示。修改完成后，单击“保存”按钮保存。

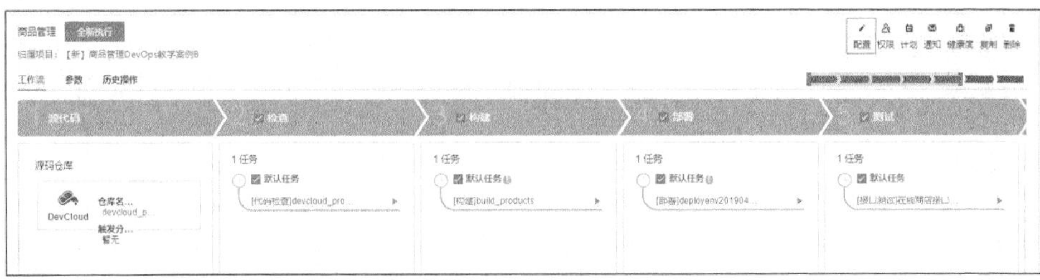

图 20.67　单击修改按钮

步骤 3　修改流水线参数，如图 20.68 所示。

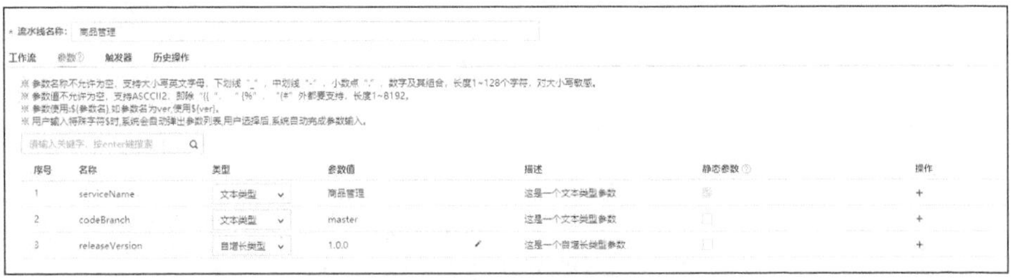

序号	名称	类型	参数值	描述	静态参数	操作
1	serviceName	文本类型	商品管理	这是一个文本类型参数		+
2	codeBranch	文本类型	master	这是一个文本类型参数		+
3	releaseVersion	自增长类型	1.0.0	这是一个自增长类型参数		+

图 20.68　修改流水线参数

参 考 文 献

1. 梁勇. Java语言程序设计（基础篇）[M]. 戴开宇，译. 北京：机械工业出版社，2015.
2. 耿祥义. Java面向对象程序设计[M]. 2版. 北京：清华大学出版社，2013.
3. 郎波. Java语言程序设计[M]. 3版. 北京：清华大学出版社，2016.
4. Bruce Eckel. Java编程思想[M]. 4版. 陈昊鹏，译. 北京：机械工业出版社，2013.
5. 陈强. Java项目开发实战密码[M]. 北京：清华大学出版社，2015.